中国住宅与公共建筑通风进展 2020

重庆海润节能研究院　组织编写
付祥钊　丁艳蕊　主编

中国建筑工业出版社

图书在版编目（CIP）数据

中国住宅与公共建筑通风进展. 2020 / 付祥钊，丁
艳蕊主编；重庆海润节能研究院组织编写. — 北京：
中国建筑工业出版社，2021.6
ISBN 978-7-112-26202-1

Ⅰ. ①中… Ⅱ. ①付… ②丁… ③重… Ⅲ. ①住宅—
通风工程—进展—中国—2020②公共建筑—通风工程—进
展—中国—2020 Ⅳ. ①TU834

中国版本图书馆 CIP 数据核字（2021）第 105913 号

责任编辑：张文胜
责任校对：焦　乐

中国住宅与公共建筑通风进展 2020

重庆海润节能研究院　组织编写
付祥钊　丁艳蕊　主编

*

中国建筑工业出版社出版、发行（北京海淀三里河路 9 号）
各地新华书店、建筑书店经销
霸州市顺浩图文科技发展有限公司制版
北京京华铭诚工贸有限公司印刷

*

开本：787 毫米×1092 毫米　1/16　印张：17½　字数：434 千字
2021 年 6 月第一版　　2021 年 6 月第一次印刷
定价：**70.00** 元
ISBN 978-7-112-26202-1
（37649）

编写委员会

主编：

付祥钊　　重庆海润节能研究院名誉院长

　　　　　住宅与公共建筑通风研究组召集人

丁艳蕊　　重庆海润节能研究院通风所所长

　　　　　住宅与公共建筑通风研究组联络员

编写组主要成员：

丁艳蕊　刘丽莹　居发礼　祝根原　邓晓梅

张银安　雷建平　郭金成　童学江　谭　平

付祥钊

前　言

本书共有一个导引，五个专篇。每个专篇内又有不同的专论。本书延续了《中国住宅与公共建筑通风进展 2018》（简称"《通风进展 2018》"）的特点，书中并未过于追求整体的逻辑性和条理性。各专论编写人员在文字表达上各有其个性与特色，比如通风空调工程的设计、施工和运维指南等专论，有些是以详细论述的形式表达，有些是以条文和条文说明的形式呈现，本书未强加统一。

作为一部讨论通风进展方面的图书，本书与《通风进展 2018》进行了衔接与延续，在《通风进展 2018》的基础上，进一步开展了民用建筑通风标准进展、技术研究进展方面的综述。详见第一篇"行业标准与技术进展"。

同时，区别于《通风进展 2018》，本书详细、深入地梳理总结了一些专项技术成果，如夏热冬冷地区居住建筑室内环控系统设计方法、医院暖通空调工程设计指南、通风工程施工方法及质量保障指南、通风系统运营技术指南等。详见第二篇"通风优先设计"和第三篇"通风工程施工与通风优先运维"。

更值得总结与思考的，是不平凡的 2020 年，新冠肺炎疫情突然暴发并在世界范围大流行，在党中央的坚强领导以及全国人民的共同参与下，我国疫情很快得到了有效控制，并逐步缓解稳定。此次疫情让社会各界对空气环境安全防护的需求以及通风的重要性有了更进一步的关注和认识，通风行业得到了前所未有的发展。不论是行业专家在各种论坛、会议上的经验分享，还是设计师们针对实际工程项目的设计，对涉及空气安全的压差梯度和气流组织等的考虑都摆在了首要位置。本书总结了现行以及疫情期间发布的各种标准、规范指南等关于负压病房通风的相关要求；同时积极响应国家发展改革委、国家卫生健康委以及国家中医药局联合发布的《公共卫生防控救治能力建设方案》中提出的"坚持平疫结合"的基本原则，初步提出了平疫结合型医院病区通风系统设计思考。详见第四篇"传染病医院通风系统的设计"。关于平疫结合通风的系列成果将会在后续的专著中介绍。

工程案例是技术发展以及应用成果的具体体现，本书重点围绕武汉火神山和雷神山医院以及某方舱医院案例进行了总结介绍，详见第五篇"通风工程案例"。此篇内容得到了中南建筑设计院股份有限公司张银安总工和中信建筑设计研究总院有限公司雷建平总工的大力支持。

各专篇中部分专论的成稿由多位人员付出努力共同完成，甚至由多个单位共同参与完成，在文稿成果中标识出了参与人员的名字和单位信息。

目　　录

索　引

国家和社会空前注重"通风"

付祥钊 丁艳蕊

新冠疫情期间，政府、媒体、行业学会协会、设计研究单位等紧急行动，积极开展工作，分享经验或研究成果。发布了一系列如表1中所列的导则指南、建议等。不论是专门针对中央空调系统的运行管理指南，还是整个建筑的防疫运行管理，都在强调"全新风运行、加大新风量运行、新风持续运行、无新风系统的中央空调不能运行……"。政府和行业疫情期间发布的各种有关通风的导则、指南和建议如表1所示。

疫情期间发布的各种导则、指南和建议 表1

序号	标准指南名称	发布或编制单位
1	《新冠肺炎流行期间办公场所和公共场所空调通风系统运行管理指南》	国务院应对新型冠状病毒肺炎疫情联防联控机制综合组发布
2	《新型冠状病毒肺炎应急救治设施设计导则（试行）》	国家卫生健康委会同住房和城乡建设部印发
3	《新冠肺炎疫情期间办公场所和公共场所空调通风系统运行管理卫生规范》WS 696—2020	中华人民共和国国家卫生健康委员会发布
4	《办公建筑应对突发疫情防控运行管理技术指南》	住房和城乡建设部科技与产业化发展中心等编制
5	《新型冠状病毒感染的肺炎传染病应急医疗设施设计标准》CECS 661—2020	中国工程建设标准化协会发布，中国中元国际工程有限公司主编
6	《办公建筑应对"新型冠状病毒"运行管理和使用应急措施指南》TASC 08—2020	中国建筑学会发布，中国建筑科技集团股份有限公司主编
7	《酒店建筑用于新冠肺炎临时隔离区的应急管理操作指南》	住房和城乡建设部科技与产业化发展中心、中国饭店协会等编制
8	《智能建筑运维防疫应急建议》	全国智能建筑及居住区数字化标准化技术委员会、中国建筑节能协会智慧建筑专业委员会组织编写
9	《呼吸类临时传染病医院设计导则（试行）》	湖北省住房和城乡建设厅发布；中南建筑设计院股份有限公司、中信建筑设计研究总院有限公司主编
10	新冠肺炎疫情期间办公场所和公共场所空调通风系统运行管理指引(第二版)	广东省疾病预防控制中心印发
11	学校和托幼机构预防新冠肺炎疫情卫生清洁消毒指引(第二版)	广东省疾病预防控制中心印发
12	《"新冠肺炎"疫情期宁夏公共建筑空调通风系统运行管理策略》	宁夏回族自治区住房和城乡建设厅发布
13	《办公建筑运行管理和使用防疫应急技术指南》	浙江省住房和城乡建设厅发布

续表

序号	标准指南名称	发布或编制单位
14	《新型冠状病毒肺炎疫期办公建筑运行管理防疫技术导则(试行)》	浙江省住房和城乡建设厅发布;浙江省建筑设计研究院主编
15	《传染病应急医院(呼吸类)建设技术导则(试行)》	浙江省住房和城乡建设厅发布;浙江大学建筑设计研究院有限公司主编
16	《方舱式集中收治临时医院技术导则(试行)》	浙江省住房和城乡建设厅发布;浙江省建筑设计研究院主编
17	《医院烈性传染病区(房)应急改造技术导则(试行)》	浙江省住房和城乡建设厅发布;浙江省建筑设计研究院主编
18	《装配式传染病应急医院建造指南(试行)》	浙江省住房和城乡建设厅发布;浙江大学建筑设计研究院有限公司、中建三局集团有限公司主编
19	《中国中元传染病收治应急医疗设施改造及新建技术导则》	中国中元国际工程有限公司编制
20	《中国中元传染病收治应急医疗设施改造及新建技术导则(第二版)》	中国中元国际工程有限公司编制
21	《新型冠状病毒肺炎应急救治临时设施(宾馆类)改造暂行技术导则》	中煤科工集团重庆设计研究院有限公司、重庆医科大学主编
22	《疫情期公共建筑空调通风系统运行管理指南(试行)》	中国建研院建筑环境与能源研究院、中国物业管理协会设施设备技术委员会编制
23	《住宅建筑防疫运行技术指南》	浙江大学建筑设计研究院有限公司编制
24	《公共建筑防疫运行技术指南》	浙江大学建筑设计研究院有限公司编制

行业内抗击"新冠肺炎"的行动

中南建筑设计院股份有限公司　张银安　李文滔　张颂民

重庆海润节能研究院　童学江　丁艳蕊

1　企业通风的行动

新型冠状病毒肺炎疫情暴发后，海润公司先后为武汉火神山、雷神山医院的合计2500间以及华西医院、深圳铁山医院等45家新冠收治医院提供了负压隔离病房通风系统的技术服务和产品组织供应工作。同时，海润公司按管理部门要求，积极指派公司技术专家参与重庆市住房和城乡建设委员会组织编制的《新型冠状病毒肺炎集中隔离场所（宾馆类）应急改造暂行技术导则》和《新型冠状病毒肺炎防控期公共建筑运行管理技术指南》；参与国家《综合医院感染性疾病门诊建设指南》《传染病医院建设指南》《应急发热门诊设计国家建筑标准图集》《2020版〈健康住宅建设技术规程〉》等标准规范的起草编制。

海润抗疫攻关研发小组针对抗疫和防疫的应急需求，先后研发出了"海润模块化负压隔离病房通风系统""可移动式模块化负压隔离病房方舱""负压隔离观察舱""核酸采样安全舱""平疫结合型医院专业智能通风系统"和"抗疫型恒温恒湿恒氧中央空调环境系统"等7个抗疫新产品；申报国家重点科研项目1项，申报市级抗疫研创项目2项，与华西医院联合申报川渝重点科研项目1项；申报国家专利14项。

在服务几十家医院项目负压病房的新建和改造工程中，海润快速总结经验和技术，在广泛征求行业专家意见的基础上，形成了《海润平疫结合型医院病区通风系统设计图集》。

2　雷神山、火神山医院的建设与运行[①]

2020年1月24日开始土地平整，至2月2日，短短十天里总建筑面积3.39万 m^2、可容纳1000张床位的武汉火神山医院完成交付，2月4日开始正式接诊确诊患者。

武汉雷神山医院的建设经过10多个昼夜的连续奋战，于2月8日实现交付使用并接收首批患者入住。

雷神山和火神山医院的神速建设并投入运行，为患者集中救治提供了场所，疫情在中国的传播得以有效控制。

雷神山医院总体规模相当于两个火神山医院，但工期却与火神山医院相当，建设工期

---

① 此部分由中南建筑设计院股份有限公司　张银安　李文滔　张颂民　供稿。

异常紧张。除了参建人员争分夺秒、不分昼夜地忘我工作和科学合理地设计施工组织之外，雷神山医院快速建设的三个重要保障因素为模块化设计、标准化生产、装配式建造（图1）。

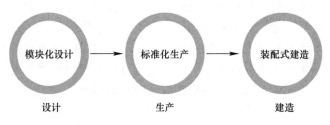

图1 环环相扣——雷神山医院建设的三个阶段

同时，本项目也为未来应急医院装配式建造的发展提供了一些经验与启示：虽然本次装配式模块的工业化和装配化水平已达相当高的水平，但建筑和机电设备之间的集成仍然靠现场安装，工作量较大。医疗设备的集成化水平较低，如病房密闭传递窗的安装、穿墙管洞的密封、病房医疗设备带的现场安装也非常费时。未来可针对负压病房单元、传染病污水处理单元等关键功能模块进行标准化生产和研发。可编制此类功能单元工业化生产标准与图集，储备相关生产厂家和产能，在突发疫情时，可快速生产标准化功能模块，快速拼建符合传染病收治标准的战备医院，疫情结束后标准化构件可拆卸组装、循环利用，节能环保。

COVID-19肺炎疫情来势猛、传播快、范围广，新型病毒时刻威胁着人类的健康，这次抗疫的经验教训说明了及时有效防控的重要性，也说明了当前传染病医疗设施建设的重要性，总结防控设施的设计及建设经验，对提高传染病医疗设施的可靠性、保障病人及医护人的生命安全、保护环境都有着积极的意义。结合武汉雷神山医院的设计实践，笔者从通风空调系统设计角度总结新冠肺炎疫情临时应急医院负压病房区环境控制方法，并分析临时应急医院与永久性的医院建设及设计上差别，主要结论及建议如下：

（1）压差控制是隔离病房区域关键控制要素，隔离病房与邻室的压差应不小于5Pa，考虑到应急医院建筑气密性差的特点，外区污染走廊存在大量外窗，可适当降低负压值，但不宜低于−2.5Pa，并应在缓冲间处加强空气隔断的辅助措施。

（2）应保证负压隔离病房区有序的压力梯度，气流应以医护走廊—病房缓冲间—病房的顺序有序流动。

（3）在建筑构造及密封性确定的情况下，设计压差的大小取决于排风量，过大的设计压差导致过大的排风系统，会带来投资、能耗增加，工程建设难道增大等不利因素，不利于应急工程快速建设。

（4）病房内的气流组织应从保护医护工作人员及保护病人两个方面合理确定。

（5）临时应急医院工期短，不宜在空调通风系统中设计复杂的自动控制系统，需用简单实用的方式达到使用要求。雷神山医院设计中采用定风量阀措施固定各区域送风量及排风量，简单有效地实现了各区域的压力梯度，满足了使用要求。

3　建筑设计行业关于通风优先的设计和运维思想开始形成共识

　　疫情的暴发带来的对空气环境安全防护的需求，让建筑设计行业进一步加强了对通风的关注和认识。不论是行业专家在各种论坛、会议上的经验分享，还是设计师们针对实际工程项目的设计，对涉及空气安全的压差梯度和气流组织等的考虑都摆在了首要位置。全新风运行、无新风系统的中央空调不运行等，也是行业专家们对建筑通风空调系统的运行给出的建议。通风优先的设计和运维思想在行业内开始形成共识。

关于民用建筑通风标准和条款的新进展

丁艳蕊

1　企业通风标准体系

海润公司经过多年工程和研发经验成果的积累，针对建筑通风工程全过程各阶段形成了"设计、实施、运行"一整套企业标准体系，如《海润通风优先的医院暖通空调工程设计指南》《海润通风工程施工方法及质量保障指南》《海润通风系统运营技术指南》；同时针对专项技术形成了专项标准，如《海润动力分布式新风系统设计规范》。

针对新冠肺炎疫情，海润结合疫情下所完成的通风工程，以及关于传染病病区通风系统的思考，形成了《海润平疫结合型医院病区通风系统设计图集》。

海润通风标准体系为项目的工程质量提供了有力的保障。

2　国内通风标准

除受新冠肺炎疫情的影响，2020 年紧急发布了有关防疫通风的指南、导则外，近几年社会各界对建筑通风也越来越重视，国内也发布了民用建筑通风或与民用建筑通风相关的标准，《中国住宅与公共建筑通风进展 2018》详细汇集了现行以及正在或拟编写的民建通风相关标准。在此基础上，近两年陆续发布实施的标准有：

类型	标 准 名 称
民用建筑通风标准	《住宅新风系统技术标准》JGJ/T 440—2018
	《住宅通风设计标准》T/CSUS 02—2020
	《大型公共建筑自然通风应用技术标准》DBJ50/T-372—2020
与民用建筑通风相关的标准	《空调通风系统运行管理标准》GB 50365—2019
	《民用建筑设计统一标准》GB 50352—2019
	《公共建筑室内空气质量控制设计标准》JGJ/T 461—2019
	《空气过滤器国家标准》GB/T 14295—2019
	《新风空调设备通用技术条件》GB/T 37212—2018

此外还有正在编写的如《地下建筑通风除湿系统技术规程》等相关标准。

第一篇　行业标准与技术进展

通风标准进展

丁艳蕊　付祥钊

1　近年发布实施的民用建筑通风标准与相关标准

近年发布实施的民用建筑通风标准与相关标准见表 1、表 2。

近年发布实施的民用建筑通风标准　　表 1

主要类别	标 准 名 称
技术标准	《住宅新风系统技术标准》JGJ/T 440—2018
	《住宅通风设计标准》T/CSUS 02—2020
	《大型公共建筑自然通风应用技术标准》DBJ50/T-372—2020
产品标准	《住宅厨房和卫生间排烟（气）道制品》JG/T 194—2018
	《建筑门窗用通风器》JG/T 233—2017
	《通风管道技术规程》JGJ/T 141—2017

近年发布实施的与民用建筑通风相关的标准　　表 2

主要类别	标 准 名 称
与通风相关的建筑设计标准	《民用建筑统一设计标准》GB 50352—2019
	《老年人居住建筑设计规范》GB 50340—2016
	《城市居住区规划设计标准》GB 50180—2018
	《饮食建筑设计标准》JGJ 64—2017
	《托儿所、幼儿园建筑设计规范》JGJ 39—2016(2019 年版)
与通风相关的节能设计标准	《温和地区居住建筑节能设计标准》JGJ 475—2019
	《严寒和寒冷地区居住建筑节能设计标准》JGJ 26—2018
与通风相关的绿色建筑标准	《绿色建筑评价标准》GB/T 50378—2019
	《绿色校园评价标准》GB/T 51356—2019
	《绿色生态城区评价标准》GB/T 51255—2017
	《近零能耗建筑技术标准》GB/T 51350—2019
	《既有社区绿色化改造技术标准》JGJ/T 425—2017
	《民用建筑绿色性能计算标准》JGJ/T 449—2018
与通风相关的施工验收、运行管理标准	《空调通风系统运行管理标准》GB 50365—2019
	《建筑节能工程施工质量验收标准》GB 50411—2019

2 标准研编案例

2.1 《住宅通风设计标准》T/CSUS 02—2020

该标准是《中国住宅与公共建筑通风进展 2018》中的研编案例之一。是由国家"十三五"重大研发计划项目"居住建筑室内通风策略与室内空气质量营造"为科技支撑的民用建筑建筑通风设计标准（团体标准），2020 年 4 月 3 日发布，2020 年 5 月 1 日开始实施。该标准的目录结构如表 3。

《住宅通风设计标准》T/CSUS 02—2020 目录结构 表 3

1　总则	5.3　新风系统选型
2　术语和分类	5.4　气流组织设计
2.1　术语	5.5　风管与设备设计
2.2　分类	5.6　监测与控制设计
3　基本规定	6　空气净化措施
4　自然通风设计	6.1　一般规定
4.1　一般规定	6.2　自然通风下的空气净化器选型
4.2　场地与总平面设计	6.3　机械通风下的空气净化设计
4.3　建筑体型与平面设计	7　通风改造设计
4.4　门窗洞口设计	附录 A　自然通风模拟方法
5　机械通风设计	附录 B　主要城市室内通风模拟的气象参数
5.1　一般规定	附录 C　室外 $PM_{2.5}$ 设计浓度
5.2　新风量计算	

本标准从自然通风设计、机械通风设计、空气净化措施以及通风改造设计等方面对住宅通风设计进行了规定，内容全面，可操作性强。但住宅建筑不同住户的使用模式千差万别，关于住宅通风系统的运行控制，标准可以提出一些措施建议供建筑使用者参考，以发挥住宅通风系统的作用和价值。

此外，本标准对自然通风的模拟方法以及边界条件的设置等给出了详细的规定和模拟算例，利于保证模拟结果的可靠性，提高模拟手段在设计中的参考价值。

2.2 《建筑自然通风设计标准》

该标准是《中国住宅与公共建筑通风进展 2018》中的研编案例之一，为团体标准，目前是征求意见稿阶段，目录结构如表 4 所示。

《建筑自然通风设计标准》（征求意见稿）目录结构 表 4

1　总则	5　建筑单体设计
2　术语和符号	6　通风组件
2.1　术语	7　控制策略及系统
2.2　主要符号	8　节能与空气品质评价
3　基本规定	附录 1　风压与热压换气量计算方法
4　区域设计策略	附录 2　建筑表面风压系数获取方法

2.2.1　标准亮点

第一，本标准对严寒、寒冷、夏热冬冷、夏热冬暖和温和地区主要代表城市的自然通风潜力从自然通风小时数和自然通风时长百分比的角度给出了具体的分析结果，能够让设计人员了解不同地区各城市的自然通风潜力，利于进行建筑的自然通风设计。

第二，本标准提出了自然通风设计的有关控制策略及系统，利于对自然通风的充分利用以及避免不当自然通风。从设置的条文内容看，内容稍显简单，仍有优化空间。

2.2.2　几点建议

第一，征求意见稿中对"最小可开启窗地比"的定义为满足最小新风量的可开启窗面积与地面的比值。自然通风的目的是通过自然通风满足室内人员对空气品质以及热舒适的要求，而最小新风量一般是在供暖、空调季节，为保证人体健康，同时又节约能源，利用机械新风系统向室内提供的新风量。在通风季节利用自然通风时，最小新风量往往不能满足消除余热余湿等需求，需要较大的自然通风量，因此认为最小可开启窗地比的考虑不应按照标准中规定的人均最小新风量的指标设置。

第二，关于自然通风潜力的评估分析，室外温度仅是其中一个重要的参数，需同时考虑湿度问题。室外温度合适，湿度大时，会有闷热感，也不利于人体健康。此外，如梅雨季节，室外温度在人体舒适的范围内，但湿度过大，进行自然通风反而会加剧室内的潮湿感，甚至出现发霉现象。因此自然通风潜力的分析应兼顾温度和湿度两个参数。

第三，在进行建筑自然通风设计前，建议先进行建筑所在地区的暖通空调季节划分，明确可以利用自然通风的季节和时段，分析自然通风的潜力，更有利于通风季节以及空调季节夜间通风时段的自然通风设计。

2.3　《大型公共建筑自然通风应用技术标准》DBJ50／T-372—2020

为促进自然通风技术的合理实施，改善公共建筑室内空气质量，保证公共建筑通风作用下的健康舒适，重庆市依据国家、行业和地方标准，立足于重庆市公共建筑通风现状制定了本标准，标准的目录结构如表5所示。

重庆市《大型公共建筑自然通风应用技术标准》DBJ50/T-372—2020目录结构　　表5

1　总则	6　通风设计
2　术语	6.1　一般规定
3　基本规定	6.2　自然通风
4　室外环境	6.3　复合通风
4.1　一般规定	6.4　系统监控
4.2　规划布局	7　运行管理
4.3　风环境数值模拟	7.1　一般规定
5　通风计算	7.2　运行管理
5.1　一般规定	附录1　重庆地区全年干球温度及月平均温度
5.2　室内环境设计参数	附录2　重庆主城某局地微气候环境的月平均温湿度及不同时间段平均温湿度
5.3　通风量计算	

本标准是专门针对公共建筑的一本自然通风应用技术标准，明确了大型公共建筑的定义：主要指人员密集型建筑和大空间建筑，如交通建筑（不含地下站、厅）、会展中心、展览馆、科技馆、图书馆、青少年活动中心、体育场馆等面积较大、同一时间聚集人数较多的建筑，以及医疗卫生建筑中的门诊部、候诊室和其他公共建筑中投影面积大于 $500m^2$ 的贯通多层的室内大厅。

为应对人类面临的气候变化的全球性问题，我国提出了 2030 年碳达峰，2060 年实现碳中和的目标。社会大众的根本需求与国家应对气候变化的目标之间的矛盾具体体现之一是提高建筑环境质量能耗增加与 CO_2 减排的矛盾。自然通风是提高建筑环境质量，同时实现零碳排放的有效技术措施之一。"建筑节能""绿色建筑"都提出了对自然通风的要求，本标准的制定将进一步规范和提升公共建筑自然通风的应用效果。

本标准是自然通风应用 2020 的收官成果，标准的执行也是自然通风应用 2021 的开局行动。期待重庆市自然通风地方标准的颁布实施可进一步为全国各省市自然通风技术应用提供参考。

2.4 医疗建筑平疫结合通风设计标准

2.4.1 标准编制背景

随着社会的进步，大众越来越清楚安全健康比舒适更重要，社会从使用侧推动重视通风。疫情的突发，更让全社会认识到通风系统保障安全健康的重要性。

(1) 医疗建筑平时和疫情状态对通风系统的需求存在本质区别

通风的第一功能是保障建筑内人员的呼吸安全与健康，相对于热舒适，其对可靠性要求更高，医院室内空气的安全和健康需求应通过通风系统来实现。不同医院（综合医院和传染病医院）、不同病区（标准病区和传染病病区）以及不同运行状态（平时状态和疫情状态）下的通风系统设计要求不同。例如，综合医院的标准病区或者传染病医院的非呼吸道传染病病区在平时运营状态下，因为室内污染物主要为建筑本体、人体呼吸和散发、医疗过程等产生的空气污染物，如甲醛、苯、挥发性有机物、二氧化碳、臭气、湿气等，可利用通风稀释污染物的机理，通风系统设计以考虑呼吸健康为主；综合医院的标准病区在传染病疫情状态下，以及传染病医院呼吸道传染病病区在平时和疫情状态下，因室内污染物中存在病人呼吸产生的传染性病毒，威胁人员生命安全，需要依靠通风对含有危害严重的传染性病毒的空气进行控制和排除，通风系统设计以考虑呼吸安全为主。

(2) "平疫结合"医疗建筑的建设需求急需平疫结合通风系统技术的提升

截至 2020 年 6 月底，全国医疗卫生机构数达 101.6 万个，其中医院 3.5 万个，部分综合医院中设置呼吸道传染病区的面积也十分有限，传染病医院数量不足 200 家，这种医疗机构现状下，遇到重大突发的呼吸道传染病疫情时，绝大多数以呼吸健康为主进行通风设计的医院无法收治呼吸道传染病人，那么床位紧张是必然的，因此当新型冠状病毒肺炎疫情暴发时，负压病房住院床位紧缺，为了抗击疫情，武汉短时间内新建了火神山和雷神山两座医院用于收治传染病人。全国各城市也积极准备改造传染病医院和综合医院标准病区，筹建不同规模和用途的负压病房系统。相继出台了《新冠肺炎应急救治设施负压病区建筑技术导则（试行）》《新型冠状病毒感染的肺炎传染病应急医疗设施设计标准》T/CECS 661—2020 等指导安全通风设计。

传染病疫情临时应对所耗费的人力和物力是巨大的，因此公共卫生机构平时就应思考如何建设，以提高对未来的未知传染病疫情的救治能力。为此，国家发展和改革委员会、国家卫生健康委员会和国家中医药管理局于 2020 年 5 月 9 日联合发布的［2020］735 号文件《关于印发公共卫生防控救治能力建设方案的通知》（以下简称"《建设方案》"），将"平战结合"作为公共卫生防控救治能力建设的五项基本原则之一，既满足"战时"快速反应、集中救治和物质保障需要，又充分考虑"平时"职责任务和运行成本。为了指导各地对《建设方案》的实施，2020 年 7 月 30 日，国家卫生健康委员会、国家发展和改革委员会联合发布了国卫办规划函［2020］663 号文件《关于印发综合医院"平疫结合"可转换病区建筑技术导则（试行）的通知》（以下简称"导则"）。《导则》从平疫结合可转换病区建设全专业的角度分别作了技术规定，可见，国家政策和需求都明确了建设平疫结合医疗建筑的趋势。通风作为实现医疗建筑内人员呼吸安全与健康的手段，迫切需要一套同时考虑平时和疫情通风需求的通风系统设计技术标准来实现平疫结合医疗建筑的功能。

（3）本标准的编制将填补现有标准关于平疫结合通风系统设计的空缺

目前关于医疗建筑的标准和规范有 20 余部，工程设计人员在进行以呼吸健康为主的医院平时通风系统设计时主要参考国家标准《综合医院建筑设计规范》GB 50139、《民用建筑供暖通风与空气调节设计规范》GB 50736、《综合医院通风设计规范》DBJ50T—176等；进行以呼吸安全为主的医院战时通风系统设计主要参考《传染病医院建筑设计规范》GB 50849、《医院负压隔离病房环境控制要求》GB/T 35428 等标准。这些标准用于医院通风设计时或针对综合医院、传染病医院，通风条文的规定如系统分区、新风量、压差需求、气流组织等仅单一适用于建筑平时的健康通风或者疫情时的安全通风，现有标准指导下所设计的通风系统不能通过运行工况转换满足平时和疫情需求，不能满足设计人员对平疫结合型医疗建筑的通风设计需求。

本标准针对平疫结合型医疗建筑，从医疗建筑平疫功能需求出发，在压力要求、通风量需求、气流组织、通风系统分区和形式、管道设计、机组选型以及系统控制等方面探讨技术要求，获得平疫结合型医疗建筑通风系统实现健康与安全两功能转换的设计方法，使得工程设计人员能够据此标准设计出一套可通过运行切换或简单改造实现平疫状态下的不同通风功能需求的通风系统，快速有效的应对突发疫情状况。因此，本标准的编制可以填补现有标准在医疗建筑平疫结合通风设计方面的空缺。

（4）本标准的编制有利于提升通风工程技术发展

医疗建筑平时健康通风设计是基于人员健康、卫生的需求，从通风所具有的消除房间内污染、有毒、有害气体功能角度出发，优先于建筑热湿调控的系统设计，对医疗建筑通风系统提出了更高的要求，本标准还可用于指导设计师进行综合医院建筑的通风系统设计，改善现有暖通空调规范中关于通风可执行性不强的现状。医院作为一个人流密集的重要公共场所，通过设计合理的通风系统，可以改善医疗建筑室内环境质量，为患者及医护人员等提供安全、健康、舒适、高效、节能的室内空间。

2.4.2　标准编制大纲及需要解决的关键问题

为了标准启动会的顺利召开以及研编出高质量、高水平的通风设计标准，标准主编单位重庆海润节能技术股份有限公司和中国中元国际工程有限公司 2 月 25 日召开了标准编制启动预备会，双方深入沟通了标准编制大纲、编制方式以及编制进度计划安排等，为启动会作好了充分的准备，并拟定于 3 月 20 日在重庆召开标准编制启动会。

（1）标准编制大纲

标准编制大纲详见表 6。

标准编制大纲　　　　　　　　　　表 6

第一章	总则	
第二章	术语	
第三章	建筑医疗工艺及平疫结合要求	包括合理确定平时及疫情时的建筑功能设置、能够实现疫情时建筑设施快速改造以及通风系统的快速转换
第四章	通风要求	包括门（急）诊部、住院部、医技部科室、病区，平疫不同状态下的通风技术要求，有害污染物与压力要求，通风室内外设计参数等
第五章	通风方式与气流组织	包括平疫不同状态下的设计原则、通风分区、送排风方式、气流组织形式、压差控制等
第六章	风量计算	包括门（急）诊部、住院部、医技部科室、病区的通风量计算方法，平疫不同状态下的风量需求
第七章	通风系统设计	包括平疫不同状态下的系统划分、系统选择、进排风口尺寸与位置、输配管路计算与布置、通风系统主机、末端装置的设备选型及布置、通风能源设置
第八章	监测与控制设计	包括医疗建筑室内空气品质监测系统的布置、传感器的选择与布置、中央控制系统的设计，平疫不同状态下的转换，全年通风工况的转换
第九章	消声与减振设计	包括医疗建筑平疫状态通风系统消声设计和减振设计要求及措施
附录		

（2）需要解决的关键问题

1）平疫结合型医疗建筑暖通空调设计中，通风优先设计的方法和流程，专业配合；

2）平疫结合型医疗建筑门（急）诊部、医技部和住院部各科室、病区通风气流组织要求、各房间与其相邻相通房间（或走道）之间平疫状态下各自的压差控制要求、各房间的通风需求量，以及转换方法；

3）平疫结合型医疗建筑通风系统的分区原则及方法；

4）平疫结合型医疗建筑室内空气品质、压差梯度等监测与控制系统的设计。

2.4.3　标准编制进度计划

本标准由重庆海润节能技术股份有限公司与中国中元国际工程有限公司主编，全国众多从事医疗建筑设计的设计单位共同参与，探讨和解决平疫结合医疗建筑的通风设计问题，把关标准质量，编制出高质量、高水平通风设计标准。标准编制的进度计划安排如表 7 所示。

标准编制进度计划　　　　　　　　　　表 7

时间节点	完成内容
2021 年 3 月 30 日前	主编部门主持召开标准第一次工作会
2021 年 5 月 30 日前	各参编单位和人员根据工作进度计划安排和任务分工完成相应内容，主编单位汇总形成标准初稿
2021 年 6 月 30 日前	主编单位组织编制组成员进行标准初稿内部讨论，形成征求意见稿，报主编部门，公开征求意见

时间节点	完成内容
2021 年 10 月 30 日前	针对公开征求的意见,完成对标准征求意见稿的修改和意见处理,形成标准送审稿
2021 年 12 月 30 日前	主管部门组织专家审查,针对主管部门以及审查专家的审查意见,修改完善标准送审稿,形成报批稿

3　标准评述

近几年与民用建筑通风相关的一系列标准的编制发布,表明了技术的进步以及人们对于环境品质要求的提升。

家用新风行业由雾霾催生并得到了迅速的发展。为了规范新风行业相关技术,保障实施效果,相关标准陆续编制和发布。通过市场调查以及研读已发布和编制中的相关标准发现,目前家用新风行业对新风系统的概念定义认识不清,混淆新风与通风的概念。此定义由家用新风市场中产生,影响了行业技术标准的制定,目前已渗透进入整个民用新风市场。以下为不同标准中对"新风系统"的定义见表 8。

"新风系统"在不同标准中的定义　　　　　　　　　　　　表 8

标准名称	定义
《供暖通风与空气调节术语标准》 GB/T 50155—2015	为满足卫生要求,弥补排风或维持空调房间正压而向空调房间供应经集中处理的室外空气的系统
《住宅新风系统技术标准》 JGJ/T 440—2018	由风机、净化等处理设备、风管及其部件组成,将新风送入室内,并将室内空气排至室外的通风系统
《住宅通风设计标准》 T/CSUS 02—2020	将新风送入室内并/或将室内污染空气排至室外的机械通风系统

标准作为一种技术准则,应具有并保持一定的严谨性,以规范市场。新风系统的功能是为了保障室内的新风量需求,排风系统是为了控制室内污染源,排出室内污染物,而通风系统是为了控制室内空气污染物浓度。三种系统的核心技术体系和调控逻辑有明显差异,不能混淆。

认清"新风、排风、通风"以及"新风系统、排风系统和通风系统"的概念、不同系统的功能和实现的目标,才能做好具体工程项目的建筑通风系统,也才能使得民用建筑通风得到长足的发展。

3.1　《温和地区居住建筑节能设计标准》

温和地区位于我国西南边陲,经济、技术发展相对滞后,由于各方面因素制约,建筑热工设计分区中的其余四个分区早已颁布了相应的居住建筑节能设计标准,而温和地区居住建筑节能标准一直处于空白。近十几年来,人民生活水平显著提高,虽然该地区气候温和,极端天气持续时间短,但自行使用各类供暖、空调设备改善、提高居住质量已形成趋势。供暖、空调能耗将随着设备使用的增加和居住建筑的大规模建设持续增长,因此编制了《温和地区的居住建筑节能设计标准》JGJ 475—2019,来改善居住建筑的热舒适程度,提高供暖和空调设备的能源利用效率，以节约能源，保护环境，贯彻国家建筑节能的方针政策。

该标准的目录框架如表 9 所示。

《温和地区居住建筑节能设计标准》JGJ 475—2019 目录结构　　　　表 9

1　总则

2　术语

3　气候子区与室内节能设计计算指标

4　建筑和建筑热工节能设计
　4.1　一般规定
　4.2　围护结构热工设计
　4.3　自然通风设计
　4.4　遮阳设计
　4.5　被动式太阳能利用

5　围护结构热工性能的权衡判断

6　供暖空调节能设计

由目录框架可知，该标准仅在建筑和建筑热工节能设计章节对居住建筑的自然通风设计作了一些规定，相关条文见表 10。

《温和地区居住建筑节能设计标准》JGJ 475—2019 通风设计条文内容　　表 10

条文号	条文内容
4.3.1	居住建筑应根据基地周围的风向、布局建筑及周边绿化景观，设置建筑朝向与主导风向之间的夹角
4.3.2	温和 B 区居住建筑主要房间宜布置于夏季迎风面，辅助用房宜布置于背风面
4.3.3	未设置通风系统的居住建筑，户型进深不应超过 12m
4.3.4	当房间采用单侧通风时，应采取增强自然通风效果的措施
4.3.5	温和 A 区居住建筑的外窗有效通风面积不应小于外窗所在房间地面面积的 5%
4.3.6	温和 B 区居住建筑的卧室、起居室(厅)应设置外窗，窗地面积比不应小于 1/7，其外窗有效通风面积不应小于外窗所在房间地面面积的 10%
4.3.7	温和 B 区居住建筑宜利用阳台、外廊、天井等增加通风面积
4.3.8	温和 B 区非住宅类居住建筑设计时宜采用外廊
4.3.9	室内通风路径设计应布置均匀、阻力小，不应出现通风死角、通风短路
4.3.10	当自然通风不能满足室内热环境的基本要求时，应设置风扇调风装置，宜设置机械通风装置，且不应妨碍建筑的自然通风

温和地区室外气候条件较好，大多采用自然通风满足室内空气品质和热舒适需求，但自然通风不能满足要求时，或炎热和寒冷时段采用供暖和空调设备改善室内热环境时，需要机械通风满足室内空气品质需求，该标准第 4.3.10 条也明确宜采用机械通风装置，但未对机械通风的设置进行规定。

3.2　《严寒和寒冷地区居住建筑节能设计标准》

该标准 2018 年版修订的总目标是在《严寒和寒冷地区居住建筑节能设计标准》JGJ 26—2010 的基础上将严寒和寒冷地区居住建筑的设计供暖能耗降低 30% 左右，据此对建筑、热工、供暖设计提出节能措施要求。目录结构如表 11 所示。

《严寒和寒冷地区居住建筑节能设计标准》2010年版和2018年版目录结构对比　　表11

2010年版	2018年版
1　总则	1　总则
2　术语和符号 　2.1　术语 　2.2　符号	2　术语
3　严寒和寒冷地区气候子区与室内热环境计算指标	3　气候区属和设计能耗
4　建筑和围护结构热工设计 　4.1　一般规定 　4.2　围护结构热工设计 　4.3　围护结构热工性能的权衡判断	4　建筑与围护结构 　4.1　一般规定 　4.2　围护结构热工设计 　4.3　围护结构热工性能的权衡判断
5　采暖、通风和空气调节节能设计 　5.1　一般规定 　5.2　热源、热力站及热力网 　5.3　采暖系统 　5.4　通风和空气调节系统	5　采暖、通风、空气调节和燃气 　5.1　一般规定 　5.2　热源、换热站及管网 　5.3　室内供暖系统 　5.4　通风和空气调节系统
	6　给水排水 　6.1　建筑给水排水 　6.2　生活热水系统
	7　电气 　7.1　一般规定 　7.2　电能计量与管理 　7.3　用电设施

从目录结构看，变化最明显的是增加了给水排水和电气章节。从内容看，节能目标、围护结构热工性能权衡判断方法以及设备系统能效等都有提高或修改。标准中关于通风设计的具体条文内容见表12。

《严寒和寒冷地区居住建筑节能设计标准》通风设计条文内容　　表12

	2010年版		2018年版	
	条文号	条文内容	条文号	条文内容
5.4 通风和空气调节系统	5.4.1	通风和空气调节系统设计应结合建筑设计，首先确定全年各季节的自然通风措施，并应做好室内气流组织，提高自然通风效率，减少机械通风和空调的使用时间。当在大部分时间内自然通风不能满足降温要求时，宜设置机械通风或空气调节系统，设置的机械通风或空气调节系统不应妨碍建筑的自然通风	5.4.1	通风和空气调节系统设计应结合建筑设计，首先确定全年各季节的自然通风措施，并应做好室内气流组织，提高自然通风效率，减少机械通风和空调的使用时间。当在大部分时间内自然通风不能满足降温要求时，宜设置机械通风或空气调节系统，设置的机械通风或空气调节系统不应妨碍建筑的自然通风
	5.4.5	设有集中新风供应的居住建筑，当新风系统的送风量大于或等于3000m³/h时，应设置排风热回收装置。无集中新风供应的居住建筑，宜分户（或分室）设置带热回收功能的双向换气装置	5.4.5	当采用双向换气的新风系统时，已设置新风热回收装置，并应具备旁通功能。新风系统设置具备旁通功能的热回收段时，应采用变频风机

	2010 年版		2018 年版	
	条文号	条文内容	条文号	条文内容
5.4 通风和空气调节系统			5.4.6	新风热回收装置的选用及系统设计应满足下列要求： 1 新风能量回收装置在规定工况下的交换效率，应符合现行国家标准《空气-空气能量回收装置》GB/T 21087 的规定； 2 根据卫生要求新风与排风不可直接接触的系统，应采用内部泄漏率小的回收装置； 3 可根据最小经济温差（焓差）控制热回收旁通阀； 4 应进行新风热回收装置的冬季防结露校核计算； 5 新风热回收系统应具备防冻保护功能

《严寒和寒冷地区居住建筑节能设计标准》，兼顾了对自然通风和机械通风的考虑，关于自然通风提出了原则性的规定；关于机械通风系统，着重从新风热回收装置的角度作出了规定。

3.3 《夏热冬冷地区居住建筑节能设计标准》

该标准 2020 年版修订是在《夏热冬冷地区居住建筑节能设计标准》JGJ 26—2010 设计水平基础上实现再节能 30% 的目标。强调保证室内热环境质量，提高人民的生活水平，提高供暖、通风、空调、电气和给水排水系统的能源利用效率。目录结构如表 13 所示。

《夏热冬冷地区居住建筑节能设计标准》2010 年版和 2020 年版（送审稿）目录结构对比 表 13

2010 年版	2020 年版（送审稿）
1 总则	1 总则
2 术语	2 术语
3 室内热环境设计计算指标	3 气候区属和设计能耗
4 建筑和围护结构热工设计	4 建筑和围护结构热工设计 4.1 建筑设计 4.2 建筑热工设计
5 建筑围护结构热工性能的综合判断	4.3 建筑围护结构热工性能的权衡判断
6 采暖、空调和通风节能设计	5 供暖、通风、空气调节和燃气 5.1 一般规定 5.2 供暖和空调系统 5.3 通风系统
	6 电气 6.1 一般规定 6.2 供配电与电能计量 6.3 照明与其他用电设施

续表

2010 年版	2020 年版(送审稿)
	7　给水排水 　7.1　一般规定 　7.2　建筑给水排水 　7.3　生活热水系统
附录 A　面积和体积的计算 附录 B　外墙平均传热系数的计算 附录 C　外遮阳系数的简化计算	附录 A　围护结构主要热工参数的计算 附录 B　关于面积和体积的计算 附录 C　太阳得热系数的简化计算

　　从目录结构看，变化最明显的是增加了给水排水和电气章节。从内容看，给出了典型新建居住建筑平均设计能耗，节能目标、围护结构热工性能以及冷热源设备系统能效等都有提高或修改。标准中关于通风设计的具体条文内容见表 14。

《夏热冬冷地区居住建筑节能设计标准》通风设计条文内容　　　　　表 14

2010 年版		2020 年版(送审稿)	
章节	条文内容	章节	条文内容
6　采暖、空调和通风节能设计	6.0.10　居住建筑通风设计应处理好室内气流组织、提高通风效率。厨房、卫生间应安装局部机械排风装置。对采用采暖、空调设备的居住建筑,宜采用带热回收的机械换气装置	5　供暖、通风、空气调节和燃气	5.3.1　居住建筑通风设计应处理好室内气流组织、提高通风效率。厨房、卫生间应安装局部机械排风装置。对采用采供暖、空调设备的居住建筑,当经济合理时宜采用带热回收的机械换气装置
			5.3.2　居住建筑宜设置有组织的通风换气装置满足新风量的需求或预留新风装置的安装位置。当技术经济比较合理时,新风宜进行预冷或预热处理
			5.3.3　居住建筑宜设置电扇等调风装置作为改善热环境的辅助措施
			5.3.4　居住建筑吸油烟机的能效应满足现行国家标准《吸油烟机能效限定值及能效等级》GB 29539—2013 中规定的节能评价值

　　通风方面，2020 年版（送审稿）最大的变化是第 5.3.2 条，即对满足新风量需求或预留新风装置的安装位置的规定。

3.4　关于《住宅通风设计标准研究》的读后感

　　该文发表于《建筑节能》杂志 2020 年第 6 期。

　　该文调研分析了 20 本中国现有住宅通风设计相关标准的条文，发现了标准中存在的问题与缺陷，通过分析展望未来在住宅通风设计方面的发展趋势。该文的工作很有意义，有重要的参考价值，所发现的问题与缺陷，值得引起认真的讨论。

　　如该文所述，我国面临严峻的住宅室内环境污染问题，室内污染源是劣质建材、厨房油烟、居民吸烟等，室外污染则是城市环境空气质量不达标对建筑通风的挑战，同时认为

"传统住宅多以自然通风为主，可以保证充足的新鲜空气，因而具有节能、改善室内热舒适和提高室内空气质量的优点。"对工程设计标准而言，这一表述是不严谨的。当室外空气质量达标、热湿状态不在舒适区时，自然通风不能改善室内热舒适性或提高室内空气品质；室内污染源的存在，尤其是厨、卫污染源，当室外风向不恰当时，自然通风不但不能改善室内的空气品质，反而将厨、卫污染物扩散到居室内。随着人们生活水平的提高、卫生意识的加强，国内住宅早已不是"机械通风使用人数较少"，而是普遍采用了"厨卫机械排风＋居室自然进排风"的复合通风方式。设计标准存在的主要问题是把厨、卫机械排风与居室自然进排风隔离开来，分别处理。现在的住宅建筑，都设计了厨房多层共用的排油烟机排烟竖井，有的还设计了各层共用的卫生间排风竖井，使得整体住宅楼成为了一个复杂的复合通风系统。住宅通风设计标准还没有对这样的现状作出明确的专门的设计要求。

各类标准普遍在通风基本要求中明确规定"住宅以自然通风为主，当室外自然通风不能满足通风换气要求时，使用机械通风。"这里的关键是怎样理解"通风换气要求"。设计人员往往以是否达到通风换气量为判断标准。但是仅通风换气量并不能保障室内热舒适和空气品质。考虑我国住宅建设和使用现状，以及人民群众对室内环境质量的更高要求，住宅通风的基本要求应表述为"住宅应以复合通风为主，采用机械排风控制厨、卫污染源，自然通风为居室提供新风，保障室内空气质量和提供热舒适。"

关于"室外风环境"，不仅直接影响住宅自然进风量，还影响厨、卫机械排风，尤其是关系到厨房排出的污染气流会不会从室外返回，进入自家或其他家的居室等室内空间，影响室内空气质量。对室外风环境的分析，不能停留在主导风向上，应就全年各种风向进行分析，为合理确定"新排风口"位置等提供参考。

关于"朝向与体型"，确定两者要考虑多方面的因素，尤其是采光与视觉，从通风和节能的角度，提出"宜"的要求比较合理。

关于"自然通风窗口"，规定"自由通风的进风口距地面高度不大于1.2m"不合理。"不大于1.2m"的要求来自工业厂房热车间的通风降温要求，用于住宅容易造成室外的冬季冷风、夏季热风直吹人体，并不适合，尤其是居室。该论文对"自然通风进风口应远离污染源3m以上"的看法是很恰当的，因为不同污染源的影响不同，具体工程情况多变，不能一概以"3m"而论，宜提出原则性的要求"自然通风的进风口应避免污染源气流进入"，具体工程应按此原则根据污染物和室外风环境合理确定进风口位置。自然通风开启面积应规定为根据室外天气的变化可调节，不得小于下限值，下限值的决定应依气候区而变。

关于"换气次数""新风量计算"与"空气平衡"，应首先确定厨、卫机械排风的换气次数。卫生间可常年保持一个固定的换气次数，也可分使用时间和非使用时间规定不同的换气次数。居室则可按人居面积确定最小换气次数。应以一套住房为基础，计算空气平衡。当厨、卫机械排风量明显超过居室冬、夏季的进风量时，厨、卫应设计恰当的补风措施。

关于"气流组织"，其关键是实现"新风—居室—厨、卫—排风口"的气流路径，这主要依靠厨、卫排风形成的一套住房各房间之间的压力梯度实现。

总结：住宅通风设计标准首先要从按房间设计单一的自然通风或机械通风，转向按户、按楼栋的复合通风设计。为此，①要建立住宅复合通风设计模型，形成工程用的通风网络分析计算工具；②要规定全年分季节通风状态，设置通风系统；③建立全年运行调节的设计逻辑。

专项通风技术标准——动力分布式新风系统设计标准

编写单位：重庆海润产能技术股份有限公司
主要起草人员：付祥钊、郭金成、居发礼、祝根原、雷维、邓福华
主要审查人员：谭平、张华廷

1 总则

1.0.1 为消除新风管网不平衡问题，满足动态新风需求，改善室内空气品质，规范动力分布式新风系统技术的应用，制定本标准。

【条文说明】动力集中式系统具有以下特点：(1) 风机的扬程是根据最不利环路确定，其他支路的资用压头富余，越靠近动力源，富余量越大；(2) 对于富余压头，采用阀门消耗，实现管网阻力平衡，造成了很大的能量浪费；(3) 具有多个支路的动力集中式系统，在设计工况下，调节阀能耗占有颇高的份额。在调节工况下，改变动力的集中调节虽然减少了向系统投入的能量，但阀门能耗所占份额没有改变；(4) 末端恒定风量，无法按需调控。动力分布式系统可以减小输配能耗，满足各空间动态非均匀的新风需求。

1.0.2 本标准的动力分布式新风系统优先满足室内空气品质的基本需求。

1.0.3 动力分布式新风系统设计除符合本标准的规定外，尚应符合国家现行有关标准的规定。

2 术语

2.0.1 动力分布式新风系统 distributed fan ventilation system

动力分布式新风系统与动力集中式新风系统相对应，是将促使新风流动的动力分布在各支管上形成的系统，可调节风机转速，满足动态新风量需求。由主风机、支路风机、风口、低阻抗管网组和专用控制系统组成。

2.0.2 主风机 main fan

动力分布式新风系统中进行空气热湿或空气质量处理的、承担主干管空气输送的风机。

2.0.3 支路风机 branch fan

动力分布式新风系统中承担支路空气输送的风机。

2.0.4 自适应风机 self-adaption fan

能够根据实际风量需求和管网的动态阻力特性而自动调整风机转速来稳定风量的风机。

2.0.5 三通风机 duct tee fan

利用离心风机的气流流动特性，将通风管道中的三通构件和离心风机结合在一起而形成的整体风机。

2.0.6 零压点 zero pressure point

动力分布式新风系统中主风管内静压为零的位置点,即主风机克服主风管阻力的最远点。

2.0.7 典型新风量 typical airflow rate

新风量需求变化较大时,运行时间长且稳定的几个时段的新风量。

3 系统类型与适用条件

3.1 系统类型

3.1.1 动力分布式新风系统根据主风机设置情况可分为有主风机和无主风机的动力分布式新风系统。

3.1.2 有主风机的动力分布式新风系统根据风量可变特性可分为定风量、部分末端变风量和所有末端变风量的新风系统。

【条文说明】有主风机的动力分布式新风系统的三种系统示意图如图1~图3所示:

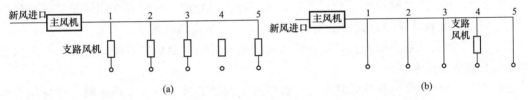

图1 动力分布式定风量新风系统（主风机、支路风机均不可调速）

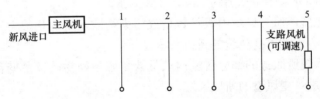

图2 动力分布式部分末端变风量新风系统（图中支路风机5可调速）

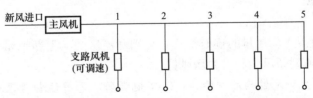

图3 动力分布式变风量新风系统（主风机、所有末端支路风机可调速）

3.1.3 无主风机的动力分布式新风系统根据风量可变特性可分为定风量新风系统和变风量新风系统。

【条文说明】依据支路风机是否调速分为定风量系统和变风量系统,系统示意图如图4所示:

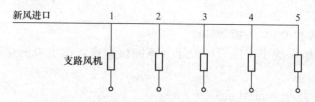

图4 无主风机的动力分布式新风系统

3.2 适用条件

3.2.1 下列情况宜采用动力分布式新风系统：

1 各个末端用户新风量需求变化较大，且变化不一致；

2 各支路仅通过风管设计难以水力平衡；

3 室内人员有自主控制新风需求；

4 当条件受限时，风机近端新风量大的送风点需与远端新风量小的送风点合为同一系统。

【条文说明】采用动力分布式新风系统，一是为了保证管网平衡，二是为实现动态通风。进行合理新风系统划分，可以避免由于系统划分不合理所造成的严重管网不平衡。一般情况下风机近端新风量大的送风点不宜与远端新风量小的送风点合为同一系统。

3.2.2 当新风系统较小且不需要对新风进行热湿处理，或者各支路风机具备新风热湿与空气品质处理功能时，宜采用无主风机的动力分布式新风系统。

3.2.3 当新风系统较大且需要对新风进行热湿或空气品质处理时，宜采用有主风机的动力分布式新风系统。

3.2.4 新风系统所服务区域内人员数量或室内污染散发量基本稳定时，应选用有主风机或无主风机的定风量新风系统。末端用户风量需求恒定，为保证远端支路水力平衡时宜选用有主风机的部分末端带动力的定风量新风系统。

3.2.5 新风系统所服务区域内人员数量或污染物散发量变化较大时，应选用有主风机或无主风机的所有末端可变风量的新风系统。

3.2.6 新风系统所服务的部分区域内人员数量或污染物散发量变化较大时，宜选用有主风机的部分末端可变风量的新风系统。

4 新风量计算

4.0.1 应进行卫生新风量的逐时计算，分别确定房间典型新风量和最大新风量，在此基础上确定系统典型新风量和最大新风量。

【条文说明】卫生新风量确定步骤为：①实地调研，了解运营管理制度及模式等，确定房间逐时人员数量；②计算房间典型新风量和最大新风量。对于全天室内人员数量变化较大的情况，将逐时风量的最大值确定为房间的最大新风量，并将运行时间最长的新风量确定为典型新风量；③确定系统典型新风量、最大新风量。将新风系统服务的各房间新风量逐时累加，得到系统逐时新风量，将逐时最大风量确定为系统最大新风量，并选取运行时间长且稳定的几个时段新风量作为典型新风量。确定系统、房间典型新风量和最大通风量是为了管网设计与风机选型。以典型新风量进行新风管网设计，兼顾其他新风需求工况。风机选型时，以最大风量选型，并保证风机能在典型新风量下高效运行。

4.0.2 新风系统的总风量应取系统所服务房间逐时卫生新风量的综合最大值。

4.0.3 过渡季节时宜在卫生新风量基础上加大1倍的富余量确定热舒适通风量，承担部分或全部室内热湿负荷。

【条文说明】新风系统根据室外气温进行变风量运行，可以缩短空调运行时间，降低能耗。过渡季节新风量计算步骤为：①确定过渡季节室外空气计算温度；②计算通风负荷；③计算新风量。

4.0.4 宜分析不同通风需求下的新风量，并进行经济技术比较确定新风系统的设计新风量。

【条文说明】对于舒适性空调的新风设计，首先满足卫生新风量需求，其次根据满足或部分满足热舒适通风需求，再次根据工艺需求（如满足空气压差要求）的新风量。当需要同时满足多种通风需求时，则需要进行经济技术比较后确定设计新风量。

5 风管设计及水力计算

5.1 风管设计

5.1.1 主风管尺寸设计时应以典型新风量下的工况为主，兼顾其他工况下风管工作风速与压力。若有多个典型新风量的工况，应以典型新风量的最大值工况进行风管尺寸设计。

5.1.2 支风管尺寸应以最大新风量设计。

5.1.3 新风管道干管空气流速宜为 $5\sim6.5m/s$，支管宜为 $3\sim4.5m/s$，在条件允许时，干管管路风速宜取下限值，支路管路风速宜取上限值。

【条文说明】在动力分布式新风系统设计时，干管空气流速取下限值，支路空气流速取上限值，即干管风管尺寸宜大些，支路风管尺寸宜小些，这样可以减小管网系统的不平衡率，保证系统的稳定性，但需兼顾主风管安装空间与末端噪声。

5.1.4 主风管尺寸宜采用等管径设计，主风管长度不宜大于50m，主风管所接出的支路个数不宜大于30个；当采用三通风机作为支路动力时，支路的个数不宜大于10个。

【条文说明】本条考虑到各支路的水力平衡，采用等管径设计有利于各支路的水力平衡。动力分布式新风系统宜设计为小系统，便于调节与控制。

5.2 水力计算

5.2.1 无主风机的动力分布式新风系统应根据系统最大风量分别进行各环路的水力计算。

【条文说明】仅有支路风机，无主风机的动力分布式新风系统如图4所示。

一般末端支路风机应具备调速功能。该系统设计的重点为主风管和支路风机的选型，其方法为：①计算各支路的最大风量；②将主管道编号并根据主风管推荐流速设计管道尺寸；③根据支路最大风量和推荐风速设计支路管道尺寸；④支路风机的压力应等于新风进风口到该支路出风口的管道阻力，包括各支路阻力和新风进风口到支路的主风管流动阻力，并根据支路最大风量选择支路风机。此种形式可应用于定风量或变风量通风系统。

5.2.2　有主风机的部分末端有动力的动力分布式新风系统，应根据支路设置支路风机的情况确定主风机需克服的支路阻力而进行水力计算。

【条文说明】仅有部分支路有支路风机的动力分布式新风系统，如图5（a）所示：

当某个支路的管道阻力显著大于其他支路时，即该支路所在环路为最不利环路。为节约输配能耗，可在此支路上增设支路风机。因此，主风机压头需克服次最不利环路的阻力，而最不利环路的支路风机仅需克服其剩余阻力（大小等于该最不利环路的总阻力减去主风机压头）。又或者是主风机压头能克服到某一环路的管道阻力，其余阻力损失大的环路按照上述方法设计选型各支路风机。

上述形式一般应用于定风量系统，当应用于变风量系统时，支路风机宜设在系统的最末端（此时末端应为最不利环路），如图5（b）所示。主风机只需提供到4支路的动力（压力），最末端支路5（1个或N个）则设置支路风机，支路风机提供的压头为支路风机所在环路的总阻力减去主风机提供的压头。实际运行时，主风机根据出风口静压（或者主风管末端处静压）进行调速控制，变风量支路风机根据末端需求调速控制。

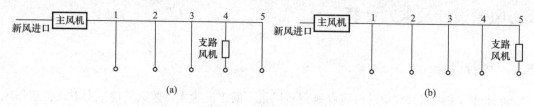

图5　部分末端有支路风机的动力分布式新风系统

需要特别说明的是，设置支路风机的位置不一定是距离主风机物理距离最远的地方，而是取决于各支路所在环路的阻力相对大小。

5.2.3　有主风机的所有末端带动力的动力分布式新风系统，应首先确定新风系统的零压点，零压点宜在干管1/2处。

【条文说明】有主风机的所有末端带动力的动力分布式新风系统设计宜以输配能耗为目标进行零压点的优化分析。零压点位置取决于主风机和支路风机效率。动力分布式新风系统输配总能耗理论研究表明：当主风机效率小于等于支路风机效率时，零压点宜在第一个支路入口处；当支路风机效率小于主风机效率，所有支路风机效率均相等时，零静压点应在最不利环路和最有利环路之间的某一点。

5.2.4　有主风机的所有末端带动力的动力分布式新风系统将新风主风管入口至零压点的水力损失作为主风机需克服的阻力；将零压点至各个支路末端出口的水力损失作为支路风机需克服的阻力。

6　设备选型

6.1　主风机选型

6.1.1　变风量系统应选择直流无刷可调速风机。

6.1.2　风量应在系统总风量基础上附加5％～10％的风管漏风量。

6.1.3　压力以系统总风量下主风管入口至零压点的阻力作为额定风压。

6.1.4 设计工况或典型风量工况效率不应低于风机最高效率的90%。

6.1.5 宜选用性能曲线为平坦型的主风机。

6.2 支路风机选型

6.2.1 变风量系统应选择直流无刷可调速风机。

6.2.2 风量应在支路最大新风量上附加5%的漏风量。

6.2.3 压头应为支路所在环路的总阻力减去主风机压头，且附加10%~15%。

6.2.4 设计工况及典型新风量下支路风机效率不应低于风机最高效率的90%。

6.2.5 设计工况和典型风量工况下的支路风机噪声不高于40dB。

6.2.6 宜选用性能曲线为陡峭型的支路风机。

6.2.7 宜选用具有稳定风量功能的自适应风机，设计工况及各典型新风量工况下的风量偏差范围不超过±15%。

6.2.8 输送经过热湿处理后新风的支路风机应具自保温功能，防止外表面凝露。

6.2.9 支路风机出口应具备风量自动关断功能。

6.2.10 宜选择三通风机或其他形式的模块化风机形成装配式新风系统，减少新风量渗漏和施工工程量。

6.3 阀门设置

6.3.1 设计工况下主风机压头大于环路的阻力时，宜在该环路的支路上设置阀门。

【条文说明】当主风机选型完成后，靠近主风机近端的支路阻力若完全可由主风机压头克服，此时不需要支路风机，支路也可以输送新风，这种情况下若设置支路风机，支路风机会存在阻碍作用，长期运行甚至烧毁，需要设置阀门消耗多余的压力，为支路风机安全运行及风量调节提供条件。

7 监测与控制

7.0.1 宜采用室内空气环境监测平台对室内CO_2、PM_{10}、$PM_{2.5}$等参数进行监测，且监测时间间隔不大于10min，并可实现就地和远程监测功能。

7.0.2 应设置CO_2或空气品质传感器与末端控制面板，实现支路风机手动和自动调节。

【条文说明】配备空气品质传感器，再配以控制面板，既可以根据空气质量自动调节支路风机转速，又可以根据人员主观感受自主调节。客观控制与主观控制相结合的方法使得室内人员可自主调节新风量，但为了节能，也可以实现有限调节权，当主观控制增大的新风量使房间CO_2浓度（或其他物理参数）低于设定的下限值时，客观控制逻辑将自动减小新风量；反之，将自动增大新风量。

7.0.3 传感器应设置在人员主要活动区域或排风口，宜根据多点传感器监测值综合制定控制逻辑。

【条文说明】室内CO_2浓度是直接反映室内空气品质的参数。营造良好空气品质的技术措施是通风，通过新风来稀释污染物浓度达到控制要求。而通风量则存在机械通风量和自然渗透风量，两者均是对室内 CO_2 浓度有益的保障，需要对两者进行综合控制，而自然渗透量的确定较为复杂，若不考虑此部分，直接根据人员数量进行机械新风量调节，则可能存在室内 CO_2 浓度处于较低状态（如 600ppm），这样间接反映了综合新风量供应较大，增大了新风处理能耗。用 CO_2 浓度直接反馈调节新风量是确定合理机械新风量的重要技术措施，既保障了效果，又节约了新风能耗。当设置控制策略时，如传感器设置在排风口，则需要进行修正，如设置在人行高度，可不修正。当人行活动区设置受限时，可综合设置排风口和人员高度墙壁的传感器，由两者的探测值进行逻辑设定控制。

7.0.4 主风机应根据支路风机的工况调节自动适应，宜采用总风量控制法或干管定静压设定控制法。

【条文说明】采用干管定静压设定控制法，在风机出口气流稳定的干管处设定静压传感器，通过监测的干管静压值控制主风机转速，使其稳定在设定静压范围内。采用总风量控制法，根据末端各支路风机的控制信号进行综合加权分析得到系统风量的总需求信号，然后作用于主风机进行风机转速调控，使得总风量满足末端各支路风量需求之和。

通风技术进展——国内外硕博论文 关于建筑通风研究的综述

刘丽莹

1 前言

《中国住宅与公共建筑通风进展2018》汇集了1991—2015年国内外高校与建筑通风相关的硕博论文,本章是在此基础上,进一步汇集综述了2016—2018年共计64篇硕博论文的研究。

2 通风策略与空气品质

2.1 机械(混合)通风与空气品质

重庆大学商余珍、李百战、王晗[1]对大型商场建筑室内空气品质现场测试,并分析通风改善策略。对重庆、昆明和天津地区各两栋大型商场建筑开展了长达一年的室内空气参数(温度、湿度、风速、CO_2、TVOC、甲醛)测试及室内人员感知问卷调查。客观测试结果表明三个地区的六栋大型商场都存在典型污染物超标测点,其中TVOC和CO_2超标最严重的是重庆C1商场,超标率分别为41.9%、20.7%,甲醛超标最严重的是天津T2商场,超标率达13.2%。主观问卷显示商场室内气味主要为通风不良引起的不新鲜气味,室内工作人员病态建筑综合征发病率高达63.3%,各症状中疲乏感出现频率最高,一半以上的商场工作人员认为通风是改善室内空气品质最好的办法。以大型商场建筑室内空气品质现场测试为基础,建设了室内空气质量公众平台,实现了商场建筑室内空气质量参数的查询、管理、统计、评价等功能。提出通过加大新风量和增加通风时间可以有效改善部分区域或某些时段的污染物浓度。针对商场地下楼层通风量不足、休息日CO_2浓度过高的两个问题,采取地下楼层及休息日新风放大策略来改善地下区域和休息日室内空气品质。对于商场早晨刚营业时段室内甲醛浓度过高问题,采用提前通风方法,计算通风时间,同时对提前通风期间室内甲醛分布进行了瞬态数值模拟,为既有商场建筑良好室内空气环境的营造提供了技术支持。

重庆大学李刚、李娟[2]对某地下超市室内空气质量进行评价及数值模拟。针对地下超市进行夏季、过渡季、冬季三个季节对建筑室内环境参数(温度、相对湿度、风速、甲醛、CO_2、TVOC、$PM_{2.5}$)开展全天检测的同时,向目标人员发放问卷调查表。通过数据统计分析,得出现状调查结果:室内污染物浓度水平较高,特别是TVOC和CO_2,

TVOC 超标率为 100%，CO_2 浓度超标率为 71.3%，甲醛超标率为 21.8%，$PM_{2.5}$ 整体浓度水平很低，所有测点在标准限值以下。在周末/工作日、不同功能区、不同季节上其浓度水平都存在差异。利用灰色理论系统对该地下超市进行室内空气污染水平与主观评价的灰色关联分析，得出影响室内人员主观感受和身体不适症状的主要因素为室内 TVOC 和 CO_2；对超市各分区室内空气质量进行现状评价，得出该地下超市室内空气污染等级，整个超市的室内空气质量属于轻污染级别；室内人员对室内空气品质的不接受率较高，不适症状表现较为明显的是疲乏、恶心以及呼吸不畅，总体上室内人员对空气质量的主观评价不容乐观，超市内区的空气质量比超市外区的空气质量差。利用 FLUENT 软件进行室内空气质量的数值模拟，通过不同模拟方案的对比，得到室内空气质量控制策略；提出了针对地下超市室内空气质量的改善措施：超市开门营业之前，提前 10min 开启新风系统进行预通风（换气次数为 $10h^{-1}$），室内 TVOC 浓度可从 $2.0mg/m^3$ 降到 $0.49mg/m^3$，符合国家标准限值；在满足舒适条件下，将污染物产生量大的区域增大送风风量，可以明显降低污染物浓度以及污染物的分区严重现象，充分利用保鲜柜等冷源在一定程度上可以降低超市室内整体的平均温度。

重庆大学郑惋月、李娟[3]研究重庆地区商场建筑室内空气品质，自 2013 年 12 月至 2015 年 1 月平均每两月对重庆 2 栋大型商场建筑室内环境参数（温度、相对湿度、风速、甲醛、CO_2、TVOC 等）进行全天实时检测，研究发现：重庆地区商场建筑室内空气存在一定程度的污染，其中 TVOC 污染最为严重，其次是甲醛和 CO_2。商场建筑室内空气品质的影响因素包括等营业时间、商场封闭时间、季节变化等时间因素，以及建筑结构、售货区分布、通风口等空间因素。开展主观问卷调查，获得商场工作人员对商场室内空气品质的感受和建筑综合征等信息，并结合客观测试数据，比较得到人体满意度与各污染物浓度之间的关系，进而得到 TVOC、甲醛和 CO_2 的人体满意度限值分别为 $0.677mg/m^3$、$0.105mg/m^3$ 和 1113×10^{-6}；通过灰色关联分析，计算得到 TVOC、甲醛和 CO_2 对室内人员满意度的影响比重分别为 0.459、0.519 和 0.453。筛选出灰色关联分析作为评价方法，超标倍数法作为赋权方法，建立适合重庆地区商场建筑室内空气品质的评价体系，并对研究对象室内空气品质进行评价。

南京理工大学李翾、周建伟[4]研究了不同通风方式对室内空气品质的影响对上送上回通风、置换通风、碰撞射流通风三种不同通风方式所产生的速度场、温度场和污染物浓度场进行比较，然后根据五种气流评价指标（空气龄、通风效率、能量利用系数、空气分布特性指标、空气分布不均匀系数）分别对这三种不同的通风方式所产生的流场进行评价，分析了不同通风方式对室内空气品质和人体舒适度的影响程度。针对不同通风方式的优缺点，提出了相应的改进措施，以保证在有污染物扩散的情况下，空调房间采用不同的通风方式均能获得良好的室内空气品质与满意的人体舒适度。选取通风空调中常见的上送上回通风方式，通过改变系统送风时间、送风角度、送风速度、送回风口相对位置、送风温度等条件，对房间内气流组织及污染物浓度分布进行分析比较，从而得到上送上回通风方式下的最佳送风角度、送风速度、送风温度及送回风口相对位置。

扬州大学周耀元、马荣生[5]研究文印室内分散污染源及通风环境质量应用研究。研究 4 种送风方案（①地板方形格栅送风；②地板圆形格栅送风；③格栅侧送风；④顶棚圆形散流器送风）对室内环境的热舒适性和空气质量的影响以及排风比对空气质量的影响，将所搭建的气流组织试验台温度场和速度场测试数据与 Airpark 模拟分析软件计算结果进行对比，结果证明吻合性较好。通过对文印室进行气流组织的模拟分析可知：当采用天花板散流器送风方案时室内的热舒适性最好，在人体呼吸区高度 CO_2 浓度在合理范围内，但 O_3 浓度偏高，CO_2 浓度水平与夏季工况相比，冬季室内偏低，O_3 浓度水平偏高。在有排风的情况下可以显著的降低 O_3 浓度水平。对比不同送风工况下的室内污染物浓度分布的数据，发现当送风方式不同，但排风位置相同时，室内的污染物浓度分布规律相同，仅数值的大小有所区别，仅改变回风口位置并不能有效降低室内的污染浓度。当排风量为 $150m^3/h$（排风比为 43%）时，是一个比较经济的合理排风量。

江西理工大学李玮、蒋达华[6]对顶板辐射复合空调室内颗粒的分布特性进行研究，研究了辐射顶板与置换通风系统相结合的复合空调系统室内颗粒物的扩散、迁移及浓度分布等特性的研究，有利于了解空调系统室内颗粒物污染特性，为复合空调系统的设计、安装及室内空气品质的提高提供一定的建议。

东华大学李新龙、黄跃武[7]研究了空调系统对室内颗粒物浓度影响规律，针对室内可吸入颗粒物 PM_{10}，通过理论分析和实例讨论研究了室内余热量、湿负荷、室外颗粒物浓度等因素在非稳态情况下对室内颗粒物浓度的影响。对空调用过滤器的选型按照控制室内颗粒物浓度的原则提出了一种设计计算方法，并对住宅建筑中央新风系统的设计选型进行了理论计算，阐述了住宅新风系统和空调系统的区别以及中央新风系统安装的必要性。大气环境中的颗粒物即使是在建筑门窗全关的条件下也会通过门窗缝隙渗透进入到室内，从而污染室内环境且严重威胁人体健康。

西安建筑科技大学张君杰、闫增峰[8]对敦煌莫高窟机械通风系统关键技术参数进行研究。首先对敦煌及莫高窟窟区的气候环境进行了分析描述，得到了该地区的降雨量、温湿度和风环境特征；然后文章通过对敦煌莫高窟 138 窟和 131 窟进行自然通风测试分析研究，发现同一尺寸洞窟进深方向和高度方向上窟内气流的规律，根据以上规律和已有的测试、模拟分析和计算，得出影响莫高窟窟内气流分布的主要因素。最后选择莫高窟典型洞窟 328 窟为研究对象，从文物保护的角度对洞窟自然通风和机械通风作用下的窟内微环境进行研究，以得到有利于文物保护的理想机械通风送风量和风速，为洞窟内的温湿度稳定提供依据。并将二氧化碳作为示踪气体，以此气体标定窟内原有状态的气体，分析窟内外的空气交换率，对相应尺度下的洞窟进行温湿度模拟和换气次数的模拟，分析各种结果，最终得到有利于文物保护即稳定窟内温湿度的送风量等相关技术参数。

美国华盛顿州立大学[9]的 Widder，Sarah Heilman 研究评价住宅室内空气质量改善策略的综合方法。开发一个简化的、通用的评估模型来考虑室内空气污染物的各种来源，以及不同的处理污染物的方法将如何影响这些来源的有效排放率。根据佛罗里达州盖恩斯维尔市收集的二氧化碳和甲醛数据，该模型提供了一种通用的方法，在比较来自不同住宅和通风系统的数据时，对不同的空气交换率和居住者数量进行标准化。关于不同通风策略的相对有效性，研究表明，排风通风策略不像送风通风策略那样能有效减少挥发性有机化合物的浓度，由于连续排风系统相比于低流速的运行通风系统，增加换气次数增加了表面的甲醛释放速率，并没有导致持续降低污染物浓度。在考虑对其他污染物（如 CO_2、CO、微粒和某些 VOCs）的相关影响时，单独的通风可能不是最佳或最有效的方法。相反，结合污染源控制、现场控制、过滤和有限的全屋通风可能是一个更全面的战略，以有效和高效地解决在家庭中发现的各种污染物。研究中的数据和结论可能有助于提高 ASHRAE 62.2 住宅通风标准在处理室外空气污染物方面的灵活性和全面性，以及不同室内空气质量缓解策略的不同效果。另外，我们希望这个通用的模型和评估框架能够为未来住宅室内空气质量的讨论、调控和实现提供参考。瑞典皇家理工学院的 Kappina Kasturige Kamani Sylva[10] 研究建于 60 年前的礼堂混合通风系统的有效性，利用计算流体动力学建模，验证表明，混合通风系统可以为专门设计的建筑提供有效的热舒适，尤其是使得室内空气循环。研究结果与实测数据及未考虑室内人员新陈代谢热负荷时建筑内空气的期望空气流动一致。此外，预期结果符合自然/混合通风系统的类似研究。当考虑观众等室内人员散热时，礼堂内的空气调节比没有考虑人体散热的情况下更好。但是，模拟工况中将观众设定为具有热流边界的圆柱体时，结果发现室内气流方向发生了变化，观众席的座位高度处因风量不足无法保持舒适的空气质量，考虑是模拟中入口百叶和座椅布置等其他因素的影响。根据研究的结论，可知需要选择整个建筑系统的特性作为产生操作指令的控制组件，根据设定的空气速度和运行模式使气流在建筑内循环，以保持所有居住者的热舒适。进风口可以通过窗户作为采集组件，采集室内和室外的气候参数，排气可以通过机械控制，作为系统的操作部件，通过排气风扇的开启或关闭来实现。

瑞典皇家理工学院的 Mathilde Johnni[11] 从热舒适性和空气质量角度，利用 IDA 室内气候能量（IDA ICE）仿真软件对现代办公楼通风设置的参数进行研究。参数研究评估了当改变某些参数和通风设置时，热舒适和空气质量如何受到影响。这些变化首先单独分析，然后以不同的组合进行分析。热舒适以人们不满意的百分比（PPD）来评估，空气质量以 CO_2 浓度超过 800ppm 来评估。这是通过模拟一个单元办公室、一个会议室和一个公共休息室来完成的，它们来自一个名为 NPQ 的现有建筑。该建筑被用作该项目的评估对象。参数研究结果表明，该地区热气候过于寒冷，所测试的改善措施提高了热舒适。改进通风流量减少，送风温度升高，温度设定值升高，CO_2 水平设定值升高。这些改善显著提高了热舒适度，而空气质量只是略有下降。空气质量的这一微不足道的下降只是相对于基本模型而言的，而且仍在可接受的范围内。本论文的结论是，从 PPD 值和 CO_2 水平来看，NPQ 大楼的办公环境是过度通风和过冷的。需要进行进一步的调查，以确定这是一种普遍趋势还是具体情况。

德雷塞尔大学的 Rackes，Adams Edwin[12] 对多种室内空气质量和能源使用权衡的调查，为下一代办公建筑通风策略的发展提供参考。该研究第一是在广泛的气候和办公建筑特征上使用蒙特卡罗分析，评估现有成熟技术的组合，包括需求控制通风（DCV）、节能、送风温度重置和提高通风率（VR）。第二是开发基于结果的通气（OBV）决策框架，使用损失函数结合科学知识、不确定性和参数来表达用户偏好。OBV 框架证实，与人类相关的结果比能源使用更有价值。第三个目标是利用 OBV 框架进行优化，使一天内的损失最小化，并充分利用天气、污染、居住情况和其他瞬态动态因素，将最优控制问题转化为非线性优化问题，用内点法求解。结果表明，单日数值优化通风控制并没有对现有控制方法提供实质性的帕累托改进。事实上，在大多数情况下，采用省煤器和 DCV 的策略非常接近帕累托最优。无论是使用时间定价还是敏感性分析中的任何因素，都没有揭示出在一年中的每一天内优化通风可以节省超过 5% 的年度暖通空调能源成本的机会。最后，利用这项研究的成果，概述了下一代通风的程序，该程序利用机会在年度范围内进行优化，并根据敏感度分析确定的影响气候和建筑参数进行调整。对于日常控制,它将采用现有的成功技术组件,如 DCV 和节能控制,已经证明能够显著节省能源,并且在日常时间尺度上,几乎是最佳的。这些方法将嵌入并由一个更有意识的年度策略指导,该策略包括初始偏好获取步骤和离线年度优化,以智能地分配全年的通风资源。这种方法有助于使通风更加有效和可靠,并允许用户就通风折衷作出明智的决定,并了解其后果。

2.2　自然通风与空气品质

重庆大学高小燕、刘猛对高校教室自然通风[13]对室内 CO_2 浓度影响进行实测研究,采用表征空气新鲜程度的 CO_2 浓度作为室内空气质量评价指标,实测教室不同入座率、窗地比、开窗位置、门窗对流通风等典型因素对室内 CO_2 浓度的影响。为分析多因素对室内自然通风共同影响的特点,首先对典型教室的开窗控制因素(开窗时间、面积、位置)设计正交实验,通过极差与方差分析得到因素的重要性顺序依次为时间、面积、位置,位置为不显著因素。从实验的复杂性以及实际意义考虑,对影响室内 CO_2 的主要因素包括室内入座率、开窗面积、气象条件安排正交实验。分别在 A、B、D 区教学楼各自典型教室重复试验,得到因素重要性顺序有所不同,A、B 区普通教室为开窗面积、气象条件、入座率,D 区大进深的梯形教室的气象条件相比开窗因素更为显著。最后,分析了教室常见工况包括空调使用情况下封闭教室,在不区分室外气象条件下进行随机实测,对 CO_2 浓度变化范围统计分析。提出改善教室入座率、增加可开启外窗、采用通风门或双侧开窗,以及设置新风系统等改善方式。

天津大学周超斌、陈清焰[14]对自然通风对高层住宅空气品质影响进行了研究。首先,研究选取西安、重庆共四个高层住宅小区三种不同入住阶段的精装修住宅(未入住,入住 1 个月以上,入住 1 年以上)进行室内污染物水平的入户监测分析。结果表明大部分房间的污染物浓度满足国家对住宅室内空气品质的要求,而且随着入住时间增长,甲醛、TVOC、二甲苯等有下降的趋势,但是仍有部分房间某些污染物浓度如 CO、NO_2 等出现超标现象。选取西安万科城和重庆万科城两个高层住宅小区,利用计算流体力学(CFD)数值模拟自然通风效果,并在实地测量了自然通风关键数据与模拟值进行验证比较,证明对住宅室内外自然通风进行 CFD 模拟和预测是可靠的。最后,以重庆一个实际的住宅社区为案例,该论文提出了一个利用 CFD 软件 ANSYS Fluent 进行的三级通风设计改进策略。首先对社区布局中的建筑朝向、建筑间距调整,确定了最优的建筑角度和间距组合。其次在楼层布局内设计了一条南北方向风通道和两条东西方向的风通道,并在风通道上设计外窗,将外部新鲜空气送入那些在主导风向无开窗的房间。最后对单体楼栋的房间布局设计改进门窗洞口。改进后 90% 的房间内空气龄小于 6min,而重庆其他类似的住宅建筑内 50% 的房间的空气龄大于 30min。并通过对经此设计策略改进后的实际入住楼栋进行实地测量和数值模拟对比分析,证明改进后的整体楼栋的自然通风性能的均好性,改进效果十分显著。建筑小区污染物扩散的情况下,室外空气也可能被污染,自然通风很可能将污染物引入室内,从而影响室内空气的品质。

山东建筑大学宗玉召、刁乃仁[15]研究了城镇建筑小区污染物扩散及对室内自然通风影响。以济南市某建筑小区为模型,用 CFD 模拟的方法模拟了建筑小区在不同风向、不同风速以及不同背景浓度的情况下的流场及污染物浓度场,并设计实验实测、比较、验证。对建筑小区周围的流动场和污染物扩散的浓度场进行系统的分析，并针对流动场对于污染物浓度场扩散的影响进行了理论性分析。基于室内及室外环境流场和浓度场的耦合，进行了建筑小区室内自然通风模拟和分析。从污染物分布的模拟结果可以发现：风向对流动场的影响很大，不同风向可能造成建筑小区内流场和污染物浓度场显著不同。风速越大，建筑小区内部污染物浓度就越低，风速越高越有助于污染物较快的扩散和稀释。空气质量等级越高，背景浓度就越大，污染物浓度就越大，污染物浓度的积累也就越高，扩散规律变化也就越复杂。基于室内、外流场和浓度场的耦合，进行室内自然通风模拟。模拟结果表明：在窗户全部开启的情况下，经过一定时间的自然通风，室内的污染物基本上就到达了稳定的状态。而且与室外的背景浓度相比较，室内污染物的浓度出现了一定程度的衰减。

合肥工业大学陈林静、刘晓平[16]研究了建筑室外壁面温升对建筑周边风环境及污染物扩散影响研究。主要研究炎热天气太阳辐射作用导致的壁面温升对建筑近壁面空气流动的影响效果，进而分析其对近壁面处污染物扩散的影响。针对不同建筑壁面温升下单个建筑的气流扰动情况进行数值模拟，并与日本建筑学会提供的风洞实验数据进行对比。选取3种RANS湍流模型对1:1:2单体建筑室外扰流流程进行模拟计算，计算结果与风洞实验数据对比，发现Realizable模型的计算结果与实验最为接近。之后，将模型应用于建筑壁面在不同温升情况下建筑近壁流场及污染物扩散的模拟研究中，发现不论是近壁的速度场还是浓度场都随着壁面有规律的变化。此外，文中也对污染物前缘释放效果进行了模拟，分析了源项位置与壁面温升的综合影响作用。该结果可用于指导建筑通风优化，同时指导住宅居民开窗行为。其次，还研究了建筑开窗情况下建筑室内外耦合通风。首先，为了提高室内外耦合通风模拟的精确度，文中分别对4种参数进行了分析计算，对不同开窗方式以及不同壁面温升情况进行了模拟计算，分析了其对建筑室内外通风以及污染物扩散的影响作用。对于建筑通风策略的设计与建筑闭开窗均有指导作用。

南京师范大学黄文刚、解晓健[17]针对大气颗粒物建筑室内外渗透沉降特性及污染控制进行研究。研究首先基于物质守恒定律，依据室内颗粒物（$PM_{2.5}$）和二氧化碳（CO_2）浓度随时间变化的控制方程，对连续监测的室内外$PM_{2.5}$和CO_2浓度数据同时进行非线性拟合计算，测量了典型教室的渗透风量和渗透系数。通过对拟合结果的均方根误差分析发现，将$PM_{2.5}$和CO_2浓度控制方程联立求解的数据处理方式，比将$PM_{2.5}$和CO_2浓度控制方程分开求解的数据处理方式误差更小。对典型教室进行多次实验，当渗透风量的均值为$67.45\mathrm{m}^3/\mathrm{h}$时，穿透系数$P$及沉降速率$K$的均值分别为$0.967\mathrm{h}^{-1}$和$0.152\mathrm{h}^{-1}$，并由此算得渗透系数为$0.493$。基于测得的渗透沉降参数，对典型教室建立室内$PM_{2.5}$和$CO_2$质量浓度预测模型，对比分析了三种室内污染物控制方式，即采用自然通风、空气净化器和新风系统的控制方式，对于室内颗粒物污染物$PM_{2.5}$和气态污染CO_2的控制效果。分析结果表明，三种控制方案风量分别在$1600\mathrm{m}^3/\mathrm{h}$、$800\mathrm{m}^3/\mathrm{h}$和$1200\mathrm{m}^3/\mathrm{h}$以上时，基本可保持室内$PM_{2.5}$浓度在$80\mu\mathrm{g/m}^3$以下或不高于室外浓度值和室内$CO_2$浓度不高于1000ppm。对于教室环境而言，课间休息期间开启门窗及师生进行室外活动有利于室内高浓度的污染物扩散到室外环境。

麻省理工学院的Qinzi Luo[18]通过建模研究了自然通风条件下中庭开口特性。研究了纯浮力驱动通风中庭建筑内部的温度分层和空气流量。利用CFD模拟方法，研究了不同热源、开口位置、开口尺寸和层数下的通风效果。使用气流网络工具 CoolVent 将结果与 CFD 模型进行了比较。温度和流量都与低于 10％ 的差异相吻合。因此，气流网络工具中中庭的混合温度假设适用于单层中庭建筑。全尺寸实验为进一步的研究提供了一个详细的数据集。每层楼的空气温度保持稳定，但随高度增加而增加。因此，在许多分析模型中，当中庭截面较小时，对中庭整体高度的良好混合温度假设是不适用的。研究对浮力通风中庭的温度分布和流量进行了详细的预测。室内空气温度和流速可由已知的室外空气温度和中庭表面温度计算。传热系数的估算，特别是楼梯的近似计算，会使计算结果与实际结果有一定的出入。根据《欧洲开发银行条例》第 9 条，成员国应在 2018 年 12 月 31 日前，确保所有新建公共建筑均为近零能耗建筑（n-ZEB）。

瑞典皇家理工学院的 Alessia Accili[19] 研究了近零能量体育馆的自然通风策略。基本案例体育馆的设计包括与可再生能源和节能系统相结合的被动策略的实施，以满足 n-ZEB 条件。但是，对体育场馆通风要求的研究是重点。作者提出了一种自然通风系统来替代传统机械通风的系统。利用动态仿真工具 TRNSYS 验证了所分析的通风策略的有效性。因此，对自然通风对热舒适、空气质量和能源需求的影响进行了评估。成本效益评估是按照欧洲指令提出的方法进行的。此外，该研究还补充了一个选定的现有设施的短期测量，室内空气质量差是用户在最大使用期间的不适的主要原因。获得的结果表明，一些技术措施的组合如降低围护结构传热系数、优化窗户表面、优化围护结构朝向、引入遮阳设施、安装能效系统、采用自然通风、便于减少加热、冷却和人工照明的需求。总体上，实现了一次能源节约。此外，所述的策略保证了室内热舒适，最大限度地减少了过冷和过热的时间，并提供了良好的空气质量条件的大部分时间为一年的模拟。最后，验证了光伏系统集成对体育馆性能的正向影响，达到了 n-ZEB 标准。

麻省理工学院的 Arsano，Alpha Yacob[20] 研究了早期设计自然通风预测方法。在初始设计阶段，设计师通常使用基于气候文件的分析来评估相对于其他被动式建筑策略的舒适性通风潜力。在最初的筛选之后，通常进行详细的模拟来进一步发展设计思想。在这一点上，早期基于气候文件的分析和后期模拟之间可能出现不一致。主要差异来自基于气候文件的分析的局限性，该分析考虑了建筑组件、建筑程序和居住者舒适偏好的影响。该论文提出了一种基于建筑性能的气候分析方法，该方法在 EnergyPlus 中运行快速的单区模拟。一个站点和一个建筑程序的通风降温潜力是使用一系列 Python 脚本计算的。

伊利诺伊理工大学的 Horin，Brett[21] 对建筑设计中的自然通风进行了研究，最终设计了地下停车库的最佳通风方案。该研究的目的是探索一种将计算流体动力学（CFD）模拟与神经网络相结合的方法，作为一种执行稳健但计算成本低廉的模拟的手段。最终项目的目标是模拟车库开口处百叶窗的年度运行计划，以达到所需的风量。作者探讨了计算机设计和建筑科学的概念，以充分掌握如何用计算参数表示建筑造型的几何区域，从而成功地执行有效的模拟。使这些工作流对架构师可访问非常重要，因此使用了建筑行业中的通用软件。该项目的结果支持一种使用 CFD 模拟和神经网络来预测感兴趣的气流参数的耦合方法。验证了 CFD 模拟结果与神经网络模拟结果的一致性。最终，该项目证明，使用这种方法是一个相对便宜的计算替代单独使用 CFD 模拟，使设计优化成为可能。

3 通风热舒适与节能

3.1 蓄热墙通风

重庆大学胡悦、王厚华[22]研究了办公建筑墙体蓄热与通风降温耦合技术。选取西南地区的办公建筑作为夜间通风技术的研究对象。分析了影响围护结构热工性能的因素，并提出以蓄热量和室内空气温度情况作为评价墙体热工性能参数的指标。其次，使用能耗模拟软件 EnergyPlus，分析得出在相同墙体厚度的情况下，外保温墙体的热工性能优于内保温和无保温墙体的结论。对四种不同厚度的墙体进行模拟，结果表明，外保温墙体的延迟时间低于其余四种墙体，不利于延迟室外温度波向室内方向传递的时间，使得其在夜间通风中发挥不到自身优势。类似的，放热阶段，无保温墙体总蓄热量急剧下降，而外保温墙体则相对平缓，当室外空气温度降低时，外保温墙体由于外侧保温板的隔热作用，不利于热量向室外散发。随后，建立了 Fluent 模拟模型，选用条缝型送风口，分析了贵阳和重庆地区夜间通风的影响因素对通风效果的影响。介绍了 Fluent 流场计算的算法和近壁面问题的处理，对所搭建的实验小室自然通风工况和夜间通风工况下的室内外壁面温度的实测数据与模拟软件逐时输出的模拟值进行对比，从而验证了 Fluent 模拟的正确性。模拟结果表明，虽然外保温墙体在通风后其室温总体看来更加稳定，但其对温度波的时间延迟效果不如加厚的墙体。随着墙体厚度的增加，室内环境维持在热舒适范围内的时间越长。墙体加厚到 300mm 时，基本能满足办公建筑人员上班时间内的热舒适要求而不用额外开启空调。而对于居住建筑来说，考虑整天的热舒适情况，推荐使用外保温墙体。同时分析发现，不能单纯以 PPE 指标和制冷系数 COP 作为评价夜间通风节能潜力的标准。换热量最高、最节能的墙体不一定是经济性和室内舒适性最好的墙体。随着送风速度的增加，室内空气温度降低的越快，室内空气温度也越低，室内环境维持在热舒适范围内的时间越长。另外，随着送风速度的增大，通风时室内空气温度越来越接近送风温度。随着送风时段的增加，室内空气温度维持在热舒适范围内的时段越长。送风起始时间越早，送排风换热速率越高。但是送风起始时间越延后，风机耗电量越少。比较贵阳和重庆两个地区的模拟结果，发现贵阳地区夜间通风潜力远大于重庆地区。最后，对贵阳地区影响夜间通风的三个因素组织正交试验，依据经济性和舒适性分析，推荐贵阳市办公建筑夜间通风使用 300mm 厚墙体，送风时段 23：00 至第二日早 9：00，送风速度 3m/s。

华中科技大学黄俊潮、于靖华[23]对不同气候区空心砌块通风墙体隔热性能进行研究。以单排孔空心砌块通风墙体为研究对象，对该结构的动态传热特性进行研究。首先不考虑沿空腔方向的气流和墙体温度变化，先建立二维频域有限差分模型，用以分析墙体在多外扰影响下的热特性，模型综合考虑了空心砌块通风墙体的内、外表面的对流换热，空腔内壁面与气流的对流换热，以及空腔各表面的辐射换热，得出了该墙体的三维准动态传热模型。设计不同工况的实验，研究了空心砌块通风墙体的夏季传热性能。实验测试结果表明，空心砌块墙体在通风后，在气流风速为 1.93m/s 时，其内表面平均温度相较于未通风工况下降了 3.1℃，说明室外传向室内的热量被墙体有效阻隔。将建立的准动态传热模型与实验结果进行验证，发现墙体内表面逐时温度最大相对误差为 3.24%，空腔出口气流逐时温度最大相对误差为 3.6%，说明了传热模型的可靠性。利用已建立好的传热模型针对墙体热工性能的影响因素进行了对比分析，其中包括空腔内气流流速、空腔内气流温度、墙体朝向及空腔尺寸，以墙体当量热阻、衰减倍数、延迟时间和一天传热量为参考评价其热工特性，展开分析了不同气候区、不同朝向墙体的热工性能。通过模拟计算得出，空腔内气流流速越大，气流温度越高，空腔尺寸越大时，通风墙体的当量热阻值越大，其内表面温度越接近室内空气温度，室内热舒适越好；在空腔尺寸为 130mm×130mm，空腔风速为 1.8m/s 且气流温度为 26℃ 时，墙体当量热阻为 2.13m²·℃/W，一天传热量为 0.44MJ，传热量减少 75.3%；采用室内空调排风作为空腔内的气源时，在寒冷地区和夏热冬冷地区，空心砌块通风墙体在南向的应用更有优势，在严寒地区和夏热冬暖地区则为北向，这四个气候区的不同朝向的墙体，其内表面传入室内的热量平均减少 55.73%；采用室外凉风作为气源时，温和地区的各朝向墙体平均一天可从室内带走热量 0.23MJ。

哈尔滨工业大学张甜甜、谭羽非[24]研究空气夹层流动换热特性及在建筑围护结构中的应用。利用数值模拟方法，分析空气夹层内部的流动和传热特性，提出不同夹层特征内的流态判定准则，并给出空气夹层传热优化的依据及方向。针对空气夹层的流动，基于涡量—流函数模型，对不同尺寸及不同 Ra 数下空气夹层内的流通工况进行了模拟计算，通过分析夹层内部空气流动特征随 Ra 数的变化发展趋势，提出了不同几何特征下基于 Ra 数的流态判定依据，并对围护结构空气夹层内的流态进行了判断。建立了封闭夹层内空气层流自然对流和辐射耦合传热模型，通过计算分析了夹层中对流和辐射换热量各自所占比例及其变化规律，结果表明，辐射换热所占的比例在 60% 以上。夹层的高度、宽度、倾斜角度、壁面温差及表面发射率均会对传热产生影响；可通过优化夹层宽度和降低表面发射率来抑制封闭夹层的热量传递。对于高度为 0.8~1.5m 的封闭夹层，其最佳宽度为 20mm。通过紊流自然对流和辐射耦合传热模型研究了流通夹层内部的空气流动特性，考察了流通夹层的空气流量、温升及其影响因素，发现壁面热流对流通内空气的加热作用仅发生在壁面附近区域；夹层高度、宽度、热流密度及夹层与水平夹角的增加，均会增加通过夹层的空气流量，但温升会随宽度及夹角的增加而降低。对于高度为 2~4m 的流通夹层，用于热风供暖时宽度不宜大于 0.2m，用于通风时最佳宽度为 0.6m。对多玻窗、Trombe 墙和外墙式太阳能烟囱等在寒区建筑中的典型应用工况进行了模拟，分析了空气夹层结构的性能及影响因素，给出了寒区多玻窗、Trombe 墙和外墙式太阳能烟囱的设计及运行策略。相对于普通房间，围护结构中采用封闭空气夹层时，能有效提高墙体保温隔热性能；当形成流通的空气夹层时，能通过热风供应提高室温和墙体内壁面温度，所以能有效改善室内热环境。采用实测和 CFD 数值模拟相结合的方法探讨了太阳能热风墙用于寒区农宅时，对冬季室内热环境的改善程度，结果显示，太阳能热风墙的三种热风供应模式能够提升室内温度、降低温度波动。提出了采用 CCP 局部供暖结合太阳能热风墙的联合供暖方式，模拟分析了该方式的供暖效果。

华中科技大学张浩、周新平[25]，建立生态建筑模型，分析生态建筑里的换热行为，对建筑的热量传递过程进行研究，并建立一个普通房与生态建筑进行对比，有相变蓄热通风的生态建筑的室内最低温度相比于普通房屋提高了 2.1℃，而最高温度则降低了 2.3℃，温度的波动幅度被减弱了，究其原因为相变蓄热房的空气焓值变化少于普通房，相变蓄热房的相变材料将室内空气的焓值存储到自身的相变潜热中，两个房间昼夜焓值变化的差值

2184kJ 即为相变蓄热材料一天内的作用结果。相变蓄热材料将白天吸收的太阳能辐射存储起来，在夜间进行相变并释放热量，使房间温度高于室外温度，由于室内外的温度差和压力差产生了热压通风，而且这种夜间自然通风不受外界环境影响，可以提高室内空气品质。根据热湿环境进行加湿或者除湿，以符合人体的热舒适性要求，并设计一个控制系统，可以根据室内温湿度的变化自动调节建筑内部的温湿度，使其室内相对湿度稳定在 30％～80％ 之间，符合人体的热舒适性要求。

天津大学赵春雨、由世俊[26]提出了太阳能蓄热墙新型供暖方式，兼顾考虑夏季降温。搭建了实验台，蓄热墙体由 5 层中间有空隙的蓄热板组成，蓄热物质采用癸酸与月桂酸的混合物，蓄热材料相变温度选用 26℃。蓄热板内部铺设盘管。研究了在冬季与夏季典型日的工况下，蓄热墙体表面的温度、蓄热板内部蓄热材料熔化的情况、热流密度、室内温度的分布及室内温度分布与室内蓄热板换热、外部进风口之间的关系等。从结果可以看出，冬季室内温度基本控制在 16～20℃ 之间，蓄热墙体很好地满足了室内的供暖的要求；夏季工况下，白天室内的空气温度基本控制在 27℃ 左右，达到了夏季降温的要求；夏季夜晚降温模式时，蓄热墙板内部热量能够及时排出。根据实验台的实际尺寸，建立了数学物理模型，进行了气流组织与内部温度分布规律的模拟。结果显示，气流组织与温度场分布均较好；并发现了气流短路的问题，为优化提供了方向。同时通过建立动态的响应数学模型，模拟了室内气温随时间变化的情况，与实验结果基本一致。在系统优化的环节中，从地域天气、集热面积、集热器连接方式、相变材料的性能及风口的布置角度进行了研究，提出了改进的方向。

石河子大学段琪、姜曙光[27]对石河子地区太阳能通风墙主要集热部件的热性能进行研究。针对石河子地区被动式太阳房与地下室复合系统建筑中太阳能通风墙的集热罩和集热板集热部件进行设计与优化，达到最大的集热效率。选择了两组不同构造的集热板和集热罩将其两两组合成三种太阳能通风墙模型，采用 Fluent 软件分别对三种太阳能通风墙与地下室复合系统的被动式太阳房的室内热环境进行了数值模拟研究，并通过试验对比分析，得到的主要结论如下：①Ⅲ型即单框双玻塑钢集热罩＋蓝膜集热板模型为最优集热部件组合的太阳能通风墙，在太阳能辐射强的情况下集热效果明显，有效地提高了室内温度，夜间温度下降速率缓慢，延缓了室内平均温度因室外温度骤降带来的波动，提高了建筑的热稳定性，其适用于石河子地区寒冷漫长的冬季，可推广应用于改善当地民居的住宅条件；②使用太阳能通风墙系统的被动式太阳房冬季供暖效果较好，对于提高室内温度、降低建筑能耗有明显的作用，可以提高室内空气温度 5.2℃ 以上，室内全天平均温度 11.9℃，白天最高气温 18.1℃，夜间最低气温 9.7℃，最高温差达 8.4℃；③在夏季试验中，三种太阳能通风墙模型与地下室复合系统的被动式太阳房都可以带来很好的降温效果，至少可以降低室内的空气温度 6℃ 以上，且夜间的热舒适度也符合人们的要求，所以说太阳能通风墙与地下室复合系统适用于石河子地区夏季的被动式太阳房的通风应用。

3.2　太阳能通风

西安交通大学张华扬、秦萍[28]研究了倾斜式太阳能烟囱强化热压自然通风的特性。以倾斜式太阳能烟囱为研究对象，首先利用 Fluent 模拟软件，在稳态条件下，针对烟囱在不同太阳辐射强度和不同结构尺寸时的自然通风量、温度场和速度场进行了对比分析，并在此基础上对倾斜式太阳能烟囱的结构优化设计提出了建议。研究结果表明，烟囱所诱导的自然通风量随着太阳辐射强度和烟囱高度的增加明显增大，同时随着烟囱深度（即集热墙体与玻璃壁面的间距）和烟囱倾角的增加而增大，但增幅逐渐变小。烟囱的结构优化研究表明，在集热墙体高度相同的前提下，与单个集热墙体所诱导的通风量相比，多个集热墙体所诱导的通风量要大；在集热墙体高度及个数相同的前提下，随着集热墙体倾角的增大，所诱导的通风量进一步增大。提出了一个可以预测倾斜式太阳能烟囱强化自然通风的非稳态传热数学模型，并采用有限差分法进行了数值计算，分别讨论了集热墙体的温度、玻璃壁面的温度、烟囱气流通道内空气的平均温度以及通风量等参数随室外气象参数以及烟囱结构尺寸的分布情况。计算结果表明，无论是白天工况还是夜间工况时，上述各参数始终处于变化的状态中。集热墙体内部各节点处的温度随时间的变化率是不同的，因此在传热过程中出现了温升延迟现象。此外还得到了上述参数随烟囱结构尺寸的变化情况。

太原理工大学张宇雯、雷勇刚[29]针对太阳辐射和室内热源对太阳能烟囱的耦合作用，通过三维数值模拟，室内热源为面热源和体热源时，研究太阳辐射强度、室内热源热流密度、等效内热源面积和太阳能烟囱进口距地面高度对太阳能烟囱通风性能的影响，揭示室内热源与太阳辐射耦合作用的机理和规律，主要内容和结论如下：①太阳辐射强度 I 和室内热源热流密度 W 对太阳能烟囱通风量相互增益，太阳能烟囱通风量随着太阳辐射强度的增加而增大，热源为面热源时增大比例最大达 47.75%，为体热源时则为 48.37%；其增大的比例随太阳能烟囱进口距地面高度和室内热源热流密度的增大而减小。②两种热源形式下，太阳能烟囱通风量均随室内热源热流密度 W 的增加而增大，研究范围内最大分别为 49.85% 和 55.56%，通风量增加的幅度随着进口距地面高度的增大而增大，随着太阳辐射强度的增大而减小，室内热源热流密度较小时，太阳辐射强度变化对太阳能烟囱通风量的影响较大。③随着太阳能烟囱进口距地面高度 h 的增加，通风量持续增加，通风量增大的比例随着室内热源热流密度的增大而增大，但随着太阳辐射强度增大而减小；在相同工况下，太阳能烟囱通风量随等效内热源面积增大而增大。④各参数的变化均对太阳能烟囱内部压差有影响，综合各参数的影响规律，可以找到使烟囱内部压差最大的参数值，说明在此种工况下太阳能烟囱的诱导作用最为明显。⑤随着室内热源底面距地面高度 H 的增大，通风量先增大后减小。这说明在 H 对通风量的影响过程中会出现拐点，即室内热源底面距地面高度 H 存在着更利于增大通风量的值，而并非随着高度的增大，变化趋势不变。⑥房间内最大空气流速随太阳辐射强度和室内热源热流密度的增大而增大，但增大的幅度均呈逐渐变缓的趋势，这说明随着太阳辐射或室内热源热流密度的增大，两者的耦合作用逐渐减弱。

安徽建筑大学何军、张伟林[30]通过数值模拟研究夏热冬冷地区太阳能烟囱强化自然通风效果。通过计算流体力学软件 PHOENICS 和建筑能耗软件 DeST 进行了自然通风对建筑室内空气龄和热舒适性的影响分析以及被动式太阳能示范建筑的自然通风和建筑能耗的验证分析，得到以下结论：①单独设置通风井的建筑在无风或者通风不良时，其室内自然通风得到了明显的强化，空气龄下降，空气品质得到明显提高，但是室内热舒适度提高较小。②同时设置通风井和地下室的建筑，夏季室内空气品质和热环境得到了明显的改善，空气龄下降的同时人体热舒适度提高。③同时设置地下室与通风井在关闭室外门窗时，通风井开口面积的变化对室内空气品质和热环境的影响不大，但当通风井开口面积与截面积之比取 1/2，则被动式建筑一楼空气品质和热环境为最佳。④在夏季和过渡季单纯依靠风压进行自然通风时，室内的空气龄、风速较好，有效减少了夏季空调的制冷能耗，但是 PMV-PPD 指标较高，人体热感觉偏暖，人群对热环境不满意度值高，人体热舒适度较差。⑤在夏季单纯依靠太阳能烟囱和地下室，利用"烟囱效应"强化室内自然通风时，室内 $PMV\text{-}PPD$ 指标符合 ISO7730 推荐 PMV 值（$-0.5\sim+0.5$）、PPD 值（小于 10%），人体热感觉适中，人群对热环境满意度值高，人体热舒适度高。证明单纯依靠太阳能烟囱和地下室，利用"烟囱效应"可以显著提高室内热环境。但是因烟囱高度较低，产生的"烟囱效应"较弱，室内空气龄较风压通风时高。⑥利用清华大学研究开发的建筑能耗计算软件 DeST 中的 DeST-h 模块依据《合肥市居住建筑节能 65% 设计标准实施细则》对示范项目与参照建筑的全年动态制冷供暖能耗进行模拟并进行对照分析，得出示范项目节能设计符合《合肥市居住建筑节能 65% 设计标准实施细则》的有关规定，且示范项目的综合节能率达到 79.97%，充分印证了该项目被动式节能技术设计在合肥地区是的可行性，有利于当地及周边地区被动式建筑的发展。

太原理工大学穆林、雷永刚[31]通过实验的方法研究了高原地区太原地区过渡季节相变石蜡型太阳能烟囱系统的特性随时间的变化关系，通过数值模拟的方法研究了相变石蜡对蓄热型太阳能烟囱系统通风传热特性的影响。首先，实验研究了太原地区过渡气候条件下结合相变石蜡的太阳能烟囱系统通风和传热特性，同时与相同气候条件下无相变蓄热材料太阳能烟囱系统作对比，研究表明，太阳能烟囱系统结合相变石蜡后大大延长了系统通风时间。然后，建立结合相变石蜡的太阳能烟囱系统三维模型，并用实验结果验证了模型的准确性，研究了相变石蜡不同相变温度对相变石蜡型太阳能烟囱系统通风传热特性的影响，结果表明：吸热板最大温升随着相变温度的升高而增大，其温度最大值均出现在 13：00 时刻。蓄热阶段入口平均风速随着相变温度的升高而变大，放热阶段入口风速随着相变温度的升高反而变小。相变温度越高时，通风时间越短，其总体通风量越大；相变温度越低时，通风时间越长，其总体通风量越大。进而提出一种根据通风时间选择相变石蜡型太阳能烟囱相变石蜡的方法。同时，相变石蜡的融化量随着相变温度的升高而降低，随着相变温度的升高，开始放热的时间变早。研究了相变石蜡不同导热系数对相变石蜡型太阳能烟囱系统通风传热特性的影响，结果表明吸热板最大表面温度随着相变石蜡导热系数的增大而接近相变石蜡的相变温度；蓄热阶段入口平均风速随相变石蜡导热系数的增大而增大；放热阶段入口平均风速随相变石蜡导热系数的增大反而减小；而且相变石蜡导热系数越大，相变石蜡型太阳能烟囱系统 16h 的累计通风量越高，但是在导热系数增大到 $0.66\text{W}/(\text{m}\cdot\text{K})$ 后，再增大材料导热系数，累计通风量几乎不再增加。

西南科技大学雷肖苗、唐中华、段双平[32]研究太阳能烟囱强化自然通风潜力大小、风量计算模型以及太阳能贡献率。研究中提出"太阳能时数"用以衡量太阳能烟囱强化自然通风的潜力大小，结果发现：拉萨、郑州、绵阳三个城市，秋季为太阳能时数最大的季节，而广州市冬季的太阳能时数最大；理论推导出竖直集热板式太阳能烟囱的风量计算模型；提出"太阳能贡献率"的概念以表征太阳能在强化自然通风中的作用大小，考虑太阳能烟囱内传热过程时，理论分析竖直集热板式太阳能烟囱的太阳能贡献率最高达 15%，而对竖直集热板式太阳能烟囱，Trombe 墙式太阳能烟囱以及二者相结合的太阳能烟囱的数值模拟结果则表明，竖直集热板＋Trombe墙式太阳能烟囱的太阳能贡献率是三种形式中最高的，最高可达33.2%。最后，选择绵阳市典型日，研究了双倾斜集热板式太阳能烟囱强化自然通风的非稳态过程，获得了自然通风量、室内温度和太阳能烟囱内温度在一天中的非稳态变化及由于南、北向太阳辐射强度不同引起的室内流场的不对称现象。

西安理工大学白璐、朱轶韵[33]基于秦巴山区气候条件下，应用Fluent软件模拟分析一体化太阳能烟囱结构参数对自然通风效果的影响；结合建筑能耗与建筑体形系数的关系，在室内通风最佳状态下，提出最优建筑长宽比，并应用DesignBuilderV3软件，对优化后的建筑室内热环境进行模拟分析，验证了秦巴山地建筑应用太阳能强化自然通风的合理性。主要研究成果为：①结合Trombe墙式太阳能烟囱、倾斜式太阳能烟囱强化通风原理，提出在秦巴山地建筑中应用一体化太阳能烟囱强化自然通风技术。②在秦巴山区气候条件下，层高为3m的二层农村居住建筑，当一体化太阳能烟囱宽度为0.8m，进出口宽度为0.2m，二层入口向下倾斜4°，倾斜段倾角30°时，一体化太阳能烟囱通风量达到最大，即为最佳工况。③太阳能烟囱通风量与倾斜段烟囱倾角成反比；太阳能烟囱宽度对通风量、速度场影响最大。④通过分析建筑体形系数与能耗关系，以及建筑朝向与辐射量之间的关系，结合室内采光、太阳能烟囱通风对室内风速分布的影响，建议房间长宽比取为2：1。

代尔夫特理工大学的Overduin J. P.[34]以新加坡为例研究了热带高层办公室利用烟囱效应的通风幕墙，来减少冷却负荷。利用理论分析和计算机模拟的方法研究了通风幕墙设计中对进气和排气设计要求、遮阳对自然通风的影响、地板平面对立面的影响、个人舒适度对立面设计的影响等，最终给出了利用烟囱效应的通风幕墙的设计方法和设计图。

湖南大学孟方芳、张泠对光伏热电新风机[35]的性能进行研究。该新风机利用光伏电池板输出的电能驱动热电模块工作，光伏组件背部设有空气通道，在冬季，室外新风流经该空气通道带走光伏电池板产生的热量，新风自身得以预热，再经过热电模块热端加热后送入室内，室内排风经热电模块冷端排出，既实现了对太阳能的光电光热主动综合利用，又回收了排风余热。研究建立了光伏发电模型，建立通风式光电光热组件传热模型，用有限差分数值模拟方法求解模型；采用热电芯片内参数动态计算法，建立热电模型，耦合光电光热组件传热模型和热电模型，评价光伏热电新风机的冬季制热性能。选取实测日室外环境参数进行数值模拟，分析了热电模块输入电压分别为4V、5V、6V时新风机的性能，通过与无新风预热系统进行对比，研究室外新风经预热对热电新风机性能的影响。模拟结果表明：在冬季，新风经光电光热组件预热后温度升高，在太阳辐射最强时间段，空气通道内空气进出口温差最大可达1.81℃；太阳辐射强度为784.76W/m² 时，光伏电池板发电功率为99.04W/m²，发电效率为12.62%；有新风预热的新风机的系统制热系数为2.98～3.35，无新风预热的系统制热系数为2.93～3.03，可见新风机利用光伏电池板产生的热量预热新风，实现了余热的回收利用。电压越高，冷热端热流密度越大，热电芯片的冷热端温差也越大，从而制热系数越小，反之亦然。在满足需求的前提下，选用较小的输入电压，系统性能更佳。

3.3 地道通风

重庆大学郭源浩、阳东[36]研究了地道风系统中通过热压诱导自然通风方式提供驱动力的空气-土壤换热器（EAHE）耦合通风换热理论模型。首先，认为建筑热压耦合通风换热模式下室内热环境的参数存在非简谐多频波动现象，对单体建筑热压通风与蓄热非线性耦合理论进行了分析推导，将复杂的非线性耦合问题线性化，以解析表达式的形式得出室内空气温度、通风量与建筑结构尺寸、蓄热体量及负荷大小的关系。然后搭建建筑自然通风模型实验台，在周期性波动的室外热环境下，将监测得到的实验数据与理论模型进行对比分析，验证了非稳态建筑自然通风与蓄热非线性耦合理论模型的准确性。同时也证实了建筑自然通风与蓄热非线性耦合现象中非简谐多频波存在的可能性。其次，针对地道内土壤渗透半径的问题，提出一种周期性波动热环境下评价地道风系统换热性能的分析模型。通过引入"过余波动温度"的概念来分析地道与土壤之间温度波动的交互作用，从而得出年、日周期下地道内空气温度振幅和相位的解析式。最后将地道系统与地上建筑耦合在一起进行分析，得出室内空气温度和通风量的显式表达式。然后利用CFD仿真工具模拟周期性非稳态下土壤换热器耦合热压通风过程，同时将数值模拟结果与数学模型进行了对比分析，验证了模型的准确性，为实际工程设计提供了更为准确和简便的处理方法。

3.4 夜间通风

重庆大学季文慧、王厚华[37]办公建筑竖壁贴附射流夜间通风动态热过程研究，提出适用于夏热冬冷地区办公建筑的、采用竖壁贴附射流冲刷外墙内壁面的方式进行夜间通风。通过夏季实测工作，与混合式通风、自然通风和无通风的情况相比较，对室内温度场和近壁速度场进行实测分析。基于实测数据，建立了竖壁贴附射流夜间通风方式下墙体动态热过程分析模型。分别建立墙体非稳态导热模型和壁面辐射模型，根据墙体动态热平衡求解墙体壁面的对流传热热流密度和墙体蓄放热量的动态变化规律，首次采用理论分析方法求解墙体壁面的对流表面传热系数。通过对导热模型、辐射模型的合理假设及简化，夜间通风条件下的墙体热过程分析模型可以用于求解夜间通风及室内温度非线性耦合问题。建立了竖壁贴附射流夜间通风的降温效果评价体系。采用表征夜间通风冷却壁面效果的壁面降温效率、表征夜间通风带走墙体蓄热效果的夜间通风释热效率和表征夜间通风节能潜力的系统能效比COP三个指标对竖壁贴附射流夜间通风进行评价。提出了竖壁贴附射流夜间通风作用于砖墙的数值计算模型，该模型综合考虑了夜间通风和墙体蓄热。通过实验数据验证，该数值分析模型可以有效预测室内全局温度场及全局速度场。利用该模型，研究送风速度、送风时段对夜间通风降温效果的影响。此外，建立夜间混合通风模拟模型，并与竖壁贴附射流夜间通风对比。结果表明，常规的夜间混合通风模式对墙体的冷却降温作用非常有限，竖壁贴附射流夜间通风对墙体的降温效果比混合通风模式提高约2℃，对室内空气的降温效果比混合通风模式提高约1℃；竖壁贴附射流夜间通风可以在墙体壁面形成有效贴附，并促进墙体蓄积热量的释放。随着送风速率的增加，送风气流与墙体的对流传热强度增大，促使各向墙体蓄热的释放强度增大。通风时段的选择对送风温度有影响，在次日日出后继续通风会导致室内外温度同步升高。该分析模型有助于指导竖壁贴附射流夜间通风系统设计。提出了竖壁贴附射流耦合相变墙体的新型夜间通风系统，并进行试验测试，从室内温度波的衰减幅度和延迟时间两方面分析增设相变墙体、竖壁贴附射流夜间通风耦合相变墙体两套系统对室内温度的影响。结果表明：在无通风条件下，相变墙板的加入有利于稳定室内空气温度；在竖壁贴附射流夜间通风系统中，相变墙板的加入比单一的竖壁贴附式射流夜间通风具有更低、更稳定的室温，可以延长室内的舒适时间，节能效果更为显著。

扬州大学卞维军、杨秀峰[38]通过实验和模拟研究了夜间自然通风时房间围护结构内表面的对流换热过程。通过一全尺度实验测试，计算地面的对流换热量和对流换热系数，进而分析换气次数、送风气流与地面间初始温差、小室门（进风口）距地高度等因素对地面对流换热过程的影响。结果表明，对门窗通风的建筑，若换气次数在 $4.99\sim13.6h^{-1}$ 之间、地面与进风气流的初始温差在 $6.86\sim12.5℃$ 之间，通风过程中地面的平均对流换热系数不超过 $7W/（m^2\cdot K）$，局部对流换热系数不超过 $12W/（m^2\cdot K）$。建立了夜间通风建筑围护结构内表面对流换热的数学模型并数值求解。经验证，模拟结果与实测数据吻合较好。对通廊式建筑夜间门窗通风的典型过程进行了数值模拟，结果显示，若入口风速在 $0.1\sim0.5m/s$ 之间、室内表面与入口空气的初始温差在 $3\sim7℃$ 之间，围护结构内表面的平均对流换热系数不超过 $3.1W/（m^2\cdot K）$，局部对流换热系数不超过 $6W/（m^2\cdot K）$。对数值模拟数据进行了多元回归分析，得到了对流换热关联式，可用于通廊式建筑门窗通风情形下围护结构内表面换热强度的预测。研究表明，通风过程中房间高度方向有明显的温度分层，围护结构温度持续降低，其中地面的温度下降最快；对由南向北通风的房间，通风过程中地面平均对流换热系数略微减小，其余 5 个表面的平均对流换热系数基本不变；地面和北墙的对流换热最强，东西墙次之，南墙再次之，顶棚最弱；地面换热量在房间总换热量中的比例缓慢下降，其余表面换热量的占比变化很小；温度效率的变化幅度不大，基本稳定。入口风速（换气次数）越大，围护结构内表面的对流换热系数越大，房间平均对流换热系数也越大，但温度效率越低；初始温差并不是影响围护结构内表面换热强度的决定因素，对房间平均对流换热系数没有明显影响，对温度效率的影响也很小；进风口的垂直位置对夜间通风冷却效果有显著影响，进风口越低，地面平均换热系数越大，进风口距地高度存在一个温度效率最高的最佳值。

中原工学院淡雅莉、刘寅、晁岳鹏[39]对中原地区超低能耗建筑墙体蓄热特性下的夜间通风策略进行研究。采用 EnergyPlus 建筑能耗模拟软件，对超低能耗建筑墙体的非稳态传热过程进行数值模拟和计算，得到外保温和内保温墙体构造下的墙体全年壁面温度和室内空气温度变化规律。数据分析表明，两种保温形式的墙体在内扰作用下的室内温度均增加 9℃ 左右，但内扰对内保温墙体的内壁面温度和室内空气温度影响较大。就全年而言，外保温墙体表现出更好的热工稳定性。外保温墙体在冬季借助采暖设备来辅助供暖的时间仅占整个冬季的 9%。过渡季和夏季的自然室温多数时间不能满足办公人员在办公时间的热舒适，需要采用被动式冷却降温技术来降低室温，提高室内热环境的舒适性。超低能耗建筑墙体壁面温度、自然室温变化规律以及墙体蓄热特性，以外保温墙体这一具有良好热工性能的墙体构造形式对过渡季节和夏季的夜间通风策略进行研究。研究结果表明，过渡季节的 4、5、9、10 月份的夜间通风的换气次数为分别为 $3h^{-1}$、$5h^{-1}$、$5h^{-1}$、$3h^{-1}$，且通风时间为当日 18：00 至次日 8：00 时，可以实现较好的室内热环境。夏季无空调工况下的夜间通风可以使自然室温降低约 7℃，空调工况下每小时 10 次的夜间通风可以使制冷能耗得到最大程度的降低。夏季夜间通风时间段应为当日 20：00 至次日 6：00，夜间通风的最佳通风换气次数宜为 $10h^{-1}$。

3.5 生物通风墙

美国德雷塞尔大学 Bryan E. Cummings[40]研究美国办公室室内空气生物过滤的有效性

和节能潜力。在美国，通风占商业建筑能耗的 8%～10%。目前正在开发的替代策略可以在清洁室内空气的同时节约通风能耗。调查了作为通风选择的生物墙，并进行蒙特卡罗模拟，以确定其有效性，生物墙在美国办公室作为一种手段，用于处理室内空气中的挥发性有机化合物。通过比较两种室内空气箱模型（一种采用生物墙，另一种不采用）保持相同VOC 浓度所需的通风能量，确定了节约量。还进行了敏感性分析，以确定最具影响力的参数，并为用户预测基于已知的建筑参数的节能量。人们发现，节能量的最大判据是气候。每年节省的通风费用中位数在旧金山等气候温和的地区约为 1 美元/m²，在迈阿密或阿拉斯加等气候较为极端的地区约为 4 美元/m²。迈阿密每年在制冷上节省的能源中值约为 35kWh/m²，比阿拉斯加每年节省的 110kWh/m² 的热能少 3 倍左右；这种差异是由电冷却和燃气加热的性质引起的。这种差异在计算各自的公用事业成本时是平衡的。虽然在大多数情况下，生物墙的使用导致能源消耗的净减少，但运行费用却显著增加，这是由于预计的工厂维修费用，中位数约为每年 3800 美元，占生物墙运行费用总额的一半以上。生物墙总成本不受气候影响。相反，它是高度可变的，但可以由生物墙本身的设计和它所占据的建筑来控制。

3.6　通风气流组织

东华大学贾琳、钟珂[41]研究了冷风侵入对不同通风方式下供暖房间室内热环境的影响。该论文针对有明显冷风侵入的供暖房间，以冷风侵入量作为基本变量，利用 CFD 数值模拟的方法，研究碰撞射流通风和混合通风这两种送风方式的供暖效果和能耗特征。研究结果表明：由于冷风侵入导致空调开启后，房间温度没有立刻升高，而是空调开启一段时间后房间中的平均温度有明显升高；空调关闭后，冷风侵入导致房间下部的温度下降明显，但是上部空间受到的影响较小，一段时间后房间中的平均温度才出现明显下降。此外，在碰撞射流系统中，不同高度平面上的温度随时间的变化趋势一致，但在混合通风系统中，房间上部空间和下部空间温度随时间的变化趋势相反。这是由于混合通风采用的是上送上回的送风方式，当高温送风时，大量送风热气流聚集在房间上部，从而导致房间上下温差增大；当等温送风时，送风气流与室内空气充分混合，上下温差减小。能耗分析结果表明，在相同的冷风侵入量下，混合通风系统中房间的上下温差明显大于碰撞射流通风，这说明混合通风系统中在房间上部聚集了更多热量，这是导致能源浪费的原因之一。另外，对有明显冷风侵入的房间，采用碰撞射流通风的室内空气混合程度远大于混合通风的情况。冷风侵入量越大，室外气温越温和，碰撞射流通风的供暖节能效果越明显。

东华大学房玉恒、钟珂[42]对冷风侵入对热风供暖房间室内环境影响进行了实测研究。在人工气候室内，送风量相同时，对有冷风侵入的不同送风状态下的混合通风供暖效果进行了实验研究，分析了冷风侵入量和侵入频率对混合通风热风供暖房间热环境的影响。结果表明，侵入室内的室外冷风不仅会造成室内近地面温度过低，也会加剧房间各层温度的扰动；供暖房间时间平均温度不受冷风侵入频率影响，仅空气温度波动幅度随着频率减小而增大；随着冷风侵入量的增加，室内温度梯度增大，因此，在有明显冷风侵入的场合采用较大的送风速度是减弱冷风侵入不良影响的关键。此外，通常采用能量利用系数 η 来衡量送风能量的利用程度，采用 PD（percentage dissatisfied）值和头足温差来衡量供暖方式对人热舒适的影响。在人工气候室内，保持送风量不变，对有冷风侵入的不同送风参数下的混合通风热风供暖效果进行了实验研究，分析了送风速度和冷风侵入量对室内速度分布、供暖能量利用效果和热舒适的影响。结果表明，实验所涉及的送风速度下，室内无明显吹风感；在送风速度不变时，冷风侵入量的增加对室内风速的垂直分布几乎没有影响，均满足要求；通过加大送风速度将热风直接送达地面附近实现了对侵入冷风的有效抵御，提高了供暖能量的利用程度；在有冷风侵入场合，较大的送风速度可以减小人体的头足温差及 PD 值，舒适性更高。

东华大学朱胡栋、亢燕铭[43]对碰撞射流供暖房间冷风侵入条件下热环境影响因素进行了研究。对不同送风口高度及送风参数下，碰撞射流供暖系统在有明显冷风侵时的温度与气流分布进行了实测研究。结果表明，冷风侵入使得碰撞射流房间室内温度梯度小的优势明显减弱，在不同送风口高度时，人体头足温差均超过了 3℃，将造成人体的不舒适感，而且随着送风口高度的增加，室内头足温差增大，温度分层现象更明显，但不会引起显著吹风感。增大送风速度不仅使室内温度梯度减小，还可以显著提高供暖的能量利用率，而吹风感的风险较小。因此，为实现热舒适目的，有明显冷风侵入房间使用碰撞射流热风供暖时送风口应采用较低高度和较大送风速度。采用分层原理的通风送风装置有位移送风装置（DSD）、冲击射流送风装置（IJSD）和壁面合流射流送风装置（WCJSD）等。

林雪平大学的 Ulf Larsson[44]研究了分层通风的性能。分析和比较基于分层通风的不同通风设备和不同的设置与室内热气候、能源效率和通风效率有关。最终的目标是帮助增加对分层通风设备的通风系统性能的理解。主要采用了实验和数值研究方法。数值实验采用了 CFD（计算流体动力学）软件 ANSYS 和 FIDAP。利用热电偶、热线风速仪（HWA）和热球风速仪、热舒适测量设备和示踪气体测量设备进行了实验研究。主要研究三个问题：基于分层通风的送风装置与窗户下吸风的相互作用；基于分层通风的不同送风装置的流动特性、能效比和换气效率以及基于分层通风的不同通风设备的热舒适。问题一研究表明，在寒冷气候条件下，置换通风装置和窗的布置对窗下流态有显著影响。不同的送风速度对下降气流的速度和温度都有影响。在这种情况下，当通风装置的流量从 10L/s 增加到 15L/s 时，速度下降约 9.5%，下降气流中的温度下降 0.5℃。问题二研究表明，不同送风系统之间的气流形态与送风装置的类型、配置、位置等特性以及送风速度和动量等基本相关。对于 WCJSD、IJSD 和 DSD 来说，热源（如居住者、计算机、光源和外部热源）的位置对房间气流格局的形成起着重要的作用。一个有趣的观察结果是，工作区周围温度较低，更多分层的温度场意味着分层通风装置能更有效地去除热量。结果表明，DSD 在工作区温度最低，而 IJSD 和 WCJSD 温度稍高，而有混合供给装置（MSD）的系统温度高得多。结果表明，DSD、WCJSD 和 IJSD 的换气效果（ACE）相近。而 MSD 在本研究中 ACE 均低于 IJSD、WCJSD 和 DSD。问题三研究表明，在几乎所有的研究案例中，分层送风装置的通风系统在预测不满意百分比（PPD）、预测平均投票（PMV）和不满意百分比（DR）方面均处于可接受水平。在通风系统中，使用 IJSD、WCJSD 或 DSD 与 MSD 相比，均表现出较好的热舒适或与 MSD 处于同一水平。

香港科技大学的 Yang, Junxian[45]研究了个性化通风系统中的热感觉传感技术，解决如何检测个性化通风下人们的舒适水平，来自动提供一个舒适的环境。它需要一个有效和易于使用的工具来测量热感觉。根据以往的研究，反映人体热产生率的代谢率是人体热感觉最重要的参数，它通常被设置为一个常数，因为很难测量自由移动的人类。然而，影响一个人的代谢率的因素有很多，如年龄、性别、体重和身高等个人特征，以及空气温度和湿度等环境因素。现有的测量代谢率的方法都有其局限性——不便、准确性低或测量过程冗长。研究开发了一种用于办公建筑个性化通风传感与控制的热感觉传感技术。利用心率、生物阻抗和热损失等人体内部温度调节来预测代谢率。然后根据预测的代谢率和特定的环境条件来评估热舒适水平。根据热舒适水平，可以通过中央控制系统为个人远程提供舒适温度。

德隆大学的 Henriksson，Max[46]研究了基于三种通风方式的通风效率的测量。研究比较了两种传统的通风方式，采用置换通风与混合通风相结合的方式，设计了一种新型的散流器，解决了置换通风散流器堵塞的问题。这种叫作 Airshower 的新散流器是 Airson 工程公司开发的一种产品，该公司也是将这项研究的所有模拟和测试都在一个建成的办公空间中进行的公司。研究比较了通风效率、通风指数、空气交换效率和平均空气龄。在测量恒定热负荷时，与其他系统相比，Airshower 的散流器确实被证明是最有效的通风解决方案，但在可变负荷时是最糟糕的。因为建成的办公空间有一些缺陷，如泄漏、可调地板和控制系统的问题可能会产生通风效果的不确定性。然而，在通风指标方面，混合空气系统是唯一能产生任何预期结果的系统，由于实验室没有密封，如果排气中的空气的平均年龄更老，那么置换系统会做得更好。各个通风方式下空气的平均年龄没有多少区别。本研究的结论不足以说明通风方式之间的优劣，但是指出墙体和地板的密封对置换通风系统具有很大影响。

麻省理工学院的 Domínguez Espinosa[47]研究了混合和置换通风下房间的热分层，在混合通风和置换通风条件下，对典型办公室进行了计算流体力学（CFD）模拟，以研究房间几何结构（供应高度和面积）的影响，以及通风参数（动量和热增益强度）和辐射传热对空气热分层和空间表面温度的影响。空气分层和表面温度是决定室内热舒适性的两个重要参数。用阿基米德数描述了不同的房间结构，比较了浮力和动量以及无量纲几何变量的影响。阿基米德空间被划分为居住者上方温度均匀的暖区和温度随高度近似线性上升的区域。在一个低阿基米德空间，空气在房间的下部，特别是靠近出口的地方，通过射流混合，使得这个区域的温度均匀。然而，研究发现，射流在混合天花板附近的空气时效率较低，导致该区域的温度高于阿基米德数。对于给定的阿基米德数，随着送风面积的增加，发现房间下部的空气温度降低，而天花板附近的空气温度升高。发现送风高度增加了室内的垂直混合。提出了在房间温升5%范围内建立温度分布的关联式，包括阿基米德数和房间几何结构的影响。基于一个无量纲参数来描述将热量传递到空气中的自由面积，发展了相关公式来估计室内表面的温度。结果表明，无论表面的角度因素和对流换热系数如何，表面温度都是对流面积的函数。研究发现，较大的对流区导致地表温度较低，而空气温度较高。提出了一种用于多区域模型的估算有人办公场所所有辐射角度的简单方法。研究表明，居住者之间通常被忽略的角度因素可能很重要，这不仅是因为居住者之间相互交换辐射，还因为他们阻挡了辐射，否则辐射会到达房间的其他表面。此外，还开发了估算其他表面（如隔板和家具）之间的角度因素的技术。在实际情况中所遇到的曲面之间的估计角度因子被发现在光线跟踪软件结果的10%以内。然后将估计的角度因子合并到一个热电阻网络中，该网络类似于多区域软件中用于模拟热传递的热电路。电阻网络计算结果与CFD计算结果吻合较好，但计算精度取决于所用的对流换热系数。最后，证明了以水为工质的比例尺模型由于忽略了热辐射传递的影响，不能模拟全尺寸空间的空气热分层、表面温度和质量流量。

4 通风与人居健康

天津大学王攀、孙越霞、张曙光[48]探讨了宿舍通风量与学生呼吸道疾病的关系，为改善高校学生宿舍环境、预防和控制呼吸道疾病的传播提供参考依据。通过问卷调查 12 栋宿舍楼 998 间宿舍的 2951 名学生，得出学生身体健康状况的信息以及宿舍环境状况。身体健康问题主要包括呼吸道疾病及其症状、睡眠质量和病态建筑综合征等。通过调查问卷，宿舍环境问题主要包括宿舍潮湿、室内不良气味感知和开窗换气频率等。同时测试 11 栋宿舍楼的 242 间宿舍温湿度及 CO_2 浓度。利用 SPSS 对数据进行分析，表明宿舍环境中的发霉、潮湿和水损和普通感冒、流行性感冒之间存在显著正比关系。对于大学生群体，春冬季的普通感冒和流行性感冒发病率较高，夏季的发病率最低。86.0% 的被测试宿舍供暖季节的通风量小于国家规定的标准 8.3L/（s·人），夏季依然有 48.3% 的宿舍不符合这一标准。对通风量、CO_2 浓度、温湿度与学生呼吸道疾病的 Logistic 回归分析发现：①夏季夜间人均通风量与夏季普通感冒、流行性感冒的发病率存在显著相关性，P 值分别为 0.046 和 0.031；②宿舍 CO_2 浓度高，普通感冒和流行性感冒的发病率增加，持续时间变长，但并未发现显著相关性；③夏季白天的湿度和夏季普通感冒的次数达到显著相关性（$P=0.029$），夏季湿度大，普通感冒和流行性感冒的发病率低，持续时间短。

重庆大学张春光、刘红[49]研究了重庆点式高层住宅冬季环境及健康风险评价。2014 年冬季随机选取重庆 50 户点式住宅进行了入户测试，分析了影响污染物浓度的因素。研究发现：重庆点式住宅冬季光环境和声环境较差，各房间噪声超标率和照度不达标率较高；热湿环境较差，人们总体感觉偏冷；各房间的 CO_2、甲醛和 TVOC 等污染物无显著差异，且浓度不高，基本没有超标现象。采用相关性和单因素方差分析的方法，发现甲醛、甲苯浓度和装修时间相关性显著，甲醛和甲苯浓度随装修时间的延长不断降低；壁纸和地板材料的类型对室内 TVOC 浓度的影响显著；室外的交通污染及工业污染会对室内 $PM_{2.5}$ 和苯的浓度产生显著性影响；杀虫剂和化妆品使用情况对室内的 TVOC 和甲苯浓度有显著性影响。采用综合指数法评价了室内空气品质，结果发现重庆地区室内空气品质优良，大部分房间的空气品质都处于Ⅰ级，仅有少数房间处于Ⅱ级，TVOC 是对室内空气品质影响最大的污染因素，其次是甲醛和苯。以微小环境结合问卷的形式，对住户进行了暴露评价和健康风险评价，结果发现住户在卧室内停留时间最长，约占住宅停留时间的一半，其次是客厅占住宅内停留时间的 25% 左右，厨房最小，占住宅停留时间 10% 以内。重庆成年男性、女性的甲醛总暴露量均比较高，暴露量最大的房间是卧室，约占总暴露量的 60%，其次是客厅。苯的日均暴露量比较低，暴露量主要集中在卧室和客厅中，约占总暴露量的 80%。重庆点式住宅苯、甲苯和二甲苯的危害指数均远小于 1，非致癌风险较低，但是致癌风险较高，重庆点式住宅成年居民的苯和甲醛的致癌风险均已经超过了美国 EPA 规定的安全限值 10^{-6}，风险值较高。苯的致癌风险介于 10^{-4} 和 10^{-6} 之间，风险度可以接受，但是甲醛的致癌风险已经超过了 10^{-4}，有较显著的致癌风险。基于以上研究结果，针对装修时间、装修材料、人员习惯和通风等方面提出了相应的改善措施。

重庆大学王晗、李百战[50]对住宅室内环境对儿童哮喘的健康风险进行了评估。围绕住宅室内环境与儿童哮喘，采用问卷调查和动物实验的研究方法，通过传统统计分析和关联规则数据挖掘技术综合分析了住宅室内环境因素单独作用和联合作用下儿童哮喘健康指标的患病风险，定量评估了气态甲醛对哮喘主要病理学指标的影响，建立了科学有效的住宅室内环境健康评估模型。研究设计完成了在国内普遍适用的调查问卷，获得 5299 份有效问卷，收集了我国住宅室内环境与儿童哮喘的第一手基础资料。选取长期居住在调查住所的 2917 名儿童作为研究对象，采用双变量的卡方检验和多变量的逻辑回归模型，剔除已知非环境类因素的混淆作用，明确了单独作用下显著影响儿童哮喘健康指标（喘息症状、干咳症状和确诊哮喘）的住宅室内环境危险因素。结合文献分析，初步识别了可能影响儿童哮喘健康指标的住宅室内环境客观污染参数。然后，将关联规则数据挖掘技术应用到住宅室内环境多因素联合作用下儿童哮喘健康指标患病风险的评估过程中，以传统的支持度-可信度框架为基础进行住宅室内环境因素与儿童哮喘健康指标的关联规则挖掘，结合研究目的，通过对数据挖掘规则进行主观度量实现关联规则的初步筛选，采用作用度、PS 值和匹配度三个客观评估指标实现规则的最终保留，采用卡方检验和兴趣度检验对保留规则进行统计显著性和现实关注度的验证，最终获得显著影响儿童喘息症状、干咳症状和确诊哮喘患病情况的住宅室内环境双因素和三因素组合，实现了住宅室内环境多危险因素联合作用下儿童哮喘及相关症状的健康风险评估。随后，研究基于传统统计概率模型和关联规则数据挖掘技术获得了住宅室内环境危险因素或组合，以（作用度－1）作为健康风险水平的衡量指标，建立了住宅室内环境因素-健康风险关系模型。以关系模型为核心，该研究建立了住宅室内环境健康风险评估模型，该评估模型采用评估问卷形式，通过调查对象对室内环境的自我报告和气味刺激的主观感知获得评估数据信息，以住宅室内环境因素-健康风险关系模型为评估准则进行住宅室内环境健康危险因素或组合的识别。同时，通过实际案例的应用效果分析评估模型有效性。最后，在识别的住宅室内环境客观污染参数中，选取甲醛作为典型代表，对其在哮喘发作过程中的易化作用进行了定量评估。采用成熟的哮喘动物模型，通过不同气态甲醛暴露剂量下实验小鼠慢性过敏性炎症指标、气道高反应性和肺组织病理学改变特征方面的测定对比，发现气态甲醛暴露浓度为 $3mg/m^3$ 时，暴露时间为 60min、90min 和 120min 的甲醛实验组和 OVA 对照组的慢性过敏性炎症指标存在显著差异，随着暴露剂量的升高，差异显著性也会增加，气道高反应性和肺组织染色切片的相关指标充分验证了这一变化，肺组织染色切片嗜酸性粒细胞和杯状细胞的形态学对比也直观的展示了高水平甲醛暴露剂量对哮喘发作的易化程度。随后，研究参考国外成熟的环境健康风险评价体系，提出了儿童通过呼吸道暴露在中期暴露周期内，OVA过敏原刺激哮喘发生的易化水平和严重程度无显著变化的甲醛最小风险暴露剂量为 $0.00094mg/m^3$，即儿童的日暴露剂量为 $0.00094mg/m^3$ 时，在 OVA 致敏作用下，儿童哮喘发作的易化程度和严重水平不会显著变化。

东南大学周琦、钱华[51]采用现场测量、数值模拟及理论计算等方法研究了自然通风病房内通风对呼吸道传染病传播的影响。首先，通过多区模拟对世界卫生组织提出的 5 种医院病房自然通风模式在控制感染传播方面的能力和效果进行评估，发现我国医院普遍存在的中走廊型的自然通风模式很可能会发生严重的交叉传播。其次，对南京地区的某综合医院自然通风病房的全年通风情况进行了现场测量，以病房内人员呼出的 CO_2 作为示踪气体，分析了病房全年 CO_2 浓度的变化，并计算了病房的全年通风量以及感染概率。结果表明，自然通风能够使过渡季的室内 CO_2 浓度显著低于空调季，同时病房通风量显著高于空调季，并且能维持感染概率在较低的水平。接着，以现场测量的自然通风病房为原型，用 CFD 模拟了"穿堂风"作用下中走廊式自然通风病房间的交叉感染。模拟结果支持了世界卫生组织提出的应避免在医院中采用中走廊型自然通风模式的论述。最后，采用射流力学理论，考虑病人呼出气流作为污染源时，其在自然通风病房中的扩散特性，特别是具有温度分层的情况下出现的"锁定现象"。根据射流力学方程推导了呼气气流运动的无量纲控制方程，并揭示了阿基米德数与房间温度分层对锁定高度的影响。

马里兰大学的 Sara Taylor Jenkins[52] 研究了通风对学生宿舍呼吸道疾病导致的生物气溶胶的空气传播的影响。147 个传感器组成的网络被放置在大学校园的两个宿舍里，以测量两个学期的 CO_2 浓度。浓度的结果作为两个具有不同供暖、通风和空调系统的建筑的多区域通风模型的输入。与预期一样，带有中央机械通风系统的宿舍的新鲜空气周转率要高于其他依靠排风机和渗透的宿舍。与通风不良的建筑相比，这座通风良好的建筑记录的上呼吸道疾病发病率也要低得多。中央换气系统使宿舍的换气率提高了 500%，使呼吸系统疾病的发病率降低了 85% 以上。比较研究表明，增加通风可使上呼吸道疾病的发病率降低一个数量级。

瑞典皇家理工学院的 Sasan Sadrizadeh[53] 利用计算流体动力学进行医院手术室的通风设计。应用计算流体动力学技术，以便提供更好的理解空气分布策略将有助于医院手术室和病房环境的感染控制，以便减少携带粒子的水平，提高空气的热舒适性和空气质量。研究了包括完全混合、层流和混合策略在内的一系列气流通风原理。利用粒子和示踪气体模拟检查污染物去除和空气变化的有效性。分析了影响手术室通风系统性能的几个因素，并提出了相应的改进措施。结果发现，手术室环境下的气流类型为从层流到过渡流再到湍流。无论使用何种通风系统，在瞬态条件下，手术室区域都可能存在各种气流状态的组合。这表明，用通用模型来绘制气流场和污染物分布可能会产生较大的误差，应避免使用通用模型。研究还表明，通过减少手术人员的数量，可以使手术室中产生的细菌数量最小化。易感染的手术应该在尽可能少的人的情况下进行。通过使用具有高防护能力的服装系统，工作人员的初始源强度（一个人在单位时间内释放的集落形成单元的数量）也可以大幅度降低。结果表明，水平层流可以替代常用的垂直系统。水平气流系统对热羽流的敏感性较低，易于安装和维护，成本较低，不需要修改现有的照明系统。最重要的是，水平层流通风并不妨碍外科医生，他们需要弯腰在手术部位，以获得良好的视野手术领域。增加了一个移动的超洁净指数层流屏幕，作为手术室主通风系统的补充，也进行了研究。研究指出，通风专家和外科工作人员之间的密切合作和相互理解将是降低感染率的关键因素。

5 通风与建筑设计

重庆大学蒋琳、唐鸣放[54] 对夜间通风条件下屋顶绿化的热工性能进行研究，具体研究了将夜间通风和屋顶绿化两种技术结合后对建筑室内热环境的改善，以及对屋顶传热的影响。通过自主搭建的实验装置进行实际测试研究，对影响室内温度及屋顶内表面热流的气象参数（太阳辐射、室外空气温湿度、风速、土壤含湿量）做了相关性分析。得出：太阳辐射对绿化屋顶和裸屋顶外表面温差、室内温差及热流差的影响最为显著,其次是室外空气温度及室外风速。土壤含湿量与绿化屋顶内外表面温度及热流量的相关性较强,表明增加土壤含湿量可在很大程度上降低屋顶内外表温度,从而降低室内温度,并使得热量由室内流向室外。通过对落地生根和德国景天两种植物透射率的测量数据整理后得到每天的平均值进行回归分析,得出绿化屋顶植物的透射率是一个随时间变化的动态值,随着植物叶片在生长过程中逐渐茂密,其遮阳性能也大为提高。提出了绿化屋顶叶片动态遮阳系数LSC(Leaf shading coeffient),该系数是与时间相关的函数。此外,通过实验数据分析,本文还得到绿化屋顶和夜间通风共同作用下实验箱的热传递公式。为量化建筑节能潜力,提出了夜间通风作用下屋顶绿化降温效果评价指标屋顶温差比率(RTDR)和屋顶内表面放吸热比(RHR)。采用能耗模拟软件 EnergyPlus 建立数值模型,利用实验数据验证模型的准确性。对夜间通风作用下的绿化屋顶房间热环境的单因素分析发现:对屋顶内表面温差比率影响最大的是屋顶构造层及土壤厚度,其次是昼夜温差、外墙热阻、灌溉量、换气次数、叶面积指数,与植物高度相关性最低。同时发现绿化屋顶的结构层和土壤层在热量传递上相互影响,须将其看作一个整体进行进一步研究。因此对土壤层厚度和结构层蓄热性能同时作用时对室内热环境以及屋顶的蓄放热的影响进行分析后得出:为加强夜间通风与绿化屋顶联合作用的降温效果,在条件允许的情况下,应尽量选择蓄热性能高的屋面板材料和较厚的土壤。最后,在单因素分析的基础上,采用 EnergyPlus 软件模拟计算得到不同屋顶蓄热材料、不同土壤厚度、不同换气次数下室内外最大温差随室外昼夜温差变化的函数曲线。以此作为衡量夜间通风作用下绿化屋顶降温效果的工具。

浙江理工大学尹君君、姜坪、杨毅[55]以湖州市新市镇的 L 形天井院敬和堂作为研究对象,进行现场测量,绘制民居的建筑图。采用现场实测的方法在夏季对敬和堂民居进行了室内外环境的测量,包括该民居室内外温度、相对湿度、风速和墙体表面辐射温度等参数,以实测结果初步分析该建筑室内通风状况。然后,对传统民居敬和堂进行了 CFD 模拟研究。结果表明:开口位置距离主要通风房间越近,通风路径越通畅,越有利于室内通风;对天井院而言,室外风速的提高对室内风环境的影响不明显;在风压主导状况下,传统民居中腰檐的存在有利于一层主要功能房间的通风。继而,进行了传统民居热压主导下的自然通风模拟。分别建立了前天井院、中天井院、后天井院三种具有代表性的合院式民居的模型,对比模拟分析了不同天井位置对民居夏季的热压通风效果,结果表明:同等体量的情况下,三种不同天井位置的天井院一层人行高度处平均风速相差不大,中天井院的通风量分别比前天井院及后天井院高 22% 和 19%,且中天井院室内的空气龄最小,室内通风换气效果最好,因此天井在中间位置更有利于民居的热压通风。最后,将研究成果与实践相结合,提出了两种现代中天井民居设计方案,并模拟分析其热压通风效果,验证设计方案的合理性,比较两种方案的异同,为现代民居的建设提供参考。

重庆大学李欣蔚、孙雁[56]对渝东南土家族建筑群及民居的自然通风模式和通风规律进行探讨。运用 Fluent、Ecotect 等软件,模拟民居室内外的风环境特征,提出天然建筑群先房后巷、顺应山势、前低后高、前小后大的布局方式是应对自然通风的有效策略。对吊脚楼和正屋(堂屋)的热环境及风环境进行模拟,得出吊脚楼为"吊脚空间-檐廊空间-阁楼空间"的隔热及通风系统,正屋主要通过"堂屋-阁楼"通风系统进行通风组织,通过设置与传统民居模型规模、形体相同但空间分隔、高度、围护结构开洞等具体做法不同的虚拟现代农宅模型进行对比模拟分析，从而提出改善现代农宅通风效果的优化策略。分析了土家传统建筑群的典型布局及空间处理方法，土家传统民居通过 U 形建筑形体向重要建筑空间导风的策略，以及吊脚和阁楼等一系列空气流通的半室外空间的设置，土家族建筑群与民居单体的通风技术可用于现代农村居住区及建筑单体的建设与改造。

哈尔滨工业大学陶斯玉潇、邢凯[57]对严寒地区单元式办公空间夏季自然通风设计策略研究。首先阐述了严寒地区办公空间与自然通风的相关概念，通过对严寒地区气候特征、自然通风作用原理、办公空间通风要素以及自然通风热舒适等方面进行分析，将其作为理论依据，从而提出后续模拟的边界条件及判定标准。其次，通过对严寒地区办公建筑中单元式办公空间进行实地调研分析，研究办公建筑中单元式办公空间夏季的自然通风状况，总结出两种典型物理模型——单窗式与双窗式单元办公空间。基于此两种单元式办公空间进行数值模拟分析。选用 Airpak 软件对单元式办公空间的两种典型模型进行模拟，从速度场、温度场、空气龄、气流路径以及 PMV 和 PPD 场分析办公空间室内的热环境。最后，总结出现有单元式办公空间存在的问题并提出相应的优化设计策略。

湖南大学谭柳丹、袁朝晖[58]对夏热冬冷地区大空间公共建筑的自然通风设计研究。从场地设计，包括建筑总体布局、环境因素和建筑边界条件等角度出发，结合 CFD 风模拟技术研究室外风环境对大空间公共建筑自然通风的影响，改善室外风环境的可控因素，总结出有利于自然通风设计的场地设计原则。从竖向空间，包括剖面形态、中庭形式、天窗形式、挑檐构件等角度出发，结合 CFD 风环境模拟技术研究竖向空间对风压和热压效果两方面的通风效果的影响，得出有利于风压通风的建筑形体设计策略、空间设计策略和边界设计策略。

山东建筑大学赵学义、宋帅[59]对山东平原县第七中学绿色教学楼通风技术设计进行研究，以平原县第七中学为研究对象，现场调研并分析通风潜力，采用软件模拟的方式，找到其场地通风存在的问题，提出针对性的改造设计策略，并用模拟软件对改造后的场地风环境进行模拟验证和优化，总结出针对中学建筑规划设计阶段在通风设计策略。针对其单体的教学楼的通风进行了研究，探索影响教学楼平面和立面通风设计的因素，并对它们进行了模拟验证，确定了最佳的自然通风方案，对于采用自然通风难以满足室内通风需要的教室，设计了一套完整的辅助通风方案，最终采用换气次数和新风量对教室室内通风的效果进行了验证。

南京师范大学何开峰[60]利用 Fluent 软件研究建筑开口与朝向对住宅室内自然通风的影响，分析了窗墙比、朝向和窗台高度这三个因素对于室内环境的影响。首先以风速、温度、空气龄、PMV-PPD 为评价指标分析了室内环境变化，分析研究而找到最佳的建筑设计参数。并且利用 DeST 软件进行建筑节能的研究，分别模拟常规设计和最佳建筑设计参数下的年能耗。结果发现，窗墙比为 0.3，朝向与常规风向为 300，窗台高度为 900mm 时，建筑开口设计最有合理。大大提高了建筑自然通风的效果，改善室内环境，室内平均风速为 0.41m/s，室内温度降低 2.23℃左右，室内空气龄为 79s，室内舒适性也较好。在最佳建筑设计参数下利用自然通风，全年空调节电率达到 14.4%。因此自然通风可以促进建筑良好舒适环境，并且能达到节能的要求。其研究有助于提高建筑设计人员对自然通风效果的认识，并为设计人员在进行建筑设计时合理组织室内自然通风提供参考手段。

长安大学王巧宁、邓顺熙、官燕玲[61]对相对开窗单区和双区自然通风房间的阻力特性、流量系数及特性、通风率等进行了研究，提出了单区房间，特别是双区房间风压自然通风的通风率的预测模型，进行了风洞模型实验，得到自然通风条件下房间模型的开窗迎风面、背风面、房间内部表面的静压以及对应的通风率。通过风洞实验验证，建立了单区、双区自然通风房间大涡数值仿真模型。分析了不同的开窗组合、单区和双区内部分布、不同的开口率对通风率，对流动阻力的影响，并分析了以上各条件下房间内静压分布。在此基础上研究得到实验条件下的单区和双区房间的自然通风率的预测模型。分析表明，当房间内部阻力沿气流方向不对称时，其流动阻力与前后开窗面积大小的相对位置有关；随着窗户开口面积增大，房间通风率增加，当开口率大于约 25％时，增幅减缓；对于单区房间，沿着气流方向，房间静压力分布大部分是呈现先降后升的趋势，对于双区房间，前、后各区静压分布较均匀。依据风洞实验，分析得到房间开窗流量系数和隔墙内门流量系数；探讨了流量系数特性，得到结论有：进风窗和隔墙内门的流量系数不随出风窗面积改变；当满足相似条件时，不随 Re 大小改变；流量系数随着开口率增大先减小再增大，开口率 11.1％为最小点等。进行了管流模型实验，得到了管流条件下房间模型的进风口、出风口、房间内部断面之间的静压差以及对应的通风率。实验工况涉及单区房间、双区房间隔墙门在中间、双区房间隔墙门在一侧以及不同开窗面积大小的组合，每个工况进行不同来流速度的测试。应用大涡数值仿真模型，对不同房间尺寸的流场进行了计算分析，研究房间尺寸改变对通风率的影响规律。研究表明，对于不同进深房间，进深小，迎风面和背风面的风压系数差大，再加上房间的通风阻力小，则房间建筑绕流自然通风能力强；双区房间，隔墙在房间中间位置时，房间流率最大，隔墙靠近进风窗或出风窗，房间流率都会减小。通过大涡数值仿真，针对不同进深及不同隔墙位置的房间条件进行了通风率的计算，与实验得到的通风率预测模型的计算结果进行对比，数据基本吻合。进行了PIV 模型测试，得到通风房间的速度矢量分布。通过管流模型实验，分析了模型房间阻力大小、流量系数、压差和通风率的关系等。分析表明，当进口、出口开口率为 10％～50％之间时，开口流量系数与雷诺数基本无关；同时，穿堂通风进口流量系数与出口面积基本无关；这个结论与风洞实验结果相同。另外得到进风窗和隔断门的流量系数与对应的风洞实验结果不同的结论。通过 PIV 实验对气流通过房间的流场速度分布有了清楚地认识。

湖南大学阮芳、李念平[62]采用数理分析、实验和数值模拟研究三种方法，建立了小开口和大开口自然通风模型，基于"以开口为边界的控制容积模型"，分别用现场实验实测和 CFD 数值计算方法对单开口自然通风特性进行了研究，主要从开口、建筑、热源和室外气象参数这四大方面着手，根据工程实践中的基本数据，对开口宽度、开口高度、开口离地高度、建筑墙体厚度、建筑进深、热源离地高度、热源强度、室内外温差、室外风速、室外风向等 10 个参数分别变化时的工况进行数值模拟计算，对各参数变化时的温度场、压力场和流线进行了分析比较，阐明了单开口自然通风的流动和换热机理。并对各工况下的自然通风量进行了计算，分析了上述 10 个参数对自然通风量的影响规律。建立了单开口自然通风的计算模型，提出了按室内气流速度将室内分为"微风区"和"无风区"两个区域的方法，并进行了各工况的比较分析。提出了"有效通风长度"这一新概念，并对其进行定义。重点分析了开口宽度、开口高度、开口离地高度、建筑墙体厚度、室外风速、室外风向六个参数对单开口自然通风有效通风长度的影响关系。并综合以上各参数的影响规律，推导出了有效通风长度的计算公式。最后，根据单开口自然通风特性的实验和模拟研究结果，为提高单开口自然通风效果，考虑对开口装置的改进，设计制作并应用了两种新型通风窗户——"上下对开垂直导风窗"和"带垂直导板的对开多叶中旋窗"。通过现场实测和CFD方法，对两种新型窗户与传统的平开窗和推拉窗的自然通风效果进行了比较分析。研究表明，两种新型窗户的自然通风效果优于传统窗户，特别是改进了传统窗户对风向的敏感性问题，对室外风向的适应性更强。研究中还发现了"上下对开垂直导风窗"中设置水平分流板、"带垂直导板的对开多叶中旋窗"中设置导流入室挡板的必要性。通过数值模拟，探讨了实际应用中两种新型窗户应对不同室外风向的调节方法，并给出了相关的建议和意见，为新型窗户的改良设计和应用提供了指导。

武汉理工大学范丹龄、周军莉[63]对单侧开口自然通风建筑进行通风量实测，并讨论其通风量模型。使用浓度衰减法进行全尺度单侧开口平均通风实验，测试平均风速和换气次数，推导出单侧开口无量纲平均通风量模型。使用干冰法（示踪气体稳定速率释放法的一种）进行全尺度单侧开口瞬时通风实验，结合实验数据推导出单侧风压瞬时通风量模型，并与存在的瞬时通风量模型进行对比，发现已有瞬时风量模型适用于计算和预测脉动通风较小的通风工况，而本文的瞬时模型适用于计算和预测脉动通风较大的通风工况。介绍了剪切层通风的形成机理和已有的剪切层通风量模型，将实验结果中的近似剪切层通风量代入这些通风量模型进行比较，分析了影响剪切层通风量的因素，发现无量纲剪切层通风与风速和开口面积均无关。

6 通风与防排烟

中国科学技术大学戴鹏、张瑞芳、程旭东[64]通过实验研究了太阳能烟囱建筑自然通风与自然排烟性能。①基于缩比例实验装置，研究室内通风口高度和太阳能烟囱空腔间距对太阳能烟囱建筑自然通风及自然排烟效果的影响，分析讨论室内通风口风速、窗户风速、太阳能烟囱温度分布、室内竖直温度分布及烟气运动规律，可用于指导新型太阳能烟囱建筑的建筑结构参数设置。研究结果表明，自然通风和自然排烟效果随通风口高度增加呈现先增大后减小的趋势，且最佳室内通风口高度位于窗户上檐位置附近；自然通风和自然排烟效果随太阳能烟囱空腔间距增加呈现先增大后减小的趋势。②基于缩比例实验装置，研究辐射功率和火源功率对太阳能烟囱建筑自然通风及自然排烟效果的影响，分析讨论室内通风口风速、窗户风速、太阳能烟囱温度分布、室内竖直温度分布及烟气运动规律，衡量太阳能烟囱建筑不同维度或者太阳辐射功率下的性能差异及其控制火灾能力。研究结果表明，自然通风和自然排烟效果随辐射功率的增加呈现增大的趋势；不同火源功率下，随着火源功率的增加，自然通风风速基本不变，自然排烟风速逐渐增大，然而建筑内部可见度降低、烟气扩散程度增高。

参考文献

[1] 商余珍. 大型商场建筑室内空气品质现场测试及通风改善策略 [D]. 重庆：重庆大学，2017.
[2] 李刚. 某地下超市室内空气质量评价及数值模拟 [D]. 重庆：重庆大学，2016.
[3] 郑惋月. 重庆地区商场建筑室内空气品质评价 [D]. 重庆：重庆大学，2016.
[4] 李翩. 不同通风方式对室内空气品质的影响 [D]. 南京：南京理工大学，2016.

［5］　周耀元. 文印室内分散污染源通风环境质量应用研究［D］. 扬州：扬州大学，2018.

［6］　李玮. 顶板辐射复合空调室内颗粒的分布特性研究［D］. 南昌：江西理工大学，2016.

［7］　李新龙. 空调系统对室内颗粒物浓度影响规律研究［D］. 上海：东华大学，2016.

［8］　张君杰. 敦煌莫高窟机械通风系统关键技术参数研究［D］. 西安：西安建筑科技大学，2017.

［9］　Widder, Sarah H. A Generalized Method to Evaluate Strategies to Improve Indoor Air Quality in Residential Buildings［D］. Washington State University.

［10］　Kappina K K S. Modeling and Optimization of Energy Utilization of Air Ventilation System of an Auditorium［D］. KTH Royal Institute of Technology，2016.

［11］　Mathilde J，Marlin N. A Parameter Study of Ventilation Setings in a Modern Office Building-From a Thermal Comfort and Air Quality Perspective［D］. KTH Royai Institute of Technology，2016.

［12］　Rackes，Adams E. Investigation of Multiple Indoor Air Quality and Energy Use Tradeoffs to Inform the Development of Next-Generation Ventilation Strategies for Office Buildings［D］. Drexel University，2017.

［13］　高小燕. 高校教室自然通风对室内 CO_2 浓度影响实测研究［D］. 重庆：重庆大学，2016.

［14］　周超斌. 自然通风对高层住宅空气品质影响的研究［D］. 天津：天津大学，2016.

［15］　宗玉召. 城镇建筑小区污染物扩散及对室内自然通风影响的研究［D］. 济南：山东建筑大学，2016.

［16］　陈林静. 壁面温升对建筑周边风环境及污染物扩散影响研究［D］. 合肥：合肥工业大学，2018.

［17］　黄文刚. 大气颗粒物建筑室内外渗透沉降特性及污染控制研究［D］. 南京：南京师范大学，2018.

［18］　Luo Q Z. Modeling of Opening Characteristics of an Atrium in Natural Ventilation［D］. Massachusetts Institute of Technology，2018.

［19］　Alessia A. Natural ventilation strategies for nearly-Zero Energy Sports Halls KTH Royal Institute of Technology［D］. KTH Royal Institute of Technology，2016.

［20］　Arsano，Alpha Y. CLIMA＋：An early design natural ventilation prediction method［D］. Massachusetts Institute of Technology，2017.

［21］　Horin，Brett. Applying Computational Fluid Dynamic Simulations and Predictive Models to Determine Control Schedules for Natural Ventilation［D］. Illinois Institute of Technology，2018.

［22］　胡悦. 办公建筑墙体蓄热与通风降温耦合技术研究［D］. 重庆：重庆大学，2016.

［23］　黄俊潮. 不同气候区空心砌块通风墙体隔热性能研究［D］. 武汉：华中科技大学，2017.

［24］　张甜甜. 空气夹层流动换热特性及在建筑围护结构中的应用研究［D］. 哈尔滨：哈尔滨工业大学，2016.

［25］　张浩. 生态建筑相变蓄热通风与温湿度控制研究［D］. 武汉：华中科技大学，2016.

［26］　赵春雨. 太阳能相变蓄热墙冬季供暖与夏季降温的性能研究［D］. 天津：天津大学，2016.

［27］　段琪. 石河子地区太阳能通风墙主要集热部件的热性能研究［D］. 石河子：石河子大学，2016.

［28］　张华扬. 倾斜式太阳能烟囱强化热压自然通风的特性研究［D］. 西安：西安交通大学，2016.

［29］　张宇雯. 室内热源与太阳辐射耦合作用下的太阳能烟囱的通风性能研究［D］. 太原：太原理工大学，2017.

［30］　何军. 太阳能烟囱在夏热冬冷地区被动式建筑的数值研究［D］. 合肥：安徽建筑大学，2016.

［31］　穆林. 相变蓄热型太阳能烟囱通风和传热特性的研究［D］. 太原：太原理工大学，2017.

［32］　雷肖苗. 太阳能烟囱强化自然通风特性研究［D］. 绵阳：西南科技大学，2016.

［33］　白璐. 秦巴山地建筑太阳能通风设计研究［D］. 西安：西安理工大学，2017.

［34］　Overduin J P. Façade for wind and stack driven ventilation in tropical high-rise office［D］. Delft University of Technology，2016.

[35] 孟方芳．光伏热电新风机的性能研究［D］．长沙：湖南大学，2016.

[36] 郭源浩．热压与空气——土壤换热器（EAHE）耦合通风换热理论模型研究［D］．重庆：重庆大学，2016.

[37] 季文慧．办公建筑竖壁贴附射流夜间通风动态热过程研究［D］．重庆：重庆大学，2018.

[38] 卞维军．夜间自然通风建筑围护结构内表面对流换热的量化研究［D］．扬州：扬州大学，2018.

[39] 淡雅莉．超低能耗建筑墙体蓄热特性影响下的夜间通风策略研究．郑州：中原工学院，2019.

[40] Bryan E C. Effectiveness and Energy Saving Potential of Biofiltration of Indoor Air in U. S. Offices ［D］. Drexel University, 2016.

[41] 贾琳．冷风侵入对不同通风方式下供暖房间室内热环境的影响［D］．上海：东华大学，2016.

[42] 房玉恒．冷风侵入对热风供暖房间室内环境影响的实测研究［D］．上海：东华大学，2016.

[43] 朱胡栋．碰撞射流供暖房间冷风侵入条件下热环境影响因素的研究［D］．上海：东华大学，2016.

[44] Ulf Larsson. On the Performance of Stratified Ventilation ［D］. Linkoping University, 2018.

[45] Yang J X. Thermal sensation sensing technology in personalized ventilation systems ［D］. The Hong Kong University of Science and Technology, 2017.

[46] Henriksson, Max. Ventilation efficiency measurements-A comparison between three supply air methods ［D］. Lund University, 2016.

[47] Domínguez E. Determining thermal stratification in rooms under mixing and displacement ventilation ［D］. Massachusetts Institute of Technology, 2016.

[48] 王攀．宿舍通风量与传染性呼吸道疾病空气传播机理的研究［D］．天津：天津大学，2016.

[49] 张春光．重庆点式高层住宅冬季环境及健康风险评价［D］．重庆：重庆大学，2016.

[50] 王晗．住宅室内环境对儿童哮喘的健康风险评估［D］．重庆：重庆大学，2016.

[51] 周琦．自然通风病房内通风对呼吸道传染病传播影响的研究［D］．南京：东南大学，2016.

[52] Jenkins, Sara Taylor. Ventilation Impact on Airborne Transmission of Respiratory Illness in Student Dormitories ［D］. University of Maryland, 2018.

[53] Sasan Sadrizadeh. Design of Hospital Operating Room Ventilation Using Computational Fluid Dynamics ［D］. KTH Royal Institute of Technology, 2016.

[54] 蒋琳．夜间通风条件下屋顶绿化的热工性能研究［D］．重庆：重庆大学，2018.

[55] 尹君君．浙江传统民居天井通风研究［D］．杭州：浙江理工大学，2018.

[56] 李欣蔚．渝东南土家族传统民居的夏季自然通风技术研究［D］．重庆：重庆大学，2016.

[57] 陶斯玉潇．严寒地区单元式办公空间夏季自然通风设计策略研究［D］．哈尔滨：哈尔滨工业大学，2016.

[58] 谭柳丹．夏热冬冷地区大空间公共建筑的自然通风设计研究［D］．长沙：湖南大学，2016.

[59] 宋帅．山东平原县第七中学绿色教学楼通风技术设计研究［D］．济南：山东建筑大学，2017.

[60] 何开峰．建筑开口与朝向对住宅室内自然通风影响的研究［D］．南京：南京师范大学，2016.

[61] 王巧宁．建筑房间风压自然通风阻力特性实验及数值研究［D］．西安：长安大学，2016.

[62] 阮芳．单开口自然通风特性的实验与模拟研究［D］．长沙：湖南大学，2016.

[63] 范丹龄．单侧开口自然通风建筑的通风量实测及求解模型研究［D］．武汉：武汉理工大学，2016.

[64] 戴鹏．太阳能烟囱建筑自然通风与自然排烟性能的实验研究［D］．合肥：中国科学技术大学，2017.

关于《调研报告——新风净化系统在新建及既有建筑中应用效果调研》^①的读后感

丁艳蕊

该调研报告选取了寒冷地区的北京、西安以及夏热冬冷地区的上海、杭州和武汉 5 个代表性城市的建筑进行测试。被测建筑涵盖新建及既有的公共建筑和居住建筑。分别为北京市幼教中心及办公楼、上海市某别墅及某幼儿园、杭州市 1 套民用住宅、西安市 4 套民用住宅、武汉市住宅小区 4 套住宅和 1 间商铺。其中武汉的被测建筑没有安装新风系统。调研分别对新风量、室内空气质量、室内 $PM_{2.5}$ 浓度、室内通风效果情况进行了测试。分析和发现了新风净化系统在建筑中应用的效果和存在的问题。该文的工作很有意义,有一定的参考价值,所发现的问题与缺陷,值得引起认真的讨论。

该文的调研发现,所测建筑的实际新风量均小于设计新风量,偏离程度多在 40%~50%,偏离最严重的为杭州 1 套住宅的测试结果,实际新风量小于设计新风量高达 76%,测试结果与设计结果最接近的为上海市某幼儿园其中一个房间的新风系统,实测新风量比设计新风量小 2.6%。

关于室内空气质量的测试,测试结果显示有 4 个被测建筑对象 TVOC 不合格,其中北京一被测对象同时存在甲醛超标,武汉一被测对象同时存在二甲苯超标。

关于室内 $PM_{2.5}$ 浓度测试,测试结果显示杭州、西安、武汉的被测对象均存在超标,其中武汉的被测对象因没有新风系统,$PM_{2.5}$ 浓度高达 $120\mu g/m^3$ 以上,达到严重污染。

关于室内通风效果,北京幼教中心存在 2 处二氧化碳浓度测试不合格,西安 1 住宅存在噪声测试不合格。

该调研报告通过测试得出 4 个结论:①所测项目新风系统实测新风量与设计新风量偏差在 $-2.6\%\sim76\%$ 不等,偏差小于 10% 的新风系统仅有 1 套;②大多新风机组未注明出口静压,存在机组与系统管路阻力匹配不当问题;③部分新风系统安装时没有采取减震措施或风口设计安装不够规范,导致室内新风机组和风口噪声值过大;④室内空气质量方面,新风系统在改善室内 $PM_{2.5}$ 指标方面效果显著。

针对调研情况,对新风系统存在的问题提出了 2 个建议:①新风机组应明示相关核心性能信息,应包含高、中、低 3 挡工况下的总风量、出口静压和噪声值;②施工单位应向业主提供新风系统工程设计值,不同工况下的总风量、各风口风量及噪声值。

笔者认为,新风系统是解决和保障室内空气品质的重要手段,通风量的大小是保障通风效果的重要因素,但气流组织的合理性也非常重要,该调研报告没有介绍被测对象的新风系统设计情况,没有对气流组织问题作出调研和分析,是其欠缺的地方。

---

① 该调研报告为发表于《暖通空调》微信公众号 2019 年 8 月 12 日的文章,收入本书时有修改。

雾霾的频发催生出了大量的新风设备品牌和产品，目前市场上新风设备产品良莠不齐，新风设备市场相对还不够规范，经过大浪淘沙以及产品制造技术的快速进步，新风设备品牌和产品质量都将有良性的发展。

对于特定的使用场所，建筑的使用状态在不同的时间会有所不同，为了持续性保证空气品质同时兼顾节能的目的，新风系统应根据需求实现风量可变可调。因此，新风设备产品风量可变是产品的发展趋势，尤其是直流无刷新风设备产品。

新风系统作用的发挥，除了需要合格的新风设备产品、合理的系统设计，新风系统工程的实施也非常关键，工程施工的规范性、实施后的项目调试等，都直接影响系统的运行效果，工程中末端新风口与新风管道未进行有效连接、不按照标准规范要求进行项目调试、有风即可的情况比比皆是。因此，对通风系统效果测试和评价的重要性认识有待进一步加强。

近几年颁布的一系列相关设计标准、技术规程如《民用建筑新风系统技术规程》CECS 439、《住宅新风系统技术标准》JGJ/T 440、《住宅通风设计标准》T/CSUS 02 等以及其他通风系统相关标准规范，在促进着新风行业的发展和进步。

目前既有建筑中，空气品质不良的建筑不乏出现，随着空气品质提升需求的不断增加，也将会逐步进行改造，使问题得到解决。

新风行业的发展

丁艳蕊

1 国内相关展会展讯

2018—2020 年国内相关展会展讯见表 1～表 3。

2018 年国内相关展会展讯 表 1

2018 第 12 届 暖通新风空气净化及净水产品展览会 展会时间：2018 年 4 月 2 日至 4 日 展出地点：北京	2018 上海国际室内环境、空气净化及新风系统展览会 展会时间：2018 年 4 月 26 日至 28 日 展出地点：上海
2018 年国际制冷、空调、供暖、通风及食品冷冻加工展览会 时间：2018 年 4 月 9 日至 11 日 地点：中国国际展览中心新馆	第 15 届国际新风系统与空气净化产业博览会 展会时间：2018 年 5 月 3 日至 5 日 展出地点：上海
ISH China & CIHE2018 中国国际供热通风空调、卫浴及舒适家居系统展览会 展会日期：2018 年 5 月 22 日至 24 日 展出地点：中国国际展览中心（顺义新馆）	第四届上海国际空气新风展 展会时间：2018 年 5 月 31 日至 6 月 2 日 展出地点：上海
2018 北京国际空气净化、新风系统及净水设备展览会 展会时间：2018 年 7 月 5 日至 7 日 展出地点：北京	2018 第 4 届武汉国际空气净化、新风技术及舒适家居展览会 展会时间：2018 年 4 月 18 日至 20 日 展出地点：武汉
中国（合肥）国际新风系统及空气净化博览会 展会时间：2018 年 4 月 20 日至 22 日 展出地点：安徽	2018 中国·东北亚空调、新风及热泵技术博览会 展会时间：2018 年 5 月 4 日至 6 日 展出地点：长春
2018 雄安国际新风系统及空气净化技术展览会 展会时间：2018 年 5 月 28 日至 30 日 展出地点：雄安新区	第 12 届中国广州国际空气净化及新风系统展览会 展会时间：2018 年 6 月 26 日至 28 日 展出地点：中国进出口商品交易会展览馆 A 区
2018 第三届中国（郑州）国际空气净化、新风系统及防霾产品展览会 展会时间：2018 年 8 月 31 日至 9 月 2 日 展出地点：郑州国际会展中心（CBD）	

2019 年国内相关展会展讯 表 2

2019 上海国际室内空气净化展览会 时间:2019 年 4 月 26 日至 28 日 地点:上海新国际博览中心 N2 馆	2019 昆明国际空气净化、新风系统及净水设备展览会 时间:2019 年 8 月 22 日至 24 日 地点:昆明滇池国际会展中心
2019 第七届北京国际新风系统空气净化器除甲醛及油烟净化展览会 时间:2019 年 8 月 27 日至 29 日 地点:北京国家会议中心(天辰东路 7 号)	2019 广州国际制冷、空调、通风及空气净化设备博览会 时间:2019 年 8 月 16 日至 18 日 地点:广州·中国进出口商品交易会(广交会展馆)
2019 郑州净水设备空净新风展览会 时间:2019 年 8 月 30 日至 9 月 1 日 地点:郑州国际会展中心(地铁一号线)	2019 中国(北京)国际新风系统空气净化展览会 时间:2019 年 3 月 1 日至 3 日 地点:北京·中国国际展览中心(老国展)

2020 年国内相关展会展讯 表 3

2020 第九届国际制冷空调和新风系统展览会 时间:2020 年 4 月 15 日至 17 日 地点:上海光大会展中心	2020 上海国际空气净化与新风系统展览会 时间:2020 年 5 月 25 日至 27 日 地点:上海光大会展中心
2020 中国郑州新风系统及空气净化技术展览会 时间:2020 年 5 月 28 日至 30 日 地点:郑州·中原国际博览中心	

2 2020 年中国制冷展①

本届制冷展中,尽管空气处理机组和暖通空调自控系统方面的参展商规模有一定的缩小,参展商依然在传统技术和产品的基础上推陈出新(共有四项产品入选本届展会"创新产品"称号),促进了行业的发展。

EC 电机、变频器等技术逐渐普及,防疫常态化对空气处理机组、末端、风口风管及新风产品都提出了更高的过滤和净化要求,互联网和物联网的快速发展也让空调设备、新风机组更加智能。

2.1 空气处理机组和末端

在空气处理机组方面,"云变频"冷凝再热恒温恒湿空气处理机组能够解决专业医院核心净化区域对空气的高要求,同时利用变频技术+冷凝热回收技术,大幅降低传统电再热所产生的能量浪费。大型双冷凝盘管空调机组、组合式空调机组产品、无冷凝水+过滤油烟的厨房专用空气处理机等均有展示。

在风机盘管方面,由于防疫需求的提升,本次展会上展出了带有净化功能的风机盘管。过滤材料生产厂商推出了适用于净化型风机盘管末端的兼顾低阻和高效的过滤材料、用于空气处理机组的升级版净化材料。

---

① 摘自《2020 中国制冷展技术总结报告》,收入本书时有修改。

2.2 空气输送部件

本届展会上，十余家风机制造厂商带来了形式多样的风机产品。其中，最引人注目的是"带避振系统的 RadiPac 离心风机"，其是一款唯一受颁本届展会"创新产品"的风机类产品，可通过在风机调试阶段分析振动水平过高的转速段，并在实际运行中避开上述转速范围，从而保障 EC 离心风机安全可靠地长期运行。由于数据中心、大型工业建筑群、酒店、住宅区和医院等大型通风机应用对象的发展，由多个风机组合形成的风机墙也越来越受到欢迎。使用采用带避振系统的 EC 离心风机做风机墙不仅节能，也在安全性上得到提高。

综合性能得到提升的 EC 蜗壳风机 DL-F146B-EC-00 风机、小型的 EC 后向离心风机 BL-B133A-EC-00 也在展会上得到了展示。在当前防疫常态化的情况下，楼宇电梯内也开始普及通过加装小型低噪声风机加强电梯间的通风换气。

国内参展商也带来了不少新品，如 EC 高效双进风风机和 RL 系列超远射程风机，在同类产品中占据了一席之地。从参加本届展会的风机制造企业来看，EC 电机风机由于其节能潜力已经得到进一步的普及。

2020 年展会上，抗菌、除菌也成为大部分空气输送管道和风口厂商关注的焦点，如银离子抗菌抑菌管道、EPP 管道 HDPE 无菌管系列风管等。

2.3 新风机组

与往届展会空气末端相关的参展企业中新风机制造企业的局面不同，今年展会上新风机组、风管风口和风机制造企业的数量大致持平，新风行业在更加注重功能品质中理性发展。

在疫情的影响下，企业把产品净化、除菌的功能进行强化升级，结合可视化控制界面，让用户对室内外空气质量有更直观的体验。

新直流马达全热交换器和柜式新风系统 X4、X8 凭借良好的设计和优异的性能，荣获本届展会"创新产品"称号。

新风过滤和湿度控制技术的结合成为一个显著趋势。企业在新风机中强化了除湿功能，以满足用户保持室内环境舒适湿度的需求。

在热回收技术方面，冷凝排风变频热回收新风机组采用热泵热回收方式和变频压缩机，提高了机组整体效率。

2.4 自动控制系统

本届展会智能化方向最大的特点仍为"互联网＋"技术和物联网技术的应用。

一方面，越来越多的传统的制冷设备、空调通风设备都增加了实时监测和远程控制的功能。

另一方面，集中的智能管理平台完善了控制方案，优化了数据接口和可视化界面，便于管理人员和用户的使用。这些方面的不断创新和改进，高效地融合了现代化信息技术，推动智慧暖通空调系统的持续发展。

本届展会上，智能化控制系统依旧是一大亮点，十余家厂商不断完善控制管理平台，控制方案覆盖范围更广。

部分厂家在传统的空调通风设备的节能方面引入了自动化控制技术。例如人体感应风幕机，风幕机与门控结合，门开启时，风幕机开启，门关闭时，风幕机也相应关闭，避免了风幕机长时间运行，并有效阻挡了室内外冷热空气的交换流动，与传统的风幕机相比节能显著。

3 2019 年全国通风技术学术年会

2019 年 12 月 4 日，在第三届中国暖通空调产业年会召开期间，2019 年全国通风技术学术年会在云南昆明顺利举办。本次通风年会以"通风与健康"为焦点，旨在推动学术交流，引领科技发展，全面提高行业素质，推动行业技术的发展。来自国内高等院校、研究院所的专家教授，行业相关企业代表，以及行业媒体共同参与本次论坛。

本届年会共分为大会主题论坛和通风气流组织与环境控制、不同建筑功能空间通风技术两个分论坛。大会主题论坛围绕《高污染工业建筑环境空气污染控制的清洁技术探讨》《高污染散发类工业建筑环境保障与节能关键技术研究进展》《通风对儿童健康的影响》《我国不同气候住宅通风和空气净化策略的比较》等多个主题展示与成果汇报展开。下午的分论坛则进行了包括《基于有限监测数据和快速预测模型的人工智能通风控制系统》《建筑室内空气含湿量模型及控制系统设计要点研究》《层式通风与混合热性能对比实验研究》等在内的 20 多个不同的主题汇报。各论坛主题明确，探讨方向以及涉及领域众多，各高校学者以及企业相关代表都展现在各自研究领域的研究成果，并进行汇报展示。

4 第 8 届全国建筑环境与能源应用技术交流大会

为落实贯彻创新、绿色、协调、开放、共享发展的理念，建设美好环境，提高能源应用水平，促进暖通空调行业设计水平的提高，2019 年 11 月 6—8 日，中国勘察设计协会建筑环境与能源应用分会主办的，以"绿色创新设计健康高质发展"为主题，在陕西省西安市召开第 8 届全国建筑环境与能源应用技术交流大会。大会邀请了国内知名专家及重点设备生产企业专家，就暖通空调前沿技术、工程设计热点、设备创新与研发成果、行业发展趋势等作主题报告和专题报告。会议吸引了来自全国各地 700 余名暖通空调设计、科研、制造、教育单位的工程师、学者、企业家，共同交流信息技术，分享科技创新成果与经验。

技术交流大会持续 2 天，45 位专家学者、研究院总工、企业代表参会并进行主题发言，开展专题报告。11 月 8 日，会议进行了最后四个主题报告，分会副会长戎向阳总工主持主题报告，报告内容主要涉及防排烟标准执行中一些问题的理解，以及在能源革命、工程思维、大数据、人工智能等背景下，暖通行业的发展的探讨。充分体现了分会为行业及业内人士提供技术交流、产品创新、信息分享的平台作用。

第二篇　通风优先设计

夏热冬冷地区居住建筑暖通空调季节转换与节能设计[①]

付祥钊　丁艳蕊

1　背景

本文的研究是《夏热冬冷地区居住建筑节能设计标准》JGJ 134—2010 修订工作的一部分。

夏热冬冷地区居住建筑节能，既不同于我国北方，更不同于欧美发达国家。20 世纪末，一方面，该地区居住建筑，既无供暖，也无空调，建筑能耗几近于零，建筑节能设计节什么能？另一方面，该地区居住建筑热环境恶劣，"夏季睡大街，冬季冻手足"，居民们需求具有全年可居住性的居住建筑。以人为本，面对现实，夏热冬冷地区居住建筑节能的首要目标是改善居住建筑热环境，节能是实现这个目标的必要条件。《夏热冬冷地区居住建筑节能设计标准》JGJ 134—2001[1] 是在这样的社会背景下编制的。当时夏热冬冷地区的一般居住建筑设计基本不涉及暖通空调系统，建筑节能设计的重点在建筑和建筑热工方面。修编《夏热冬冷地区居住建筑节能设计标准》JGJ 134—2010[2] 时，空调供暖仍未进入该地区普通居住建筑的设计范围，所以节能设计标准关于暖通空调的条文仍很单薄。

现在，随着夏热冬冷地区社会经济的发展，人们生活水平的提高，空调已在普通居民住宅普及，供暖正在普及过程中。暖通空调正在逐步进入夏热冬冷地区普通居住建筑的设计范围。现行的《夏热冬冷地区居住建筑节能设计标准》JGJ 134—2010 关于暖通空调节能设计的单薄条文，已不能满足需要。同时，经过近 20 年的发展，大众对居住建筑内空气品质逐渐重视。装修工程中，厨、卫排风已得到重视，新风系统也正在普及。这种情况下，如果《夏热冬冷地区居住建筑节能设计标准》JGJ 134 的暖通空调节能设计条文不规定和指导这些方面，不但不能实现健康舒适的室内环境，能耗还将会很高。

因此，关于暖通空调节能设计条文的研编成为此次研编工作的重点之一。居住建筑的使用工况比一般办公建筑复杂，作好居住建筑的暖通空调节能设计，需要从居住建筑的实际使用情况出发，不能仅停留在设计工况上。本文着重从研究夏热冬冷地区居住建筑暖通空调季节转换切入居住建筑暖通空调的运行调节，进而分析暖通空调节能设计。

2　夏热冬冷地区居住建筑暖通空调季节运行调节的基础

夏热冬冷地区居住建筑暖通空调系统的运行，需要根据住宅的使用模式以及全年室外

[①]　本文摘自《暖通空调》2020 年第 50 卷第 9 期 72～78 页，收入本书时有修改。

空气状态的热湿变化等方面进行调节。

2.1 住宅的使用模式

住宅建筑的使用根据人员数量、人员特点等分为很多种模式，根据社会学调查和大数据分析，可归纳为如表1所示两种基本模式。

典型住户人员结构　　　　　　　　　　　　　　　　表1

使用模式	住户人员结构特点
A	上班人员＋不上班人员（老人、小孩、家政工、在家执业人员）
B	全部是上班人员

不同的人员结构特点，对应住宅不同的使用模式，对居家生活进行特点聚类，形成典型住户住宅主要功能房间使用时间表如表2所示。

典型住户住宅主要功能房间使用时间表　　　　　　　　表2

使用模式	卧室使用时段	起居室使用时段
A	22:00～7:00；13:00～15:00	7:00～22:00
B	22:00～7:00	18:00～22:00

整套住房来讲，对于使用模式A，住宅内24h有人，而使用模式B，住宅内部分时间有人，部分时间没人。一方面，不论是模式A还是模式B，大多是夜间在卧室，白天在起居室（书房、客厅、餐厅、厨房等），两者的同时使用系数很低，甚至为0。另一方面，不同的使用模式，人员在室时间有着巨大的差异，暖通空调系统的运行调节差异也将很大。因此暖通空调系统设计和运行调节，首先要了解清楚住宅的使用模式。

2.2 室外空气的热湿状态变化

夏热冬冷地区东西区城市间乃至各个城市间的室外空气热湿状态有着明显的差异。利用文献［3］中的数据，根据文献［4］提出的对全年室外空气热湿状态在 h-d 图上进行9区划分的方法如图1所示，以西区的成都和东区的杭州为例，分析不同城市间的季节差异。

比较表3中成都和杭州室外逐时空气热湿状态在各区的累积时数分布，西区成都的中温高湿和低温高湿状态多于东区杭州，其余状态时数均少于杭州，且高温高湿和低温中湿时段明显少于杭州。室外空气热湿状态作为暖通空调季节变化的基本条件，各建筑室外空气热湿状态的不同，必然引出其暖通空调系统运行调节的差异。

分析表4成都和杭州的室外全年太阳月总辐射情况可知，西区城市成都的全年太阳辐射弱于东区杭州，且冬季太阳辐射强度的差别更大，12月成都月总辐射仅为杭州的50.4％，夏季的差距相对小些，7月份成都月总辐射为杭州的85％。太阳辐射的强弱一方面影响着室外空气的热湿状态，另一方面也反映出夏热冬冷地区东西区城市太阳能资源的可利用情况差异。

暖通空调节能设计应从了解暖通空调系统运行调节需要着手开展。

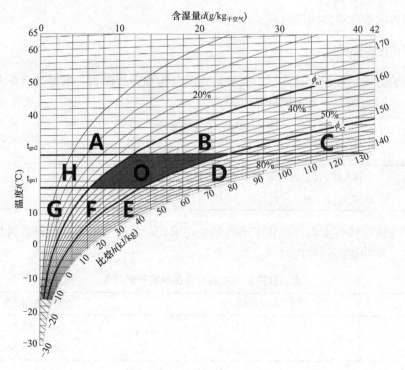

图 1　空气热湿状态分区图

O—舒适区；A—高温低湿区；B—高温中湿区；C—高温高湿区；D—中温高湿区；
E—低温高湿区；F—低温中湿区；G—低温低湿区；H—中温低湿区

成都、杭州全年室外空气热湿状态区域的累积时数分布　　　　　　　　表 3

热舒适等级	区域	温度	相对湿度	西区 成都	东区 杭州
一级	A	>26℃	<30%	0h	8h
	B	>26℃	30%~60%	262h	477h
	C	>26℃	>60%	674h	1113h
	D	22~26℃	>60%	1373h	1317h
	E	<22℃	>60%	5741h	4539h
	F	<22℃	30%~60%	549h	1047h
	G	<22℃	<30%	9h	66h
	H	22~26℃	<30%	3h	8h
	O	22~26℃	30%~60%	149h	185h

成都、杭州室外全年太阳月总辐射　　　　　　　　表 4

月总辐射（MJ/m²）　地点 \ 月份	1月	2月	3月	4月	5月	6月	7月	8月	9月	10月	11月	12月
成都	147.5	137.5	271.0	336.9	390.5	399.1	411.2	409.9	229.1	226.1	161.0	131.3
杭州	214.9	239.7	356.4	402.9	475.1	471.9	484.0	490.6	379.7	311.6	241.3	260.6

3 夏热冬冷地区居住建筑暖通空调各季节的运行调节

3.1 通风运行调节

通风的两个主要功能为：卫生通风和热舒适通风。夏热冬冷地区居住建筑在实际使用中，因通风系统运行调节不好，室内空气质量不良，住户开着窗空调和供暖，造成很大的能耗。这是通风节能设计需重点考虑的问题。通风系统的两个功能涉及两种不同的风量，暖通空调设计时要考虑两种不同风量的转换与调节。

3.1.1 卫生通风

考虑室内装饰装修材料、厨卫等稳定持续散发污染物，居住建筑节能设计标准规定了 $1h^{-1}$ 的卫生通风换气次数，该 $1h^{-1}$ 的卫生通风换气应是长期稳定的换气，而不只是有人时才换气。若仅在有人时通风，无人时不通风，$1h^{-1}$ 的间歇换气不能保证有人时室内空气品质达到卫生条件要求。间歇通风和持续通风是两种不同的卫生通风处理方法，若采用间歇通风，需要重新计算换气量，保障有人时室内卫生条件相当于持续通风 $1h^{-1}$ 换气次数所能达到的卫生条件。因篇幅等原因，不在此处分析间歇运行方式时通风量大小的确定。

实际调研发现，住宅室内通风不满足要求的情况比比皆是，因而供暖、空调时开窗的情况不少，导致供暖、空调能耗增大，室内空气品质也并非良好。文献［5］对安装有新风系统的新建和既有住宅建筑进行的实测调研，调研数据显示，住宅通风系统风量基本都达不到要求，进而室内空气质量也不达标。

综合考虑设备容量、运行能耗以及对室内空气品质的保障，推荐 A、B 两种使用模式的居住建筑都采用持续的卫生通风，即不论室内是否全天有人，24h 均按照 $1h^{-1}$ 通风换气次数进行卫生通风。

3.1.2 热舒适通风

热舒适通风即通风季节通风，是指室外空气热湿状态在人体热舒适区内，利用通风改善和进一步提升室内热舒适以及空气品质，获得健康和舒适的室内空气环境。热舒适通风的通风量远远大于卫生通风的通风量。

热舒适通风能否获取有效的通风量，首先是靠建筑设计的自然通风。目前情况看，并不是所有建筑都能够满足利用自然通风的条件，因此通风设计时应先校核建筑设计方案的自然通风能力，满足要求，不必再设计热舒适通风，若建筑方案不能满足，也要尽可能利用建筑方案的条件，采用自然通风＋机械通风的复合通风系统，避免完全摒弃建筑条件另行设计机械的热舒适通风系统。

3.1.3 空调季节的夜间降温通风

从夏热冬冷地区居住建筑室外空气热湿状态在 h-d 图上的逐时累积分布可知，空调季节有部分夜间时间，室外空气温度低于室内设计温度，有用于室内降温的可能性。空调季节的夜间降温通风与整个通风季节的通风不同，可根据通风季节的设计风量，分析空调季节夜间降温通风时段的通风效果。

住宅内部分时段有人和全天 24h 有人的 A、B 两种不同居住模式，夜间通风降温的条件不同。分析认为，部分时间使用的住宅，白天因住宅内没人，不开空调，围护结构、室内家具用品等会集聚大量的热量，有人时需要先尽快消除室内和围护结构及家具用品蓄存的热量达到热舒适状态，再利用夜间通风，但白天蓄存的热量往往不是短时间内可以消除的。而全天24h有人的居住模式，白天开启空调保持室温舒适，并避免了围护结构和室内家具集聚热量，夜间当室外空气热湿状态合适时，可即时利用夜间通风持续保持室内的健康与舒适。因此，部分时间使用的住宅居住模式比24h使用的居住模式夜间通风的情况复杂，且夜间通风的效果及节能性也比住宅24h有人使用时的效果差。夜间通风对于居住建筑全天24h使用的居住模式的作用相对较大。目前关于夜间降温通风也有大量的研究。

为了进一步分析夏热冬冷地区空调季节7、8月份降温通风的可利用状况，本文结合文献［6］的分析，进一步分析东区的杭州和西区的成都两个城市空调季节7、8月份的室外空气热湿状态。

图2和图3为成都和杭州空调季节7、8月份逐时室外空气参数状态，对7、8月份逐时室外空气干球温度进行小时数统计，成都室外空气温度小于等于26℃的小时数为908h，杭州为459h。分别占7、8月份总小时数的61%和30.8%。但这两个月含湿量大多在15~20g/kg$_干$甚至20g/kg$_干$以上，降温通风满足室内一级热湿舒适标准的时数要小得多。

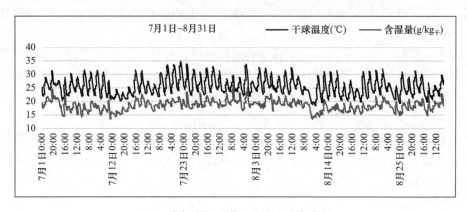

图2　成都空调季节逐时室外空气参数

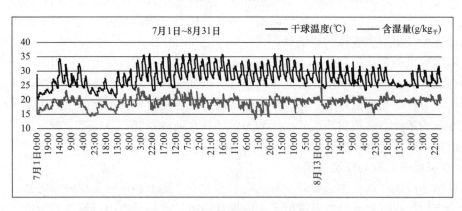

图3　杭州空调季节逐时室外空气参数

若仅考虑通风降温，由于夏季室外多数时间气温较高，室内的余热量比较大，若层高按3m计算，室内外1℃温差，1h^{-1}换气次数下可以消除3W/m²的余热量。

如表5所示，分析重庆、成都、南京和杭州4个城市的风速，热环境气象参数给出了每日 1：00、7：00、13：00、19：00 时刻测试的风速值，7、8月份共计测试数据248个，其中重庆静风率占比15%，成都占比39%，南京占比23.8%，杭州占比20.6%。进一步分析凌晨1：00和早晨7：00静风的小时数占总静风小时数的比例，重庆为75%，成都72%，南京80%，杭州72.5%，即夜间需要通风降温的时间段内，反而风速为0的时刻比较多，难以靠自然通风获得良好的夜间通风，需要采用复合通风。

不同城市7、8月份室外风速为0的小时数统计　　　　　　　　　表5

时刻	重庆	成都	南京	杭州
1：00	11	39	26	18
7：00	17	31	21	19
13：00	3	4	1	6
19：00	6	23	11	8
共计	37	97	59	51

以前由于人们的生活水平不高，对室内环境热舒适的要求低，更是忽略湿度的影响，28℃甚至30℃以下的热环境即满意，这种情况下空调季节利用夜间通风降温的潜力较大。随着人们生活水平的提高以及健康意识的增强，要想营造健康舒适的室内环境，必须进行热湿双控，夏热冬冷地区居住建筑空调季节利用夜间降温通风的节能潜力并不大，不必专为此设计复合通风系统，必要时可开启前面提及的热舒适通风系统。

3.1.4　新风、排风系统的协调与匹配

以上关于通风运行调节的内容均是从送风角度进行讨论的，实际上24h运行的卫生通风系统，不仅指新风系统，厨、卫等散发污染物、湿负荷的空间也需要24h持续排风。并且，厨、卫排风需要分两种情况考虑：①没人使用时，应按照较小的排风量稳定运行；②使用时，所需排风量很大，与厨、卫没人使用时的稳定排风量相差悬殊，会对室内气流组织、空调供暖能耗产生明显的影响。

由于卫生间的使用时间短，随着使用的停止恢复到正常状况，对整套住宅的通风气流路线及空调供暖能耗影响不显著，可以不用跟随调整。但厨房使用的时间较长，整套住房的气流路线会由于厨房使用时的大风量排风而被破坏，同时造成显著的空调供暖能耗。应单独考虑厨房大风量排风时的补风问题，既维持正常的室内气流路线，同时节约大量新风处理能耗。

根据本文3.1.1～3.1.3节关于通风运行调节的讨论分析，通风节能设计宜先作全年各季节的健康通风设计，全年各季节都应用局部机械排风控制厨、卫的污染空气和湿源，并维持厨、卫相对于卧室、起居室的负压。同时应以户为单元进行健康通风的空气平衡设计计算，保证户内空气流程满足"新风—卧室、起居室—厨、卫—室外"的气流流线。由于厨、卫等污染空间存在使用和不使用两种模式的排风量，空气平衡计算时卫生间的排风量按无人使用时计算，使用时增加的排风量造成的对室内气流流程的影响可不考虑；厨房的排风量按不使用时的排风量计算。厨房使用时整套住房的空气平衡单独分析，增加的排风量应专门设计补风量平衡。

另外，对空气环境进行热湿双控，才能实现健康舒适的室内环境，夏热冬冷地区空调季节室外空气含湿量超过热舒适范围时，并不适合利用夜间通风降温。

3.2 除湿运行调节

夏热冬冷地区的除湿季节为5、6月，东区城市杭州和西区城市成都除湿季节逐时室外空气热湿状态如图4和图5所示。5月份的部分时间，室外空气干球温度不高，同时含湿量大多数时间也在 $15g/kg_{干}$ 以下，还可以采用通风季节的通风运行调节方式，提升室内的健康舒适水平，其余时间室外空气湿度大。由于几乎不存在围护结构冷负荷，室内余热量不大，直接的通风不但不能去除室内余湿，反而将大量湿气带入室内。

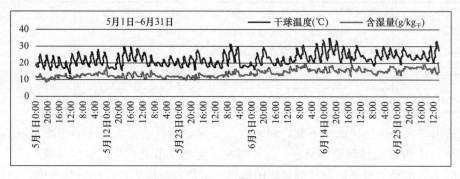

图4 成都除湿季节及逐时室外空气参数

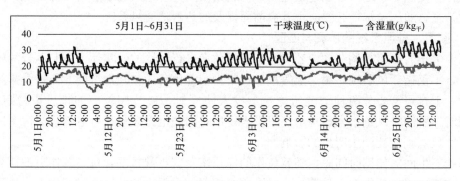

图5 杭州除湿季节及逐时室外空气参数

当室外温度接近30℃，同时含湿量在 $15g/kg_{干}$ 左右甚至以上时，需要除湿，以保证室内的舒适湿度需求。目前除降温除湿外，溶液除湿及其他除湿方式还没有广泛应用于夏热冬冷地区的居住建筑，因此本文重点讨论降温除湿。利用降温除湿会造成室温偏低的热舒适问题。为保证室内湿度，降温除湿后的新风温度过低，室内没有足够的余热使降温后的新风升温，导致室温下降，室内人员产生不舒适感，尤其是体质较弱的人群、老人、小孩等甚至出现受凉情况。若新风除湿后再加热升温，则涉及能耗问题。新风除湿用降温除湿的技术方案，应想办法回收利用新风降温处理过程排出的热量对新风进行再热，一方面节约能源，更重要的是保证室内热舒适感。排风能量热回收作为一种被广泛接受和使用的节能手段，在夏热冬冷地区回收新风降温处理时的冷凝热和冷凝水的作用和价值高于排风能量热回收。设计时应根据室外空气的热湿状态变化以及除湿季节运行调节的要求，重点考虑如何利用冷凝器的排热、冷凝热水热量，并需认真分析回收利用量的合理性。

3.3　空调运行调节

由于空调系统的运行根据建筑使用模式有两种情况，因此空调运行调节也分两种情况进行讨论。

3.3.1　居住建筑部分时间使用模式

空调系统间歇运行时，刚开始室温很高，围护结构和室内家具也蓄存了大量的热量，空调开始运行的几个小时内，为了达到室内设计温度，向房间提供的冷量不仅要维持热平衡所需冷量，还需要提供排除建筑物围护结构以及家具等相关物体蓄存热量所需的冷量。进入稳定运行后，负荷才与连续运行相当。

文献［7］规定，热负荷计算时，对于间歇使用的建筑物，热负荷需要进行间歇附加，仅白天使用的建筑物，间歇附加率可取 20％，对不经常使用的建筑物，间歇附加率可取30％。对于主要是夜间使用的建筑，没有给出间歇附加率的建议值，夏季间歇供冷时负荷附加率的取值也未进行规定。

居住建筑部分时间使用模式的情况很多，而暖通空调系统设计大多没有考虑居住模式，直接将居住建筑作为全天 24h 使用的情况考虑，按照连续运行进行末端设计，导致末端能力不够，间歇运行很长时间达不到设计温度。

文献［8］间歇供暖负荷计算方法研究中对间歇运行模式的确定，围护结构、供暖方式以及通风对间歇供暖负荷的影响进行了详细的模拟分析。夏季间歇供冷负荷计算以及供冷时负荷附加率如何选取也是一个需要研究探讨的问题。

3.3.2　居住建筑全天 24h 使用模式

居住建筑 24h 使用模式，并非 24h 所有房间均有人在使用，基本是夜间在卧室，白天在起居室（书房、客厅、餐厅、厨房等），所有房间同时使用的使用系数很低，对于单个房间来讲仍属于间歇运行，因此空调设备末端容量也应按间歇运行选型。主机容量选型需要考虑同时使用系数，比直接按照所有房间同时使用时的负荷选型小很多，这对主机能耗影响很大。

夏热冬冷地区住宅建筑实际工程空调系统设计时，需要根据建筑使用模式，考虑两种模式下的空调运行调节方式。对于部分时间使用的居住模式，空调系统设计时应特别注意末端的供冷能力按间歇空调的不稳定条件设计。全天 24h 使用的居住模式，空调系统末端的供冷能力仍应按间歇空调的不稳定条件设计，主机容量的选配应考虑供冷末端的同时使用系数。

3.4　供暖运行调节

冬季供暖运行调节，由于气候的差异，东、西区需要分开考虑。如图 6 和图 7 所示，西区以成都为例，东区以杭州为例进行分析。

由于冬季太阳辐射太弱，成都通风季节 B 转向供暖季节的过渡时间从 11 月 15 日开始。11 月 15 日至 11 月 30 日，室外逐时空气干球温度逐渐降低，但基本在 10℃ 以上，12月 1 日开始，室外逐时空气干球温度大多时刻均低于 10℃，过渡月的室外空气干球温度平稳下降，波动较小，向供暖过渡的运行调节比较简单，进入供暖期后，运行工况基本没有变化。

杭州通风季节 B 转向供暖季节的过渡月室外空气干球温度波动相对较大，伴随着寒潮来袭，气温下降明显，随着寒潮退去，气温回升也明显，几次寒潮之后，气温基本稳定在10℃以下，开始进入稳定供暖工况。东区杭州的室外空气状态相比西区成都稍显复杂。

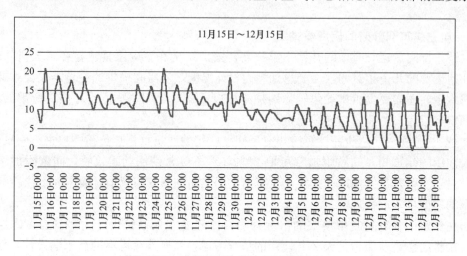

图 6　成都逐时室外空气干球温度

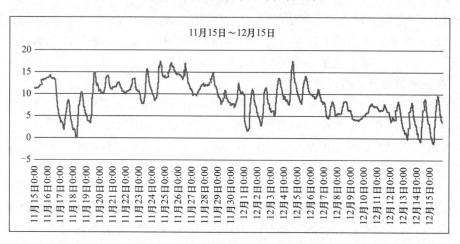

图 7　杭州逐时室外空气干球温度

关于集中供暖和分散供暖的问题，夏热冬冷地区东、西区甚至各城市间的气候差异明显，进入和离开冬季供暖的气候变化以及时间差异较大，末端用户连续运行和间歇运行的使用差异也很大。因此，除非有廉价的工业余热、废热等可利用以外，不适合采用城区、城市规模的集中供暖。

当利用可再生能源供暖时，东部地区可考虑利用太阳能，太阳能集中采集的，可根据采集规模决定集中供暖的规模。采用水/地源热泵时，也需根据源的大小决定集中供暖的规模。

西区城市冬季太阳辐射相对较弱，但空气温度相对较高，可再生能源利用主要是空气源热泵。但空气源热泵的除霜问题是一个比较重要且需要仔细分析的技术问题，可通过室内末端形式的调整解决除霜难题，比如末端采用地暖，由于地暖的热惰性较强，热源的间歇运行对室内温度波动的影响较小，可利用地暖的热惰性化解空气源热泵除霜的负面作用。地暖热稳定性好，能在热源不稳定的情况下提供稳定的热舒适环境。

综合分析，夏热冬冷地区冬季供暖末端首选地暖。

4 总结

本文结合夏热冬冷地区居住建筑节能设计标准修编的契机，在对夏热冬冷地区暖通空调气候特点以及夏热冬冷地区城市暖通空调季节划分分析的基础上，对夏热冬冷地区居住建筑的居住模式进行归纳后，结合不同的居住模式，对夏热冬冷地区居住建筑暖通空调季节通风、除湿、空调和供暖运行调节进行了分析，进而总结不同季节暖通空调节能设计的要点，得出以下结论：

（1）通风节能设计宜先作全年各季节的健康通风设计，全年各季节都应用局部机械排风控制厨、卫的污染空气和湿源，并维持厨、卫相对于卧室、起居室的负压。同时应以户为单元进行健康通风的空气平衡设计计算，保证户内空气流程满足"新风—卧室、起居室—厨、卫—室外"的气流流线。由于厨、卫等污染空间存在使用和不使用两种模式的排风量，空气平衡计算时卫生间的排风量按无人使用时计算，使用时增加的排风量造成的对室内气流流程的影响可不考虑；厨房的排风量按不适用时的排风量计算，使用时增加的排风量应专门设计补风量平衡。

（2）目前关于夜间通风的认识都只考虑温度，忽视湿度，而只有对空气进行热湿双控，才能真正实现健康舒适的室内环境，夏热冬冷地区空调季节由于室外空气含湿量超过人体舒适范围，夜间通风降温的节能潜力不大。

（3）除湿季节宜利用新风降温除湿，但应注意考虑新风再热问题，设计时应根据室外空气的热湿状态变化以及除湿季节运行调节的要求，考虑如何利用冷凝器的排热、冷凝热水热量，并分析回收利用量的多少等。

（4）空调系统节能设计，需要根据建筑使用模式，考虑两种模式下的空调运行调节方式。对于部分时间使用的居住模式，空调系统设计时应特别注意末端的供冷能力按间歇空调的不稳定条件设计。全天24h使用的居住模式，空调系统末端的供冷能力仍应按间歇空调的不稳定条件设计，主机容量的选配应考虑供冷末端的同时使用系数。

（5）夏热冬冷地区不宜采用集中供暖，尤其不适合采用大规模集中供暖，当具有集中供暖的热源条件时，应根据热源容量设计集中供暖的规模。当采用不稳定热源，如空气源热泵、太阳能等供暖时，由于地暖具有热稳定性强的特点，供暖末端推荐采用地暖。

参考文献

[1] 夏热冬冷地区居住建筑节能设计标准 JGJ 134—2010 [S]. 北京：中国建筑工业出版社，2010.
[2] 夏热冬冷地区居住建筑节能设计标准 JGJ 134—2001 [S]. 北京：中国建筑工业出版社，2001.
[3] 中国气象局气象数据中心气象资料室，清华大学建筑技术科学系. 中国建筑热环境分析专用气象数据集 [M]. 北京：中国建筑工业出版社.
[4] 付祥钊，丁艳蕊. 对夏热冬冷地区暖通空调气候特点的再认识 [J]. 暖通空调，2020，50（3）：1-6，102.
[5] 李培方，刘建鹏，邱旭，等. 新风净化系统在新建及既有建筑中应用效果调研 [R]. 暖通空调微信公众号，2019.

［6］ 丁艳蕊，付祥钊. 夏热冬冷地区城市暖通空调季节划分［J］. 暖通空调，2020，50（8）：5-64.

［7］ 中国建筑科学研究院. 民用建筑供暖通风与空气调节设计规范：GB 50736 —2012［S］. 北京：中国建筑工业出版社，2012.

［8］ 中国建筑科学研究院. 民用建筑供暖通风与空气调节设计规范技术指南［M］. 北京：中国建筑工业出版社，2012.

重庆某住宅室内环境调控设计方案

付祥钊　丁艳蕊

0　概要

住宅环境控制应从分析建筑功能和使用特点开始，将民用建筑内厨、卫、洗涤、污染设备等固定的空气污染源控制好，再计算各建筑空间的全年卫生通风需求，设计能保障这一需求的卫生通风系统。然后分析在卫生通风条件下各建筑空间全年的热湿状况，对比需求的热舒适水平，分析各建筑空间的冷、热、湿负荷变化规律，确定热湿处理末端形式和大小，再构建冷热源，设计冷热输配系统。从节能角度，降温通风的利用程度需在设计卫生通风系统时一并考虑，通过针对具体工程的技术经济综合分析，确定是否增强卫生通风的降温功能。增强卫生通风的降温功能，只能缩短热湿处理系统的运行时间，从而节约能源，不能减小热湿处理系统的规模和节约其建造费。相反，会增加卫生通风系统的建造费用。

0.1　本住宅室内环境调控内容

（1）室内空气质量调控；

（2）室内湿度调控；

（3）室内温度调控。

0.2　调控参数

（1）新鲜空气量，通风季节 $4h^{-1}$，$4000m^3/h$；供暖、空调、除湿季节 $1h^{-1}$，$1000m^3/h$；

（2）相对湿度，供暖季节不低于 30%；通风、空调、除湿季节不高于 60%；全年调控变化范围 30%～60%；

（3）干球温度，供暖季节不低于 20℃；通风季节 20～28℃；空调季节不超过 24～26℃；除湿季节 20～28℃；全年调控变化范围 20～28℃。

0.3　调控措施

（1）流通式新风系统；

（2）新风洁净与热湿处理系统；

（3）房间地暖系统；

（4）房间在特殊使用情况下的辅助调节措施。

0.4　室内空气质量调控——流通式新风系统功能 1

（1）主要污染空间机械排风量

厨房使用时段 $6h^{-1}$，非使用时段 $3h^{-1}$；

卫生间使用时段 $4h^{-1}$，非使用时段 $2h^{-1}$。

（2）通风季节自然通风量与气流组织

室内全区域自然通风量不小于 $4h^{-1}$（$4000m^3/h$）；

通风季节，卧室、书房、餐厅、客厅等所有居住房间的外门、外窗有效开启面积不小于房间面积的 10%。利用室外风向、内门的开闭和内墙上的导流孔口、导流风机及厨、卫排风机的共同作用形成通风季节气流路线：室外清洁空气→迎风的外门、外窗→迎风侧的卧室、起居室→过道、门厅→背风侧的卧室、起居室→背风的外门、外窗→排到室外。有一小部分由厨、卫的机械排风排出。

（3）供暖空调季节新风量与气流组织

除湿、供暖和空调季节新风量 $1000m^3/h$；

除湿、供暖和空调季节，卧室、书房、餐厅、客厅等所有居住房间的外门、外窗关闭。设置新风采集区→新风处理机→主送风机→总分风器→内墙上的导流孔口、导流风机及厨、卫排风共同作用下形成除湿、供暖和空调季节气流路线：

新风采集区的新风→新风处理机→主送风机→总分风器→卧室书房等（一级清洁区）→过渡区→客厅餐厅等（二级清洁区）→厨卫等（污染空间）及外门窗缝隙排到室外。

0.5 室内湿度调控——流通式新风系统功能 2

（1）厨卫排风机控制和排除厨卫的高强度散湿；

（2）通风季节，自然通风的新风系统排除室内分散性散湿；

（3）除湿、空调季节，新风经新风机深度除湿后，提高能力，吸收室内分散性散湿；

（4）供暖季节，重庆地区冬季室外空气含湿量略低于室内设计值，新风加热后，充分吸收室内分散性散湿后，达到室内湿度要求。

0.6 室内温度调控——流通式新风系统的热舒适辅助系统

（1）通风季节，流通式新风系统能够保障室内环境的热舒适，不需热舒适辅助系统；

（2）供暖季节，辐射地板系统处于供暖工况，保障室温不低于 $20℃$，达到热舒适；

（3）空调季节，辐射地板系统处于供冷工况，保障室温不高于 $26℃$，达到热舒适；

（4）除湿季节，若经流通式新风系统除湿后，室温偏低，体感偏冷，辐射地板系统处于微供暖工况，适当提升室温，消除冷感，达到热舒适。

0.7 主要设备与流体输配管网系统

（1）多功能新风机组；

（2）新风机组冷热源设备；

（3）带射流清扫功能的新风配送器；

（4）流通风机与流通风口；

（5）冷暖地板系统冷热源设备；

（6）冷暖地板的冷热水输配管网；

（7）循环水泵；

（8）厨卫排风机。

0.8 系统控制

智能控制与人为控制相结合；人为控制优先。

0.9 能源需求

电能，三相 380V、单相 220V。

0.10 环境友好与资源节约

（1）高能效低噪声设备与系统；
（2）符合排风标准的室内排风；
（3）凝结水由新风机集中排放，可用于养鱼、浇灌植物、冲洗卫生间便器等。

1 本方案设计的基本思想——"通风优先，热湿调控配合"

人居的室内环境，应该以人为本，保障居住者的安全健康、舒适便捷，同时与环境友好。

住宅的环境控制需求是全年连续性的。住宅环控的各种需求是相互关联的。历史上，本为一个有机整体的住宅环控体系被人为分离成相互独立的供暖、通风和空调等系统。这使住宅环控所需要的空气资源、冷热资源等难以共用，不能实现高效节约。社会环境等各种制约条件错综复杂，建筑节能减排、新能源在建筑中的应用等也要求从通风、供暖和空调诸方面综合考虑。工程中继续将通风、供暖和空调三者截然分开，已不合时宜。

住宅内任何时间都需要质量良好的空气。通风的第一功能是保障建筑内的人员呼吸安全与健康，第二功能是提供建筑内的热舒适环境。根据室内空气质量和热舒适的相对重要性，以及通风和舒适空调使用的时空特点（通风是全空间、全时间需要使用的，供暖和空调是部分空间、部分时间需要的）和技术难度，住宅环控的基本思路应是通风优先，热湿调控配合。

通风优先的室内空气质量控制，需从分析建筑功能和使用特点开始，确定室内空气污染源及其污染区域；确定各房间的空气质量等级和保障时间；制定保障方案，设计通风系统。然后分析通风系统运行下，住宅室内全年的热舒适状况。

2 本住宅各功能空间使用特点和分区

本住宅建筑位于重庆市，建造于 2017 年，两梯两户，共 17 层，层高 3.5m，本文所分析住宅户型位于 7 层。该套住宅总建筑面积 355m²。本住宅只有入户门一个出入口，在东、南、西三方都有宽大的阳台与室外相通。通过与业主的沟通，了解本住宅的使用特点。本住宅是业主自己居住，基本使用行为是静卧，卧室基本是夜间使用，卧室内不会有吸烟、酗酒等污染空气的行为，更换的脏衣物等会及时清理出卧室。书房的基本使用行为是静坐，使用时间主要在工作日的傍晚至半夜之前，或节假日的下午及晚间，与卧室的使用时间存在重叠性，使用行为的清洁性不低于卧室。客厅、餐厅等起居空间白天使用，基本使用行为是轻微的动和不静的坐，卧室区与起居区的同时使用时间少，起居空间会保持整洁，但不能保证没有污染空气的行为。

各功能区的使用特点见表1。

根据各功能区使用的同时性与行为的共性特点，将住宅平面划分为如下区域：

功能区划分

表1

卧室区	包括卧室、儿童房及儿童卧室和书房
起居区	包括客厅、餐厅、功能房和茶室
过道区	过道、门厅
污杂区	厨、卫、杂物间等

3 本住宅功能空间的空气清洁等级划分

以居住者的身体健康为目标，划分各功能空间的空气清洁等级。

以人体呼吸系统对空气污染物的累积暴露值为划分空气清洁等级的基本标尺，兼顾经济合理和高能效，按照基本相当的累积暴露值指标，一天累积停留时间越长的功能空间，空气清洁等级越高；一天累积停留时间相近的功能空间，空气清洁等级相同。没有明显空气污染源，使用行为清洁的，清洁等级高；有明显空气污染源的，或有污染空气行为的，清洁等级低。

卧室区一天累积停留时间最长，使用行为清洁，将卧室区划为最高清洁等级——空气一级清洁区，采取一级保障措施；起居区划为空气二级清洁区，采取二级保障措施；过道区（过道、门厅）位置处于卧室区与起居区之间，是两者空气流通的必经之道，划为一级、二级过渡区，采取不低于二级的保障措施。污杂区等为污染区域，采取空气污染控制措施，设置机械排风系统将厨、卫、污染设备等固定空气污源控制好，见图1。

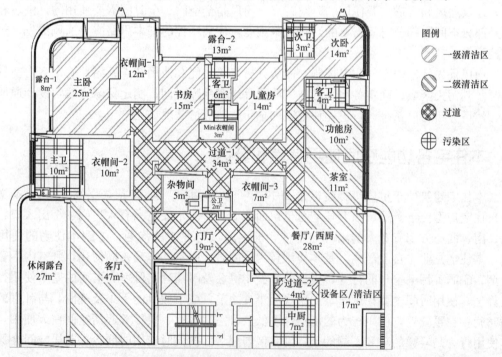

图1 住宅空气清洁等级分区平面图

4 各功能空间通风需求

通风的第一功能是保障建筑内的呼吸安全与健康，第一功能是不可弱化，更是不可替代的基本功能。第二功能是构成改善室内热舒适的综合措施，第二功能可强可弱可替代，取决于技术经济的合理性。通风优先，首先是分析确定各功能空间全年呼吸安全与健康的通风需求。呼吸安全首先要求的是保障人体新陈代谢的需氧量，不能发生缺氧窒息等急性安全事故。满足这一要求的通风量是可以计算的，住宅卫生标准中的人均新风量能满足这一要求。呼吸健康要求减少乃至消除所呼吸空气的污染物对人体健康的危害。空气中的污染物来源于室内外污染源，有上千种之多，它们混在一起给人体健康造成的危害，卫生学尚不能给出确定性的定量结论。工程上只能根据工程实践经验，确定需要的通风量，通常以"h⁻¹"为单位。通风量越大，对呼吸安全与健康的保障越强，居住者也越能感受到空气清新，相应的工程造价和运行费也越高，需要综合权衡。本住宅人均面积较大，室内清洁，分散性空气污染源较弱，采用 $1h^{-1}$ 的通风量，再配以良好的新风采集与净化处理，合理的室内气流路线，能够获得良好的呼吸安全与健康保障。各功能空间通风量需求见图2。

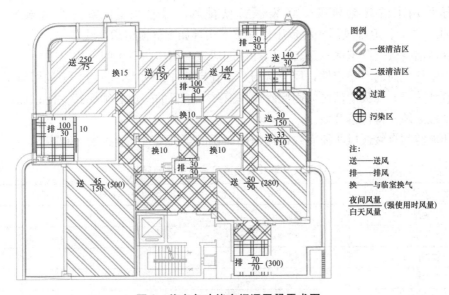

图2 住宅各功能空间通风量需求图

合理的室内气流路线设计为：新风源—卧室区—起居区—厨、卫—室外允许排风区域，构建成保障性好、经济性好的通风系统。

5 住宅室内空气环境调控思路与方案

5.1 住宅空气质量调控基本思路

放弃当前普遍采用的集中式管道通风系统分别向各房间送新风的做法，同时借鉴工业通风控制空气污染源的要领："消除和削减—封闭—围挡—阻隔—吸气气流捕集"加强对厨、卫等污染源的管控。全年每天24h持续控制空气污染源，将污染空气限制在污染区内。借助现代科学技术，重建南方传统民居气流通畅、空气清新的特性。通过整套住宅的气流组织，实现新鲜空气的主流→一级清洁区→过道区、二级清洁区→污染区→排除。

分别针对通风季节和非通风季节按基本思路分析通风方案。

5.2　通风季节"自然通风＋机械排风"方案分析

通风季节室外新风处于舒适状态，不需进行热湿处理。

住宅内的主要空气污染源为卫生间和厨房。采用机械排风措施控制：

（1）卫生间空气污染源控制：关闭卫生间门窗，卫生间门下部通风口关闭。无人使用时，卫生间门下部通风口关闭，排风机低速运行，排风量 $1h^{-1}$；有人使用时，卫生间门下部通风口开启，排风机高速运行，排风量 $3h^{-1}$。

（2）厨房空气污染源控制：关闭厨房外窗，非炊事时间，排风机持续运行，排风量 $3h^{-1}$；炊事时间，排风机和抽油烟机同时运行，排风量 $6h^{-1}$。

（3）通风季节，卧室、起居室应保证外门窗可开启的有效面积大于房间面积的 10%。利用风压作用下的自然通风＋污染区机械排风，总通风量：室内全区域 $4h^{-1}$，约 $4000m^3/h$。在厨、卫排风形成的负压梯度下，实现如下气流组织路线：

室外清洁空气→卧室区→过道、门厅→起居室→厨房、卫生间→排出室外。

由于室外风向的不稳定性，风会从厨、卫开启的外窗吹入，将厨、卫的污染空气、气味等扩散到一级、二级清洁区。因此除避风窗外，厨卫的外窗必须保持关闭；而厨卫的机械排风系统必须保持持续开启。

各功能空间自然通风所需有效过流断面面积以及机械通风量见表2和表3。

舒适通风季节自然通风＋机械排风数据

表 2

房间名称（具有通风功能）	房间面积（m²）	自然通风有效过流面积（m²）	机械排风量（m³/h）
主卧	25	1	
主卫	10		100
衣帽间-1	12		100
书房	15	0.63	
儿童房	14	0.57	
童卫	6		100
次卧	14	0.57	
次卫	3		50
功能房	10	0.5	
茶室	11	0.5	
客卫	4		30
公卫	2		30
客厅	47	2	
餐厅	28		300

续表

房间名称（具有通风功能）	房间面积（m²）	自然通风有效过流面积（m²）	机械排风量（m³/h）
中厨	11		280
门厅	19		100
合计		5.77	1090

通风季节衣帽间等换气量   表3

房间名称	房间面积(m²)	换气量(m³/h)
衣帽间-2	10	15
mini衣帽间	3	10
衣帽间-3	7	10
杂物间	5	10
合计		45

本住宅建筑各房间外门窗可开启面积均大于自然通风所需有效过流面积，通风季节自然通风换气可满足要求。通风季节自然通风和机械排风量见图3，风量平衡见表4。

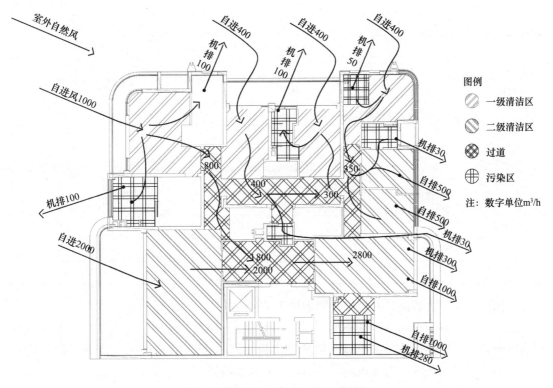

图3 通风季节自然通风＋机械排风图

注：区域总面积为355m²（不含墙体）；套内总面积为388m²（含墙体）。

通风季节风量平衡表 表4

	进风量(m³/h)		排风量(m³/h)	备注
自然进风	4200	自然排风	3000	
		机械排风	990	
合计	4200		3990	渗出210m³/h

5.3 非通风季节机械送风＋机械排风风量需求

非通风季节室外新风处于非舒适状态，需进行热湿处理，要消耗能源，需要适当控制新风量。

非通风季节，清洁区机械送风＋污染区机械排风，各功能空间的通风量见表5。

非通风季节机械送风＋机械排风数据 表5

房间名称	房间面积(m²)	机械送风量(m³/h)		机械排风量(m³/h)	
		白天	夜间	白天	夜间
主卧	25	75	250		
主卫	10			30	100
书房	15	150	45		
儿童房	14	42	140		
童卫	6			30	100
次卧	14	42	140		
次卫	3			30	50
功能房	10	150	30		
茶室	11	110	33		
客卫	4			30	30
公卫	2			30	30
客厅	47	150/500	45		
餐厅	28	90/280	50		
中厨	11			300/70	70
门厅	19			100	100
合计	219	734	733	500/320	480

非通风季节，衣帽间等的换气量同通风季节的表3。

由表5知，昼、夜间总风量相近，不需昼夜变换总风量。考虑非通风季节，要求新风具有除湿功能，非通风季节的机械新风量确定为1000m³/h。各房间昼、夜间风量变化需单独调节。总送风量大于总排风量，整套住宅对外保持正压。

5.4 新风源与新风输送

通过与本住宅业主的沟通以及对住宅周边环境的调查了解，确定本住宅机械通风所需新风从露台-2左侧位置取风，在"童卫"柱子处加设隔断，将童卫窗口隔除在新风源外。新风机组从新风源取得清新空气，将新风先送入住宅最清洁空间卧室区（主卧、书房、儿童房和次卧）。再借助接力风机以及气流的梯级压差流动，送入过道区和起居区（客厅、餐厅）等区域，实现新风在住宅各功能空间，从高清洁区到低清洁的单向串联输送。整个空间实现了无风管新风系统，避免风管系统的污染和清洗问题。本住宅非通风季节新风输配如图4所示。

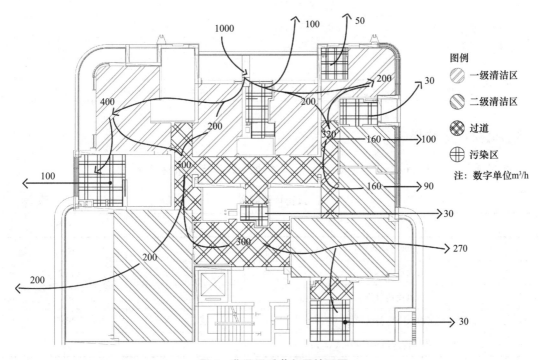

图4 非通风季节新风输配图

注：区域总面积为355m²（不含墙体）；套内总面积为388m²（含墙体）。

6 室内外设计气象参数

6.1 室外设计气象参数及计算负荷

室外设计气象参数详见表6。

室外设计气象参数 表6

室外设计气象参数	夏季	冬季
干球温度（℃）	35.5	2.2
湿球温度（℃）	26.5	1.1
相对湿度（%）	50.3	83
含湿量（g/kg干）	19.4	3.9
焓值（kJ/kg）	85.5	11.9

6.2　室内设计气象参数

室内设计气象参数详见表 7。

室内设计气象参数　　　　　　　　　　　　　　　　表 7

区域	设计参数	夏季	冬季
卧室、书房、客厅、餐厅、多功能厅等	设计温度（℃）	24	20
	相对湿度（%）	60	30
	含湿量（g/kg干）	11.8	4.6
	焓值（kJ/kg）	54.2	31.8
其他区域	仅进行通风系统设计，靠住宅内气流流动实现该部分空间区域的供暖、供冷		

6.3　负荷计算结果

通过鸿业软件进行本住宅的负荷计算，本建筑负荷指标如表 8 所示。

负荷计算结果　　　　　　　　　　　　　　　　表 8

	夏季	冬季
总负荷（kW）	28.2	16.5
室内负荷（kW）	20.6	9.7
新风负荷（kW）	7.6	6.8
单位建筑面积总冷热负荷指标（W/m²）	79.4	46.5
单位建筑面积室内冷热负荷指标（W/m²）	58	27.3

7　新风热湿负荷承担能力分析

在全年通风方案确定的条件下，分析各功能空间全年的热湿状况，对比需求的热舒适水平，分析各功能空间的冷、热、湿负荷变化规律，确定辅助通风实现热舒适的热湿处理末端形式和大小。再构建冷热源，设计冷热输配系统。从而形成住宅室内空气与热环境的综合技术体系。

本住宅通风方案，对新风采用梯级利用方式。即新风从露台-2 处引入，经过滤、净化、冷热处理后的新风，首先进入主卧、书房、儿童房和次卧，进入主卧、书房、儿童房、次卧的新风承担冷负荷后温度升高，经接力风机或气流梯级压差流动的作用，再引入客厅、厨房、餐厅等区域。

7.1　冬季供暖时，新风承担新风负荷

由室内外设计参数知，冬季室内舒适环境所需含湿量 4.6g/kg，高于室外空气含湿量 3.9g/kg干，考虑室内湿源散湿，新风可不进行加湿处理，新风加热处理至 26℃后直接送

入室内。

新风机组所需加热量：$Q=1.01\times1000\times1.2\times(26-2.2)/3600=8kW$

7.2 夏天供冷时，新风承担卧室区内的冷负荷

新风处理到与室内设计温度（24℃）最大温差8℃，即新风送风温度16℃，相对湿度90%，含湿量10.7g/kg干，焓值43.3kJ/kg。

新风机组所需冷量：$Q=1000\times1.2\times(85.5-43.3)/3600=14.1kW$。

新风机组除承担新风本身冷负荷7.6kW外，还可承担室内冷负荷6.5kW。

主卧、书房、儿童房、次卧房共计68m²。室内冷负荷分别为2.83kW、0.85kW、0.79kW、2.19kW，共计约6.66kW。

通过新风冬夏季所能承担的室内热湿负荷能力分析知，不仅满足该区域对空气品质的需求，同时降温除湿处理后的新风，夏季能承担主卧、书房、儿童房和次卧4个房间的供冷需求，卧室区不需再设置供冷末端。

7.3 夏天供冷时，起居区需设置供冷末端承担区内的冷负荷

此部分区域仅利用新风实现良好的空气品质，冷负荷另设末端设备承担。冬夏及潮湿季节室内温湿度设计参数如图5所示。

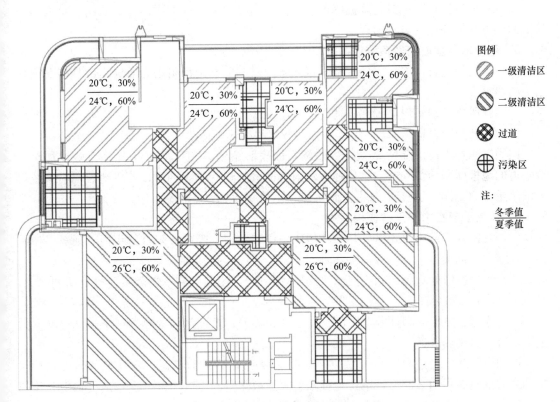

图5 冬夏及潮湿季节室内热湿设计值

8　住宅建筑热湿调控思路与方法

8.1　室内湿度调控思路

由新风的热湿处理能力的分析知，重庆地区冬季室外空气湿度略低于室内设计湿度，考虑室内散湿的影响，可满足室内湿度的要求，因此不考虑冬季加湿问题。潮湿季节、炎热季节室内湿度的调控均通过通风系统实现。

（1）厨、卫散湿量控制同通风季，关闭外窗，持续运行机械排风系统，控制湿源向其他区域的扩散。

（2）新风中的含湿量由新风机组去除，新风处理后的状态点具备排除卧室、客厅、餐厅等湿气的能力。

8.2　室内热舒适调控措施

8.2.1　舒适季节室内热舒适调控措施

依靠东、南、西三侧外窗开启，利用全风向自然贯穿式通风实现室内热舒适。

8.2.2　潮湿季节室内热舒适调控措施

（1）关闭外门窗，阻止室外潮湿空气侵入。

（2）新风机组对新风进行降温除湿，使其在消除室内湿气的同时，具有消除室内多余热量的能力，保持室内热舒适。

8.2.3　寒冷季节室内热舒适调控措施

（1）关闭外门窗，阻止室外冷空气侵入室内，调节遮阳，引阳光照射室内，削弱围护结构的热损失。

（2）新风机处理新风达到热舒适状态（$t_g = 26$℃）。

（3）长波热辐射地板（$t_s = 27$℃）保持各房间的热舒适。

按照冬季室内设计温度20℃、供热辐射面表面温度27℃考虑，本住宅可敷设加热供冷管道的地板面积约220m^2，单位地板辐射表面散热量约64W/m^2，冬季地板辐射系统可提供热量14.08kW，大于室内热负荷9.7kW，满足室内供热需求。

8.2.4　炎热季节室内热舒适调控措施

（1）关闭外门窗，阻止室外热空气侵入，调节遮阳，避免太阳直射室内，削弱围护结构传入室内的热量。

（2）新风机组处理新风状态点为（16℃，90%），使其具有承担卧室区冷负荷的能力，24h保障卧室区的热舒适。

（3）客厅、餐厅、门厅等非夜间（7:00～24:00），由该区域的热湿调节末端消除室内余热余湿，实现热舒适。

按照夏季室内设计温度24℃、供冷辐射面表面温度20℃考虑，本住宅可敷设加热供冷管道的地板面积约220m^2，单位地板辐射表面散热量约35W/m^2，夏季地板辐射系统可提供热量7.7kW，新风机组可承担的室内冷负荷6.5kW，还有约6.4kW的冷负荷需要其他供冷末端承担。本住宅考虑在客厅和餐厅分别布置一台3.2kW冷量的干式风机盘管承担室内剩余冷负荷。主要设备布置位置如图6所示。辐射盘管布置方案如图7所示。

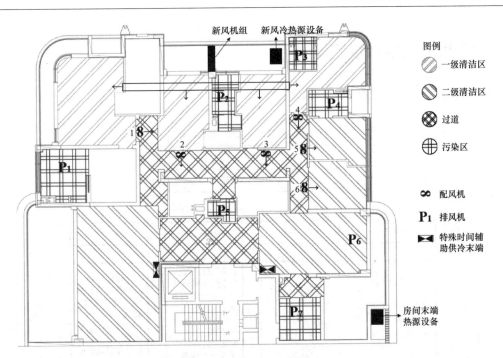

图6 主要设备位置图

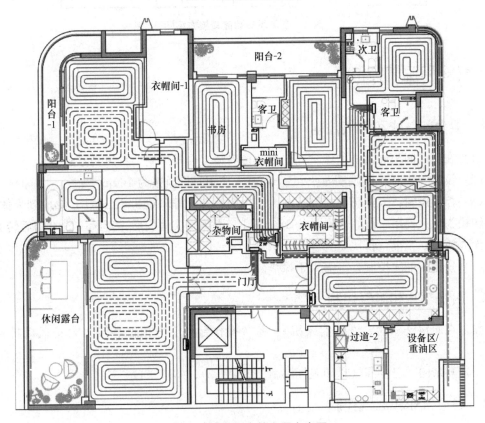

图7 冷暖地板盘管布置方案图

9　全年季节功能转换方案

全年季节功能转换方案如图 8 所示。

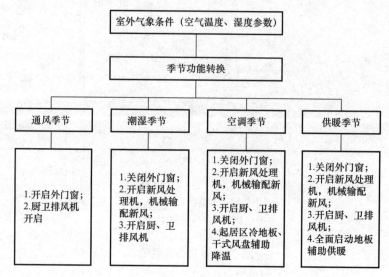

图 8　全年季节功能转换方案图

10　气味和湿气控制

10.1　卫生间气味和湿气控制

（1）在卫生间坐便器和盥洗盆正上方顶棚各设 1 台排风扇，排风到室外。

（2）没人使用时，排风量为 80m³/h，有人使用时排风量为 160m³/h。

（3）控制逻辑：人体感应控制。没人使用为常态，排风量为 80m³/h，感应到人体后，立刻转换为有人使用工况，排风量为 160m³/h，人体感应消失后，延续一段时间后转为常态（无人使用）工况，排风量为 80m³/h。

（4）独立智能化控制，不需人工操作。

10.2　厨房气味和湿气控制

（1）在厨房洗涤盆、洗碗盆（机）、备餐操作台正上方顶棚各设 1 台排风扇排风到室外。

（2）其余同"卫生间气味和湿气控制"中的（2）、（3）、（4）。

10.3　餐桌气味和湿气控制

（1）在餐桌正上方顶棚设 1 台排风扇，排风到室外。

（2）没人用餐时，排风量为 80m³/h，有人用餐时排风量为 160m³/h。

（3）其余同"卫生间气味和湿气控制"中的（3）、（4）。

11 新风系统、冷暖地板系统及补充风机盘管控制逻辑

（1）门厅设手动新风输送系统开关。第一个入家人员手动开启。新风处理机的主风机启动。

（2）新风处理机自带新风采集口新风状态信息传感器，获取新风信息传送给新风状态辨识器。辨识器将新风状态（良、湿、热、冷）传递给新风冷热源主机，主机按新风状态决定运行状态，启动满负荷运行。

（3）卧室区各房间设"房间环境控制面板"，手动调节本房间送风量。

（4）新风处理机主风机根据新风分配器内压力变化，改变转速，增、减风量，维持分配器内压力稳定。

（5）新风冷热源主机根据新风处理机热湿处理屉出口新风参数调节冷热源主机的冷热量输出，维持新风送风参数稳定。

（6）人工设定房间温度值，控制系统根据房间实际温度与设定温度的差值大小，自动开闭本房间冷暖地板。

（7）冷暖地板循环水泵根据冷暖地板回水温度，调整循环水泵转速，调节循环水量。

（8）冷暖地板主机自动保持供水温度稳定。

（9）主要设备连锁关系。

开启顺序：

新风处理机主机→新风处理冷热源主机→冷暖地板循环水泵→冷暖地板冷热源主机。

关闭顺序：

冷暖地板冷热源主机→冷暖地板循环水泵→新风处理冷热源主机→新风处理机主机

12 总结

12.1 本住宅室内环境调控内容

（1）室内空气质量调控；

（2）室内湿度调控；

（3）室内温度调控。

12.2 调控参数

（1）新鲜空气量，通风季节 $4h^{-1}$，$4000m^3/h$，供暖、空调、除湿季节 $1h^{-1}$，$1000m^3/h$；

（2）相对湿度，供暖季节不低于 30%；通风、空调、除湿季节不高于 60%；全年调控变化范围 30%～60%；

（3）干球温度，供暖季节不低于 20℃；通风季节 20～28℃；空调季节不超过 24～26℃；除湿季节 20～28℃；全年调控变化范围 20～28℃。

12. 3　调控措施

（1）流通式新风系统；

（2）新风洁净与热湿处理系统；

（3）房间地暖系统；

（4）房间在特殊使用情况下的辅助调节措施；

（5）主要污染空间机械排风量。

12. 4　主要设备与流体输配管网系统

（1）多功能新风机组；

（2）新风机组冷热源设备；

（3）带射流清扫功能的新风配送器；

（4）流通风机与流通风口；

（5）冷暖地板系统冷热源设备；

（6）冷暖地板的冷热水输配管网；

（7）循环水泵；

（8）厨、卫以及餐厅上方的排风机；

（9）客厅、餐厅的干式风盘。

12. 5　系统控制

智能控制与人为控制相结合；人为控制优先。

12. 6　能源需求

电能，三相 380V、单相 220V。

12. 7　环境友好与资源节约

（1）高能效低噪声设备与系统；

（2）符合排风标准的室内排风；

（3）凝结水由新风机集中排放，可用于养鱼、浇灌植物、冲洗卫生间便器等。

相关标准：

《重庆市居住建筑节能 65％设计标准》DBJ 50-071—2016；

《民用建筑供暖通风与空调调节设计规范》GB 50736—2012；

《辐射供暖供冷技术规程》JGJ 142—2012。

通风优先的医院暖通空调工程设计指南

主要起草人员：刘丽莹、丁艳蕊、何金昱
主要审查人员：付祥钊、谭平、居发礼、余晓平、陈敏

1 通风优先的暖通空调设计概述

1.1 设计理念

通风是人居建筑的所需要具备的基本功能，人居建筑的任何时间、空间都需要通风，热湿调控只是部分时空需要。通风首先要保障呼吸安全与健康，相对于热舒适，其对可靠性要求更高。因此在进行暖通空调设计时，应该先考虑通风需求，进行通风系统的设计，而后进行供冷供暖系统设计。

1.2 设计流程

首先，进行项目基础资料的收集，包含工程概况、医院病区的医疗工艺流程，开展医院的门诊探视制度、室内人员分布调研，进行室内外设计参数以及建筑围护结构参数的确定等。

其次，进行通风系统设计，根据各房间的有害污染物的种类、危害程度，确定房间空气的压力等级，根据标准规范规定和房间压力等级确定各个房间的卫生通风量，划分通风系统，确定通风方案。进行风管布置、风管水力计算、选择通风设备，进行管网水力工况设计和管路水力平衡分析。

再次，进行供暖和空调系统设计。根据《民用建筑供暖通风与空气调节设计规范》GB 50736—2012（简称《民规》）、《综合医院建筑设计规范》GB 51039—2014 等相关标准规范，确定室内外设计参数和负荷计算方法，借助软件计算建筑冷热负荷；根据建筑的功能、建筑当地的能源条件等，确定供暖空调的冷热源和末端方案；计算设计新风量下新风能承担的冷热负荷，得到末端设备需要承担的冷热湿负荷，对末端设备容量进行选型计算；进行水系统的管网形式、分区系统选择，对水管路进行水力计算和水泵等设备的选择。

最后，基于通风优先进行暖通空调全年运行调控分析，确定通风空调系统的全年运行方案和控制策略。

本设计指南所述的设计理论和方法为针对医院住院楼的暖通空调工程设计。

2　通风系统设计

本章所叙述的通风系统设计方法是基于人员健康、卫生的需求，从通风所具有的消除房间内污染、有毒、有害气体功能角度出发，确定建筑功能空间的污染物种类，合理设置功能空间压力等级，保证空气的正确流向，避免空气污染物进入清洁区和呼吸区，使其从污染区排除。计算满足室内人员健康、卫生安全的通风量，进行该通风量下的管路设计和通风设备的选型。

2.1　确定建筑功能空间的污染物与压力等级

（1）医院清洁程度分区原则

医院建筑中根据是否被病原微生物污染，划分清洁区、半污染区和污染区。清洁区指没有被病原微生物污染的区域；半污染区指有可能被病原微生物污染的区域；污染区指被病原微生物污染或被病人直接接触和间接接触的区域。

（2）功能空间压力等级确定

清洁区应对相邻功能空间保持正压，防止相邻空间污染清洁区空气；污染区应对相邻功能空间保持负压，防止污染区空气外泄污染相邻空间；半污染区的压力等级介于清洁区和污染区之间。另外，和普通建筑一样，局部释放大量热湿的区域，应保持负压，防止热湿扩散至其他区域。

（3）现有相关标准规定

重庆市《综合医院通风设计规范》DBJ50/T-176—2014 中对医院部分功能空间中的污染物种类和相对压力给出了参考和规定。门诊部污染物种类以及压力要求，见表 1 和表 2。

门诊部有害污染物　　　　　表 1

功能空间	房间名称	热	臭气	湿气	有害气体	粉尘	细菌
门诊	一般门诊	○					
	隔离门诊	○					○
	结核病房	○	○				○
	ICU	○			○		
	放射线治疗病房	○	○				○

各功能区的相对压力要求　　　　　表 2

功能空间		空气正压	空气负压	空气常压
门诊部与急诊部	复苏室			√
	处置室		√	
	护理站	√		
	外伤治疗室（紧急）	√		
	外伤治疗室（常规）	√		

续表

功能空间		空气正压	空气负压	空气常压
门诊部与急诊部	气体储存		√	
	候诊区		√	
	放射线治疗候诊区		√	
	药房		√	
	接待			√

（4）设计举例

某医院住院楼标准层各个功能区的污染物种类、清洁度等级、空间的压力要求见表3。图1为附录案例中住院病区的压力级别示意图。

部分功能空间污染物及压力要求　　　　表3

功能区	污染物种类	清洁度等级	压力要求
医生办公室、值班室、护士站	CO_2	清洁区	正压
病房、活动室	CO_2/气味/细菌	半污染区	零压
污洗间、污梯	细菌	污染区	负压

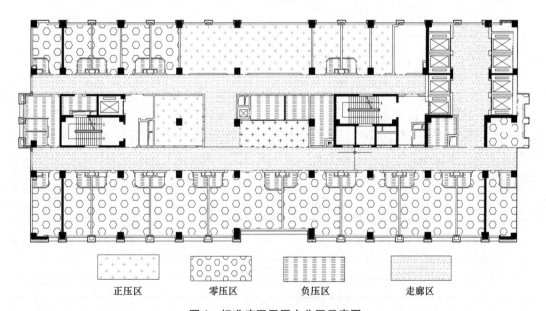

正压区　　零压区　　负压区　　走廊区

图1　标准病区层压力分区示意图

2.2　功能空间通风需求

2.2.1　总体思想

通风的第一功能是保障建筑内的呼吸安全与健康，第一功能是不可弱化且不可替代的基本功能。通风的第二功能是构成改善室内热舒适的综合措施，第二功能可强可弱可替代，取决于技术经济的合理性。

通风优先，第一，分析确定各功能空间全年呼吸安全与健康的通风需求。呼吸安全首先要求的是保障人体新陈代谢的需氧量，不能发生缺氧窒息等急性安全事故。满足这一要求的通风量是可以计算的，《民用建筑供暖通风与空气调节设计规范》GB 50736—2012、《公共建筑节能设计标准》GB 50189—2015 等标准规范规定的最小新风量可满足这一要求。呼吸健康要求减少乃至消除所呼吸空气的污染物对人体健康的危害。第二，空气中的污染物来源于室内外污染源，有上千种之多，它们混在一起给人体健康造成的危害，卫生学尚不能给出确定性的定量结论。工程上只能根据工程实践经验，确定去除污染物所需要的通风量。通风量越大，对呼吸安全与健康的保障越强，室内人员也越能感受到空气清新，相应的工程造价和运行费也越高，需要综合权衡。同时，配以良好的新风采集与净化处理系统，合理的室内气流路线，能够获得良好的呼吸安全与健康保障。第三，通风系统的设计不能违反供暖空调系统的设计要求。

2.2.2　房间通风量需求规定

《综合医院通风设计规范》DBJ50/T-176—2014（简称《规范》）规定了医院建筑房间通风量要求。如果房间内污染物主要来源于人，通风量按照人员新风量计算。《规范》给出的医院建筑人均新风量指标见表 4。

医院部分房间新风量指标　　　　　　　　　　　　表 4

各功能房间	新风量[m³/(h·人)]
病房	50
护士站	30
治疗室	50
医护办、主任办、值班室	50
公共走廊	30

如房间污染物不仅来源于人，同时来源于建筑本身污染部分比重高于人员污染，为了综合考虑建筑污染和人员污染，以换气次数的形式给出所需的最小新风量。如医院建筑，规定见表 5。卫生间等房间通风量见表 6。《实用供热空调设计手册》中对医院建筑等部分功能房间的通风量有相关规定。

医院建筑设计最小换气次数　　　　　　　　　　　　表 5

功能房间	换气次数(h^{-1})
门诊室	2
配药室	5
病房	2

公共卫生间、浴室及附属房间通风量　　　　　　　　　　　　表 6

名称	公共卫生间	淋浴	池浴	桑拿或蒸汽浴	洗浴单间或小于 5 个喷头的淋浴间	更衣室	走廊、门厅
换气次数(h^{-1})	5～10	5～6	6～8	10	2～3	2～3	1～2

2.2.3　房间通风量需求变化分析

（1）房间人数恒定情况

对于房间内人员数量基本恒定的情况，设计时可参考相关设计手册确定室内人员数量。

(2) 房间人数变化情况

1) 分析方法

对于室内人员数量逐时变化情况比较明显的建筑，应该设计可变新风量来保证室内人员的新风需求及健康舒适。设计人员可通过调研确定建筑室内人员密度的全天变化情况，将全天持续时间最长的室内人员密度作为设计人员密度，同时考虑房间短时间室内人员增加对室内空气品质的影响，讨论是否增加新风量供给，确定增加后的新风量设计值。

2) 具体计算步骤

①计算人员数量增加后，仍按照原通风量送新风，室内 CO_2 浓度的增量，根据公式（1）计算。

$$C_\Delta = \frac{M}{Q}\left(1-e^{\frac{-Q\tau}{V}}\right) \tag{1}$$

式中 C_Δ——室内 CO_2 的浓度的增量；

       M——室内人员的 CO_2 释放量；

       Q——房间通风量；

       V——房间体积；

       τ——增加人员的室内停留时间。

②计算人员数量增加后，室内 CO_2 浓度，根据公式（2）计算。

$$C = C_\Delta + C_n \tag{2}$$

式中 C——人员数量增加后室内 CO_2 浓度；

       C_n——人员数量增加前室内 CO_2 浓度，由式（3）计算：

$$G = \frac{M}{C_n - C_0} \tag{3}$$

式中 C_n——稳态时室内 CO_2 浓度，ppm；

       C_0——送风中 CO_2 的浓度，取值为 400ppm；

       G——房间通风量，m^3/h；

       M——室内人员的 CO_2 释放量，mL/h。

③判断 C 是否超过《室内空气质量标准》GB/T 18883—2002 规定的室内 CO_2 限值 1000ppm。如果未超标，则按照房间原计算新风量送即可。如果超标，则应该增加新风量供给，假定 C=1000ppm，根据公式（1）至公式（3）反求出房间的通风量 Q 为房间设计的最大通风量。

3) 计算举例

以住院病区的三人病房（面积 27.2m^2，层高 3m，体积为 81.6m^3）为例，分析病房内人员的全天变化情况，计算人数增加对室内空气 CO_2 浓度影响，确定新风量取值。

①建筑房间人数调研

病房内人员固定为病人 3 人和陪护人员 3 人，考虑到加床率为 30%，同时随着查房、探视、治疗等医疗和护理行为不断改变，病房内逐时人数与医院的陪护探视制度有关。某骨外科病房医生查房上午（9:00~11:00）、下午（16:30~18:00）各一次，查房人数为 9 人；护士查房治疗时间为上午（8:00~10:00）、下午（16:00~17:00），停留时间较短（1~2min），查房人数为 3 人；探视时间为（15:00~17:00），探视人数平均为 5 人；陪护制度为1床1陪,因此病房内最少、且持续时间最长的人数为3名病人和3名陪护,最大人数出现在下午探视人员和查房人员进入病房的时刻。表7为调研+近似假定该医院一个病区20间病房(B1至B5,N1,N16为两人间,N2至N15为三人间)的查房时间,由表格可知其中除了N15房间外,其他病房医生每床停留平均为1min,N15病房由于病人病情复杂,停留时间为25min。某骨外科三人间病房全天人员数量逐时变化情况如图2所示。

医生查房时间表   表7

房号	B1	B2	B3	B4	B5	N1	N2	N3	N4	N5
查房时段	16:30~16:32	16:33~16:35	16:36~16:38	16:39~16:41	16:42~16:44	16:45~16:47	16:48~16:51	16:52~16:55	16:56~16:59	17:00~17:03

房号	N6	N7	N9	N10	N11	N12	N13	N14	N15	N16
查房时段	17:04~17:07	17:08~17:11	17:12~17:14	17:15~17:18	17:19~17:22	17:23~17:26	17:27~17:30	17:31~17:34	17:34~17:59	18:00~18:02

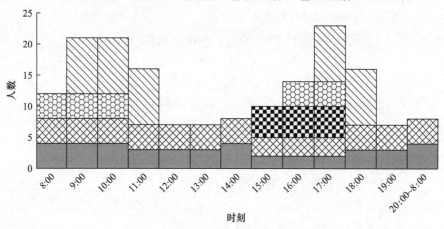

图2 三人间病房人员数量逐时变化

骨外科病房三人间病房的人员数量变化具有四个典型的时段:上午查房时段、下午探视时段、夜间时段和下午查房和探视重叠时段。人数见表8。

骨外科病房内各典型时段最大人员数量   表8

序号	床位数	平时及夜间	查房时段	探视时段	查房探视重叠
N15	3+1	8人	17人	11人	19人
	持续最大时间	16h	25min	1h	25min

注:护士查房在房间内停留时间很短,不考虑其对室内空气品质的影响。表中人数未统计护士查房人数。

②新风量的确定

新风量标准采用《综合医院通风设计规范》DBJ50/T-176—2014规定的50 [(m³/h)·人],室内人员数量为持续时间最长的平时及夜间的室内人数8人,新风量为$50×8=400m³/h$。讨论下午17:00,房间人数为5人,由于医生查房和家属探视,房间人数将增加,根据公式可以计算出房间内人员增加数量、停留时间与室内 CO_2 的变化关系，房间增加人数为 6 人、8 人、10 人、12 人、14 人时，停留时间为 5min、10min、15min、20min、25min、30min 时，病房内 CO_2 浓度计算结果见图 3。

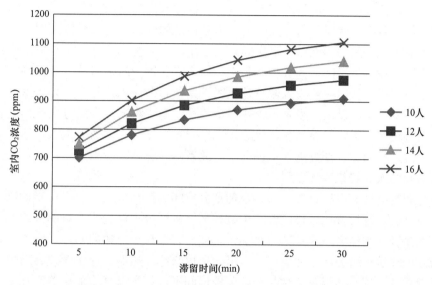

图 3　CO_2 浓度与室内人员增加的关系图

该科室病区，在查 N15 病房时，由于病情复杂等原因，查房时间 25min，查房时有亲属探视，室内人数增加 14 人，室内 CO_2 浓度达到了 1019ppm，超出了《室内空气质量标准》GB/T 18883—2002 规定，浓度为 1000~1500ppm，室内空气品质开始恶化，人体开始感觉不适应，此时应该适当增加新风量，使得室内 CO_2 浓度不超标。根据 CO_2 浓度标准限定值，将三人间病房新风量最小新风量增加至 450m³/h。

2.2.4　功能空间通风量确定方法

(1) 确定原则

根据房间压力等级，房间新风需求、排风需求，由空气平衡方程确定房间的新风量和排风量。建筑某功能房间新风量为 L_x，房间排风量 L_p，房间向临室的漏风量为 L_1，对于压力等级为零压房间，$L_x = L_p$；对于压力等级为负压房间，$L_x + L_1 = L_p$；对于压力等级为正压房间，$L_x = L_p + L_1$。根据上述原则计算出各个功能区域的新风量、排风量，通风系统的通风量应该逐时为其所承担的各个功能房间的通风量的综合最大值。

(2) 计算举例

以医院的三人间病房为例，三人间病房（设计人数为 6 人）的最小新风量 [按照 50m³/(h·人)]，此时的最小新风量为 300m³/h，病房所带卫生间（体积为 9m³）排除污浊空气需要的排风量为 90m³/h。病房卫生间为负压，病房为零压，有 90m³/h 的漏风量从病房间流入卫生间。根据空气平衡方程，除流入卫生间的 90m³/h 风量外，病房还需最小排风量为 210m³/h。医院单个病区的通风量计算过程和结果见附件案例。

2.2.5　功能空间内的气流组织设计

合理的室内气流路线设计为：新风源→清洁区→半污染区→污染区→室外允许排风区域以构建成保障性好、经济性亦好的通风系统。

(1) 建筑病区气流组织设计原则

保证建筑水平各个房间的气流组织路线合理。建筑水平方向各个房间的压力等级不同，相邻房间存在渗入或者渗出空气，为了防止气流由清洁等级低的房间渗流入清洁等级高的房间，应该控制好各个房间的压力等级，保证相邻房间之间的压差，进行水平层空气平衡计算，保证空气的渗流方向。图 4 所示为某医院的一病区的通风输配图，对于病房内一部分空气通过卫生间的门渗透至卫生间，由卫生间排风机排出，符合空气从清洁区留至污染区的原则。办公类房间，如医生办公室、值班室、护士站的清洁等级最高，房间或者区域保持正压，空气从房间或者区域渗透至医护走廊，后渗入治疗室、处置室、污洗污物间、晾晒间等负压房间排出。患者走廊送风量较小，基本渗入卫生间等负压房间排出。电梯厅由于人数较多，需要送新风，新风渗入患者走廊一端，大多数可流入负压房间—开水配餐间（无门）排出，少部分渗入楼梯前室，或者由走廊外窗渗出室外。

(2) 房间内气流组织设计原则

保证房间内的气流组织路线合理。合理划分房间的清洁区、呼吸区、半污染区、污染区等，在清洁区合理设置送风口位置和个数、在污染区合理设置排风口的数量和位置，使得新鲜空气路线为清洁区→呼吸区→污染区。以某直线粒子加速器的治疗室为例说明，直线加速器在治疗运行时会产生污染气体臭氧，所以直线加速器治疗室应设有新风系统。直线加速器由于其使用时间以及特性与医院其他房间不同，所以直线加速器治疗室采用独立的空调系统，以多联机为空调系统。直线加速器工作时机头部分的射线电离空气产生臭氧，需要设计通风系统，保障治疗室的空气品质。释放的臭氧密度大于空气，为了排出直线加速器室内的臭氧，应将排风口设在房间的下部，且在直线加速器附近。直线加速器室内的新风一般采用房间上部送风或者侧送入病人呼吸区。必要时，借助计算流体力学模拟软件进行气流组织模拟，确定最优方案。

2.3　通风系统划分及系统形式

通风系统的划分原则和系统形式的选择，参照《民用建筑供暖通风与空气调节设计规范》GB 50736—2012、《综合医院通风设计规范》DBJ50/T-176—2014 等。通风系统应根据各个房间设置情况、卫生要求、使用时间、通风量等要求合理分区，兼顾供暖空调季节的通风要求。具体的要求如下：

(1) 独立分区，避免污染

各功能空间区域宜独立分区，采用独立的系统，并按照各通风分区能互相封闭、避免空气途径交叉感染的原则，有洁净度要求或严重污染的房间应采用独立系统。

(2) 定风量与变风量系统

所服务区域内人员变化以及室内污染状况基本稳定时，宜选用定风量通风系统；所服务区域内人员变化或该区域污染状况变化较大时，应选用变风量通风系统。

(3) 动力集中式和动力分布式系统

通风系统形式可以采用动力集中式或者动力分布式。

如果：①各个末端用户风量需求恒定；②各个末端用户风量需求变化，但变化一致（同比例）；③主机的通断调节或变风量调节基本能够满足所服务区域通风需求，可采用动力集中式通风系统。

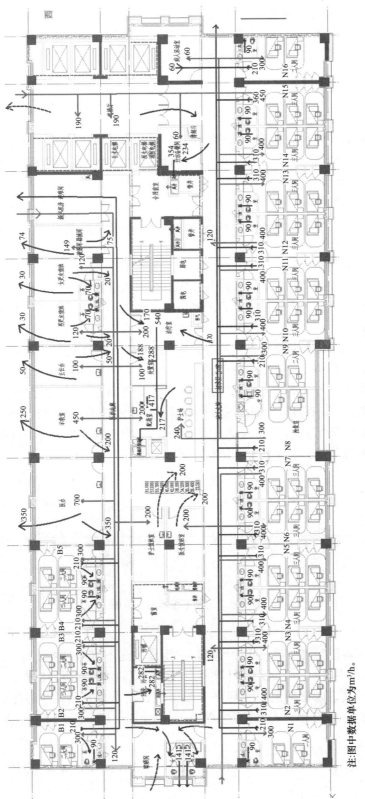

图4 某医院骨外科病区某时刻的通风输配图

注:图中数据单位为m³/h。

如果：①各个末端用户风量需求变化较大，且变化不一致；②通风系统水力难以平衡，特别是远端风量需求难以保证；③为保证特殊场合通风区域的压差和气流路径；④室内人员有自主控制通风需求，宜采用动力分布式通风系统。

2.4　风管设计及风机选配

2.4.1　动力集中式通风系统

动力集中式通风系统风管材质、风管的位置、风管尺寸设计、风管的连接、防腐与保温、水力计算、风机的选配、阀门和其他配件的选配参照《民用建筑供暖通风与空气调节设计规范》GB 50736—2012。

2.4.2　动力分布式通风系统

动力分布式通风系统设计的风管设计及水力计算、设备选型参照《动力分布式新风系统设计规范》HR/ESV 01—2019。

(1) 管路设计计算

为保证建筑各个空间的压力和气流路径，实现按需供应新鲜空气，宜采用动力分布式通风系统。动力分布式通风系统的主风管的水力计算宜采用静压复得法，支风管的水力计算采用假定流速法。

计算举例：末端采用风机盘管＋新风时，新风干管采用静压复得法和假定流速法进行水力计算的过程，分析两个计算结果的差异。

以某新风管为例，首先确定空调系统风道形式，合理布置风道，并绘制风道系统轴测图，作为水力计算草图；在计算草图上进行管段编号，并标注管段的长度和风量，管段长度一般按两管件中心线长度计算，不扣除管件（如三通、弯头）本身的长度。计算图如图5所示。分别采用静压复得法和假定流速法进行干管水力计算，分析优劣。

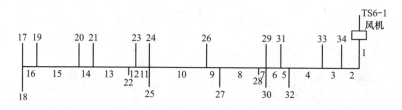

图5　TS6-1送风系统水力计算图

1）静压复得法

干管采用分段静压复得法进行水力计算，主干管流速不宜超过8m/s，计算方法参考《实用供热空调设计手册》(第二版)，计算得出各个管段的管径和阻力损失。

确定最不利环路。风管的最不利环路一般出现在离风机最远的倒数第二根支管处。图5中最不利主干管的计算顺序编号为 16—15—14—13—12—11—10—9—8—7—6—5—4—3—2—1—17。

以管段16为例，$G_{16}=570\text{m}^3/\text{h}$，$L_{16}=0.83\text{m}$，选定 $V_1=2\text{m/s}$，动压 $P_{dl}=\dfrac{1.2\times2^2}{2}=$

2.4Pa，风管面积 $F_{16}=\dfrac{570}{3600\times3.97}=0.08\text{m}^2$，取风管宽度320mm，高度250mm，当量直径

$De = \dfrac{2 \times 0.32 \times 0.25}{0.32 + 0.25} = 0.281\text{m}$，单位长度摩擦阻力 $\Delta P_m 16 = 0.015 V^{1.925} De^{-1.21} = 0.015 \times$ $2^{1.925} \times 0.281^{-1.22} = 0.265\text{Pa/m}$。$\Delta P_m 16 = 0.265 \times 0.83 = 0.22\text{Pa}$

为求三通直通管的局部阻力系数，需要先假定管段 15 的风速 v_2 进行试算，现假定 $v_2 = 2.1\text{m/s}$，动压 $P_{d2} = \dfrac{1.2 \times 2.1^2}{2} = 2.646\text{Pa}$，速度比 $\dfrac{v_s}{v_c} = \dfrac{2}{2.1} = 0.952$，按照拟合公式计算直通管的局部阻力系数：$\xi_{16} = 28.814 \times \left(\dfrac{v_s}{v_c}\right)^5 - 98.867 \times \left(\dfrac{v_s}{v_c}\right)^4 + 123.81 \times \left(\dfrac{v_s}{v_c}\right)^3 - 62.266 \times \left(\dfrac{v_s}{v_c}\right)^2 + 4.5304 \times \left(\dfrac{v_s}{v_c}\right) + 4.0185 = 0.046$，直通管的局部阻力 $\Delta P_J 16 = \xi_{16} \times P_{d1} = 0.046 \times 2.4 = 0.11\text{Pa}$。

管段 16 的阻力之和为 $0.22 + 0.11 = 0.33\text{Pa}$，此时的动压差为 $P_{d2} - P_{d1} = 2.646 - 2.40 = 0.24\text{Pa}$，该值与管段阻力之和 $\Delta P = 0.09\text{Pa}$，相差较小，满足要求，进入下一个管路设计直至整个最不利管路的计算。计算结果见表 9。由于需要保证动压差等于管段阻力，所计算出的风管尺寸为非标准管径。根据静压复得法计算出来的管径为非标管径，工程需要定制生产，造价成本过高，因此将管径确定为最接近的计算值的标准管径。

2）假定流速法

利用假定流速法计算的干管水力计算结果见表 10。

送风系统采用动力分布式，新风机组承担的阻力为新风机组出口到主管的末端，支路风机承担支路的阻力。最不利管路的阻力损失为 80Pa。

支管水力计算采用假定流速法。支管的风速 2～5m/s。

以支管管段 18 为例，$G18 = 170\text{m}^3/\text{h}$，$L18 = 2.52\text{m}$，假定流速为 3.28m/s，计算风管宽 120mm，高 120mm，$P_y = 3.73\text{Pa}$，$P_J = 19.52\text{Pa}$，管段总阻力为 23.25Pa。同样方法计算其他支管。

3）计算结果对比分析

采用静压复得法计算的主干管各段的风管尺寸变化小，大部分风管尺寸不变，均为 800mm×250mm，风管尺寸较大，耗费管材，但最不利管路的总阻力损失小，约 30Pa，风机能耗降低，同时静压复得法使得各分支处静压近似相等，风量调节更加稳定；采用假定流速法计算的主干管各段的风管尺寸变化多，风管尺寸由大变小，风管造价低，但最不利管路阻力损失较大，约 80Pa，风机能耗增加，风量调节不稳定。

（2）通风设备的选择

动力分布式通风系统的设备包括主风机和支路风机。

1）主风机的选择

主风机承担主干管的阻力，不承担支管阻力。主风机应采用调速风机，宜选用性能曲线为平坦型的风机。主风机的最大设计风量为系统逐时风量综合最大值上附加 5%～10% 的漏风量。主风机的压力应以主干管的总压力损失作为额定压力，验证典型风量风压下主风机的运行工况点是否处于高效区。设计工况效率，不应低于最高效率的 90%。当通风系统的风量较大，采用单台通风机不能满足使用要求时，宜采用两台或两台以上同型号、同性能的通风机并联运行，但其联合工况下的风量和风压应按通风机和管道的特性曲线确定。不同型号、不同性能的通风机不宜并联运行。排风机与新风机宜设置在专门机房内。

表9

TS6-1 主风管水力计算表（静压复得法）

管段号	近似宽(mm)	近似高(mm)	风量(m³/h)	管长(m)	面积(m²)	宽(m)	高(m)	流速(m/s)	动压(Pa)	当量直径	摩擦阻力(Pa)	三通流速比	局部阻力系数	局部阻力(Pa)	总阻力(Pa)	总动压差(Pa)	总阻力与总动压差(Pa)	误差
16	320	250	570	0.83	0.08	0.32	0.25	2.00	2.40	0.28	0.22	0.94	0.05	0.12	0.34	0.32	0.02	0.05
15	500	250	970	4.35	0.13	0.51	0.25	2.13	2.72	0.34	1.05	0.82	0.11	0.31	1.36	1.33	0.02	0.02
14	630	250	1370	0.81	0.15	0.58	0.25	2.60	4.06	0.35	0.27	0.95	0.05	0.20	0.47	0.48	−0.01	−0.03
13	800	250	1770	1.92	0.18	0.72	0.25	2.75	4.54	0.37	0.67	0.92	0.06	0.26	0.93	0.86	0.07	0.08
12	800	250	1920	0.92	0.18	0.72	0.25	3.00	5.40	0.37	0.38	0.94	0.05	0.27	0.65	0.71	−0.06	−0.09
11	800	250	2320	1.00	0.20	0.81	0.25	3.19	6.11	0.38	0.45	0.94	0.05	0.31	0.76	0.83	−0.07	−0.10
10	1000	250	2820	6.42	0.23	0.92	0.25	3.40	6.94	0.39	3.14	0.79	0.14	0.95	4.09	4.16	−0.06	−0.02
9	800	250	3360	0.97	0.22	0.87	0.25	4.30	11.09	0.39	0.76	0.95	0.05	0.53	1.29	1.27	0.01	0.01
8	800	250	3420	1.74	0.21	0.84	0.25	4.54	12.37	0.39	1.52	0.92	0.06	0.70	2.22	2.22	0.01	0.00
7	800	250	3570	1.39	0.20	0.80	0.25	4.93	14.58	0.38	1.45	0.93	0.05	0.78	2.22	2.27	−0.05	−0.02
6	800	250	3730	0.46	0.20	0.78	0.25	5.30	16.85	0.38	0.55	0.96	0.04	0.73	1.29	1.30	−0.01	−0.01
5	800	250	3930	0.10	0.20	0.79	0.25	5.50	−18.15	0.38	0.13	0.98	0.04	0.75	0.88	0.87	0.01	0.01
4	800	250	4180	2.96	0.21	0.82	0.25	5.63	19.02	0.38	3.95	0.88	0.07	1.41	5.36	5.40	−0.05	−0.01
3	800	250	4380	1.08	0.19	0.76	0.25	6.38	24.42	0.38	1.87	0.94	0.05	1.21	3.08	3.16	−0.08	−0.02
1,2	800	250	4530	3.28	0.19	0.74	0.25	6.78	27.58	0.37	6.45		0.00	0.00	6.45			
18	320	200	400	2.52	0.07	0.32	0.20	1.70	1.73	0.25	0.57	0.85	0.09	0.16	0.73	0.67	0.07	
总阻力															32.11			

TS6-1 最不利路径水力计算表（假定流速法） 表 10

最不利阻力(Pa)				80					
编号	G(m³/h)	L(m)	形状	D/W(mm)	H(mm)	v(m/s)	ΔP_y(Pa)	ΔP_J(Pa)	ΔP(Pa)
1	4530	2.25	矩形	1000	250	5.03	1.65	32.8	34.45
2	4530	1.03	矩形	1000	250	5.03	0.75	0	0.75
3	4380	1.08	矩形	800	250	6.08	1.2	1.03	2.23
4	4180	2.96	矩形	800	250	5.81	3.01	0	3.01
5	3930	0.1	矩形	800	250	5.46	0.09	0	0.09
6	3730	0.46	矩形	800	250	5.18	0.37	0	0.37
7	3570	1.39	矩形	800	250	4.96	1.05	1.93	2.98
8	3420	1.74	矩形	800	200	5.94	2.28	0.98	3.26
9	3360	0.97	矩形	800	200	5.83	1.24	0	1.24
10	2820	6.42	矩形	630	200	6.22	9.8	0.23	10.03
11	2320	1	矩形	630	200	5.11	1.06	2.18	3.24
12	1920	0.92	矩形	630	160	5.29	1.29	0.09	1.38
13	1770	1.92	矩形	500	160	6.15	3.78	1.09	4.87
14	1370	0.81	矩形	400	160	5.95	1.61	0	1.61
15	970	4.35	矩形	320	160	5.26	7.52	0	7.52
16	570	0.83	矩形	250	120	5.28	2.03	0.68	2.72

2）支路风机的选择

支路风机的选配应符合下列规定：当末端用户风量需求恒定时，为保证远端支路水力平衡、某些区域的压差以及气流路径，宜使用定风量支路风机；当末端用户风量需求变化较大，有人员自主控制的需求时，宜使用变风量支路风机。定风量支路风机风量应在支路风量上附加5％的漏风量，压力应在支路压力上附加10％～15％；变风量支路风机宜选用性能曲线为陡峭型的风机，以支路最大风量及所需风压确定风机最高转速，验证支路典型风量下的风机转速的工况点在风机的高效区，其他风量需求下风压也满足需求，压力应在支路最大压力损失上附加10％～15％。两种支路风机设计工况效率都不应低于风机最高效率的90％。

3 供暖空调系统设计

3.1 室内外设计参数

3.1.1 室外计算参数

计算供暖空调冷热负荷时，室外计算参数应按照《民用建筑供暖通风与空气调节设计规范》GB 50736—2012 第4章确定。

3.1.2 室内空气设计参数

计算供暖空调冷热负荷时，室内空气设计参数应按照《民用建筑供暖通风与空气调节设计规范》GB 50736—2012 第3章确定。

3.1.3 负荷计算

供暖空调冷热负荷的计算方法应按照《民用建筑供暖通风与空气调节设计规范》GB

50736—2012 第 5 章和第 7 章确定。建筑冷热负荷可以借助天正暖通、鸿业暖通、DeST、DOE 等软件进行计算。对于低温地板辐射供暖系统，取设计供暖热负荷的 90%～95%，或按比室内设计温度低 2℃计算。

3.2　供暖空调方案及设备

3.2.1　冷热源方案

先把常见的单冷源、单热源以及冷热一体的能源形式列出，然后从单独的冷源、单独的热源中选取最优的，组合成一种能源方案，再与冷热一体的能源方案进行比较，最终选取最优方案。

根据冷热源不同组合方式，常见的冷热源组合方案主要有以下几种：电动压缩式冷水机组＋局部锅炉房（换热站）；溴化锂吸收式冷水机组＋局部锅炉房（热电厂）；直燃式溴化锂吸收式冷热水机组；空气、水、土壤源热泵等。

冷热源选取的过程中，主要从能源形式的可行性、适用性以及经济性角度进行分析比较，选取最优的方案。同时应符合满足节能指标、系统结构简单、运行维护容易的基本原则。此外，针对过渡季节采用增加新风量的免费供冷方案。具体根据建筑全年逐时负荷的计算结果，结合空调冷热源的容量特性，所承担负荷的分布特性，指导冷热源方案和设备选型。

当空调系统采用温湿度独立控制时，夏季新风机组需要承担全部新风负荷、室内全部湿负荷，以及部分室内显热负荷，新风处理需要较低的温度，因此应选择低温冷源；室内末端设备承担室内显热负荷，考虑到机组的能耗，可选择高温人工或者自然冷源。此时，应该按照所需不同类型的冷源所承担的负荷大小选择相应的冷源。

3.2.2　供暖末端方案

供暖系统末端一般采用散热器或者辐射板。本指南仅介绍辐射供暖的设计过程。辐射供暖主要依靠供热部件与围护结构内表面之间的辐射换热向室内供热的供暖方式。辐射供暖的室内平均辐射温度（近似为内表面与散热装置的平均加权表面温度）高于室内空气温度，辐射供暖系统的总传热量中，辐射传热的比例一般占 50%以上。按辐射供暖设备的表面温度可分为低温辐射、中温辐射和高温辐射。低温辐射板面温度低于 80℃，中温辐射板面温度一般为 80～200℃，高温辐射板面温度高于 500℃，按辐射板设置的位置，分为吊顶式、墙面式和地板式。按热媒种类可分为热水、蒸汽、电热等。盘管布置形式有回折型、平行型、双平行型、交叉双平行型。通常公共建筑和居住建筑常用低温热水地板辐射系统，采用回折型布置。

首先根据《辐射供暖供冷技术规程》JGJ 142—2012 供暖的供水温度从舒适节能的角度考虑，应在 35～45℃。其次，确定水管材料、回填材料和地面材料。再次，根据所计算的房间热负荷，参考《辐射供暖供冷技术规程》JGJ 142—2012 附录 B 的实验数据"盘管单位面积向上供热量、单位面积向下供热量"，确定盘管布置间距。最后，需要利用公式校核地板温度是否超过标准规定。根据《辐射供暖供冷技术规程》JGJ 142—2012，如地板表面温度没有超过 29℃，满足要求。否则房间增加其他供热设备来分担地板辐射盘管负荷。

$$t_{pj} = t_n + 9.82 \times \left(\frac{q}{100}\right)^{0.969} \qquad (4)$$

式中　t_{pj}——地表面平均温度,℃;

$\quad\quad\;\; t_n$——室内空气温度,℃;

$\quad\quad\;\; q$——单位地面面积向上的供热量,W/m²。

目前,低温地板辐射供暖系统已广泛用于民用建筑中。辐射供暖系统可取得良好的舒适效果,且节省能耗、不占有效空间、便于用户热计量,对于高大空间建筑,可以克服冬季室内温度梯度、上热下冷现象。

3.2.3　空调末端方案

空调系统一般可按负担室内热湿负荷所用的介质分为全空气系统、全水系统、空气-水系统和冷剂系统。由于全水系统和冷剂系统没有新风供给,一般不单独使用,常用空气系统和空气-水系统。末端装置主要有组合式空调器、新风机组、风机盘管、诱导器、辐射供冷设备等。

(1)　全空气系统

房间的冷热负荷全部由处理过的空气负担。包含一次回风系统和二次回风系统。全空气系统适用于面积较大、空间较高、人员较多的房间,以及房间温度、湿度或洁净度要求较严格的场合,对空气的过滤、温湿度控制都比较容易处理,新风调节方便,可根据需要调节新风、回风比。过渡季节可实现全新风送风,充分利用天然冷源,节约能源。全空气系统运行管理方便,维护点少。但全空气系统机组占地面积大,管道占用空间大而影响土建投资,不宜于个别房间负荷调节,投资和运行费用高,有时噪声控制难度大。

1)　夏季露点送风空气处理的焓湿图见图6。

根据室内冷负荷及余湿量,求热湿比线,在室内热湿比线与相对湿度90%~95%线相交的点D为送风状态点,称为机器露点。消除室内余热余湿所需的送风量为$G = \dfrac{Q_c}{h_I - h_D}$。

本指南通风系统设计章节中从健康角度确定了最小新风量G_x,如果$G_x > G$,则空调系统为直流空调系统,系统无需回风;如果$G_x < G$,需要设置一定量处理的回风来承担室内负荷。回风量为$G_h = G - G_x$。空调箱处理新风的表冷器冷量为$Q_o = G_x(h_o - h_D)$,空调箱处理回风的表冷器的冷量为$Q_h = (G - G_x)(h_I - h_D)$,空调箱处理空气的表冷器总冷量为$Q_{bl} = Q_o + Q_h$,根据$G$和$Q_{bl}$选择空调箱表冷器。房间送风量应该为消除房间热湿所需要的风量G,根据此风量,按照"通风系统设计"章节的方法进行风系统的管路设计和通风设备的选型。

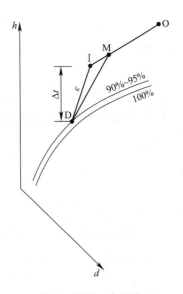

图6　夏季一次回风

对于舒适性空调和温湿度要求不严格的工艺性空调,可选择较大的送风温差。《民用建筑供暖通风及空气调节设计规范》GB 50736—2012规定,送风口高度≤5m时,Δt不宜大于10℃,送风口高度>5m时,Δt不宜大于15℃。工程上为了节能,避免冷热抵消,经常采用机器露点送风(D点),此时送风温差通常大于10℃。

采用露点送风需注意两点，一是校核送风温差是否超出规定要求；二是当热湿比值较小（余湿量大）时，表冷器能否处理到送风状态点。如果不满足要求，可采用夏季再热加热工况，再热工况的设计可参考有关设计手册。

　　2）冬季处理工况

　　一次回风冬季工况的焓湿图见图 7。

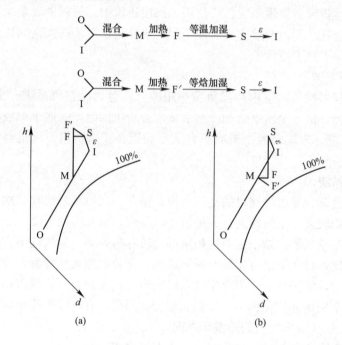

图 7　冬季一次回风

（a）先加热后加湿；（b）先加湿后加热

　　组合空调器的送风量是按夏季工况计算的，冬季处理工况的送风量取与夏季相同，则送风状态点的含湿量或焓值为：

$$d_s = d_I - \frac{W}{G} \tag{5}$$

$$h_s = h_I - \frac{Q_H}{G} \tag{6}$$

　　新风比为已知，新回风混合点 M 便可确定，其焓值也已知。

　　如果采用方案图 7（a）将 M 点混合空气先加热后加湿，当加湿方案为喷蒸汽的等温加湿，加热器空气的终状态为 F 点，加热器的加热量为 $Q_{br} = G(h_F - h_M)$；当加湿方案为水喷雾的等焓加湿，加热器空气终状态 F′，则加热器的加热量为 $Q_{br} = G(h_{F'} - h_M)$。不管采用等焓加湿还是等温加湿，被加湿空气的初终状态的含湿量相同，则加湿量 $W = G(d_s - d_F) = G(d_s - d_{F'})$。根据加热量和加湿量选择加热器和加湿器。

　　如果采用新回风混合后先加湿、后加热，其焓湿图见图 7（b），此时加热量、加湿量不变。

　　在冬季一次回风处理过程中，当新风比较大时，或者按最小新风比而室外设计参数较低时,新风、回风混合点可能出现在饱和线以下的某点处,如图8中 M′点,此种情况需对新风预热。

新风预热器的加热量为 $Q'_{br}=G(h_{O'}-h_O)$。

新风加热后的状态点 O′需满足混合点 M 的焓值 $h_M \geqslant h_D$,否则无法加湿到送风状态点的含湿量,D 点为送风状态点 S 引等含湿量线与相对湿度线 90%~95% 相交的点。MF 线为等焓加湿线,当 F 点与 D 点重合时,为 M 点的允许最低位置。

新风加热点 O 可通过混合过程确定。当室外空气焓值 $h_O<h'_o$ 时,新风需预热。空调机组此时应有两级加热盘管。

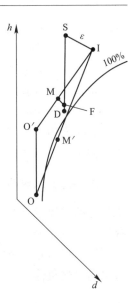

图 8　冬季新风预热

(2) 空气-水系统

房间的冷热负荷由处理过的空气和水共同负担。空气-水系统常用风机盘管加新风系统,适用于房间较多、面积较小、层高较低、温湿度及洁净度要求不严格的场合。风机盘管使用灵活、负荷调节方便、噪声小,在空调系统中被广泛使用。新风与风机盘管送风大多采用并联送出,可以混合后送出,也可以各自单独送入室内,房间的显热冷负荷与湿负荷(包括新风负荷)由风机盘管与新风机组共同承担。

近年来辐射供冷加新风系统应用发展迅速,主要采用辐射吊顶从房间上部供冷,可降低室内温度垂直梯度,避免"上冷下热"的现象出现,给人提供较好的舒适感。对流供暖时,人体的冷热感主要取决于室内空气温度的高低。辐射供暖时,人或物体受辐射照度和环境温度的综合作用,人体的实感温度可比室内实际环境温度高2~3℃。即在同样舒适感条件下,室内设计温度可比对流采暖室内设计温度低2~3℃。与对流供暖系统相比,供暖负荷可减少15%左右,其节能效果可分为辐射换热节能和系统运行控制节能。供冷时设计参数也要提高 1~1.5℃,节能效果也十分明显。辐射供冷暖时,人体、室内物件、围护结构内表面直接接受辐射热冷,减少了人体对周围物体的辐射散热量。而辐射供暖时室内空气温度又比对流供暖时低,正好可以适当增加人体的对流散热量,人会感觉更舒适。为了防止冷却吊顶表面结露,其表面温度需高于空气的露点温度。因此,冷辐射吊顶无除湿能力,需通过新风系统承担房间的湿负荷。

1) 风机盘管+新风系统

①风机盘管承担室内冷负荷、湿负荷,新风机组承担新风负荷。新风与风机盘管送风混合后送入室内,其焓湿图处理过程如图9所示。

新风机组负担的冷量为 $Q_{XF}=G_{XF}(h_O-h_I)$

该冷量作为选择计算新风机组的表冷器的依据。

若房间的设计全热冷负荷为 Q_c 和显热冷负荷为 Q_x,则风机盘管的全热制冷量和显热制冷量分别为:

$$Q_t \geqslant (1+\beta_1+\beta_2)Q_c$$

$$Q_{tx} \geqslant (1+\beta_1+\beta_2)Q_x$$

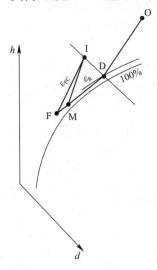

图 9　新风与风机盘管送风混合(新风不承担室内负荷)

式中　β_1——考虑积灰对风机盘管传热影响的附加率，仅夏季使用时，取 $\beta_1=10\%$；仅冬季使用时，取 $\beta_1=15\%$；冬夏两季使用时，取 $\beta_1=20\%$；

$\quad\quad\beta_2$——考虑风机盘管间歇使用的附加率，取 $\beta_2=20\%$。

选择风机盘管时，宜校核全热制冷量和显热制冷量是否同时满足要求。尤其是显热冷负荷比例大的房间，风机盘管的显热制冷量必须满足显热冷负荷的要求，因为风机盘管运行时是按室内空气温度进行控制的。当风机盘管设计工况与生产厂家名义工况不符时，需进行修正。

房间总送风量 $G_F=\dfrac{Q_c}{(h_I-h_M)}$，其中 M 点为房间热湿比线与 95% 相对湿度的交点。风机盘管的送风量为 $G_{FP}=G_F-G_{XF}$。按照风机盘管计算的送风量对应风机盘管中档风量选择风机盘管型号。

②风机盘管只承担部分室内显热负荷，新风机组承担新风负荷、室内潜热负荷、一部分室内显热负荷。

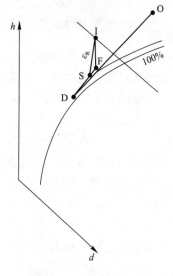

图 10　风机盘管干工况

风机盘管在干工况下运行，房间的湿负荷与部分显热冷负荷由新风机组承担。为了使盘管在干工况下运行，需提高冷水的供水温度，使盘管表面温度高于被处理空气的露点温度，其空气处理的焓湿图如图 10 所示。

新风机组处理的状态点为机器露点 D，新风承担室内全部湿负荷，机器露点 D 含湿量为：$d_D=d_I-\dfrac{W_C}{G_{XF}}$

新风机组承担的冷量为 $Q_{XF}=G_{XF}(h_O-h_D)$，其中，所承担的室内冷量为 $Q_{CXF}=G_{XF}(h_I-h_D)$，所承担的室内的显热冷负荷为 $Q_{CXFX}=Q_{CXF}-Q_{CQ}$，Q_{CQ} 为室内潜热冷负荷。则风机盘管承担的室内的显热负荷为 $Q_{FP}=Q_{CX}-Q_{CXFX}$，Q_{CX} 为室内显热冷负荷。

焓湿图中 S 为送风状态点，F 为风机盘管处理后的状态点，S 点在过室内状态点 I 的室内热湿比线上，F 点在过室内状态点 I 的等含湿量线。

因为 S 点为 D 点新风与 F 点的风机盘管的送风的混合状态点，因此 D、S、F 三点在一条直线上，且三点焓值有如下关系：

$$\frac{G_{XF}}{G_{FP}}=\frac{h_F-h_S}{h_S-h_D} \tag{7}$$

风机盘管的送风量：
$$G_{FP}=\frac{Q_{FP}}{h_I-h_F} \tag{8}$$

房间送风量：
$$G_F=G_{XF}+G_{FP}=\frac{Q_C}{h_I-h_S} \tag{9}$$

联立上述三个方程可以求解出三个未知数：h_S，h_F，G_{FP}。

根据风机盘管需承担的冷量 Q_{FP}、风量 G_{FP} 选择风机盘管型号。根据新风机组承担的冷量 Q_{XF} 选择新风机组的表冷器。

③ 冬季工况

风机盘管与新风机组的选择按夏季运行工况确定，其送风量在冬季运行时不变。对于风机盘管，其加热能力比夏季的制冷能力要大得多，能够满足要求。对于新风机组，需校核表冷器的换热量能否满足要求。

冬季加湿方案有等温加湿和等焓加湿。等温加湿常用干式蒸汽加湿和电加湿器加湿。用干蒸汽加湿需要建筑由蒸汽源，一般需要 0.02～0.4MPa 的低压蒸汽，因为压力高会带来噪声大。电加湿器有电热式加湿器、电极式加湿器。等焓加湿有喷水室加湿、高压喷雾加湿、湿膜加湿等。其中高压喷雾加湿量大，易产生白粉，需要水软化处理。湿膜加湿的饱和效率高，但是容易滋生细菌，宜采用软化水，防止水垢产生。

以等温加湿的风机盘管加新风系统的冬季空气处理的焓湿图如图 11 为例，说明计算选型过程。新风经等湿加热至室内温度点 $E(t_E=t_I)$，经喷蒸汽加湿至点 E'，风机盘管等湿加热室内空气至点 $F(d_I=d_F)$，E' 点与 F 点连线与室内热湿比 ε 的连线交点 S 为送风状态点。

新风机组的加热量 $Q_{XFH}=G_{XF}(h_E-h_O)$，根据加热量校核新风机组的加热能力是否满足要求。

E' 点的含湿量为 $d_{E'}=d_E+\dfrac{W}{G_{XF}}$，式中，$W$ 为室内余湿量，单位为 kg。

风机盘管的加热量等于室内热负荷加上部分新风负荷，即

$$G_{FPH}(h_F-h_I)=Q_H+G_{XF}(h_I-h_{E'}) \tag{10}$$

式中　Q_H——室内空调热负荷，kW。

由上式可求得 h_F。

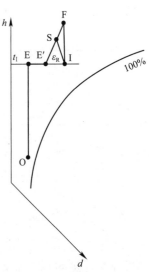

图 11　冬季风机盘管+新风

2）冷辐射板+新风

由于冷辐射板没有除湿功能，因此新风承担新风负荷、室内湿负荷、部分室内显热负荷，冷辐射板承担部分室内显热负荷。此时冷辐射板和新风各自承担的负荷与前文所述的干风机盘管+新风的方案相同。以下简要介绍冷辐射板的选型计算。

①供回水温差确定

根据《辐射供暖供冷技术规程》JGJ 142—2012，辐射供冷系统的供水温度确定时，考虑防结露、舒适性及控制方式等方面因素。供水温度一般在 14～18℃，宜选用高温冷源，以提高效率。回水温差应在 2～5℃之间。

②材料确定

《辐射供暖供冷技术规程》JGJ 142—2012 介绍了不同的管材，如 PE-X 管、PB 管等，填充层材料有豆石混凝土等，地板材料有大理石、木地板、地砖等。根据需求和造价选择适宜的管材、回填材料和地板材料。

③加热管的布管形式

盘管布置形式有回折型、平行型、双平行型、交叉双平行型。由于回折型布置方式可以使得供暖房间温度均匀，布置方式可如图 12 所示。

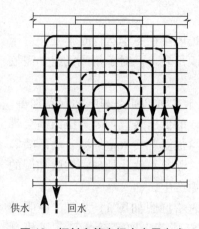

供水 回水

图12　辐射盘管房间内布置方式

④ 确定辐射地面单位面积所需传热量：

$$q_x = \frac{Q_{FP}}{F} \tag{11}$$

式中　Q_{FP}——房间所需地面释冷量，W；

F——辐射盘管的地面面积，m^2。

⑤ 确定管间距

《辐射供暖供冷技术规程》JGJ 142—2012附录B选出盘管单位面积向上供热量、单位面积向下供热量以及盘管布置间距，但是没有盘管的供冷量的数据。可以参考《温湿度独立控制空调系统设计》表4-4，根据所需不同供冷量 Q_{FP}、不同水温，选择不同的管间距。例如某房间辐射盘管只需 1.01kW 冷量，设计供水温度16℃，回水温度取 21℃，则供回水平均温度为 18.5℃，根据表11中结构Ⅲ，盘管间距确定为 250mm。

辐射供冷能力实验数据表　表11

	辐射板热阻 R_p ($m^2 \cdot ℃/W$)	平均水温 $\bar{t}_w$（℃）	$t_a=26℃,AUST=26℃$ $q_{短波辐射}=0$		$t_a=26℃,AUST=28℃$ $q_{短波辐射}=0$		$t_a=26℃,AUST=26℃$ $q_{短波辐射}=50W/m^2$	
			表面平均温度（℃）	供冷量（W/m^2）	表面平均温度（℃）	供冷量（W/m^2）	表面平均温度（℃）	供冷量（W/m^2）
结构Ⅰ	0.098	16	19.5	35.4	20.1	42.2	22.7	68.1
		18	20.8	28.3	21.4	35.1	24.0	61.0
		20	22.1	21.2	22.7	28.0	25.3	53.9
结构Ⅱ	0.138	16	20.3	31.0	21.1	37.0	24.2	59.6
		18	21.4	24.8	22.2	30.8	25.4	53.4
		20	22.6	18.6	23.4	24.6	26.5	47.2
结构Ⅲ	0.107	16	19.7	34.3	20.4	40.9	23.1	66.0
		28	20.9	27.4	21.6	34.0	24.3	59.1
		20	22.2	20.6	22.9	27.2	25.6	52.2

注：结构Ⅰ：70mm 豆石混凝土＋25mm 水泥砂浆＋25mm 花岗岩，供回水管外径 20mm、管间距 150mm；

结构Ⅱ：70mm 豆石混凝土＋25mm 水泥砂浆＋25mm 花岗岩，供回水管外径 20mm、管间距 200mm；

结构Ⅲ：70mm 豆石混凝土＋25mm 水泥砂浆＋25mm 花岗岩，供回水管外径 20mm、管间距 250mm。

3.2.4　房间气流组织设计

气流组织形式有很多种，大体分为侧送侧回（排）、上送下回（排）、上送上回（排）、下送上回（排）等形式；室内气流组织，是指送风口形式和送风口的送风参数所带来的室内气流分布。不一样的气流组织方式影响着室内的空气质量，如：①侧送风方式。侧送风方式经常在高大空间使用，其中以喷口送风方式应用最多。在喷口送风方式中，喷口被布置在高大建筑的侧墙上。由于喷口高度远高于人员区，气流无法到达人员活动的区域，因此只能将回风口布置在送风口的同侧。②上送风方式。上送风是指将送风的风口安装在屋顶上，回风的风口设在建筑的侧墙或屋顶上，空气自上而下送到室内，然后由回风口回风。③下送风方式。下送风方式是指将送风的风口安装在地面上，直接向建筑内送风，回风的风口设在屋顶或侧墙上部。

从健康角度考虑，合理的气流组织流向，应从送风口流向清洁区，再流向人体呼吸区，然后到达污染区，最后经排风口排出。整个气体流动过程中，不能有污染区气体回流到呼吸区的情况发生。

从热舒适角度考虑，应该保证《民用建筑供暖通风与空气调节设计规范》GB 50376—2012 中规定，为了防止人体有吹风感，夏季舒适性空调空气调节区风速平均不大于 0.3m/s，冬季不大于 0.2m/s。除此之外，送风口和回（排）风口的速度均需要满足规范规定。

气流组织设计时，首先，根据房间使用情况划分清洁区、呼吸区、污染区，图 13 为医院治疗室的分区；其次，布置送风口和排风口，送风口应该布置在清洁区和呼吸区附近，排（回）风口应该布置在污染区附近。再次，利用计算流体力学软件进行模拟，对模拟结果进行分析，检查是否有污染气流回流现象，工作区的空气温度、湿度、风速是否满足规范要求。如果不满足，改变风口的位置和数量，重复模拟计算，直到满足为止。

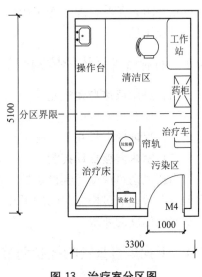

图 13　治疗室分区图

3.3　供暖空调水系统设计

同常规暖通空调水系统设计，此处略。

4　系统运行调控分析

4.1　通风系统调节

（1）供暖空调季节

每个功能区或者房间安装 CO_2 传感器，联动送风机和排风机，满足室内对新风量的要求，保证室内空气品质和房间的压力等级要求。

空调供暖季节，各个功能房间在查房时间、探视、夜间等时段对新风需求不同，当室内的 CO_2 浓度达到 1000ppm 的时候，调节支路风机的频率，加大新风量供给。联动排风机频率，维持房间设计的压力等级要求。

（2）过渡季节

春季、秋季和夏季的夜晚，室内建筑冷热负荷很小，主要是人体的产湿量和产热量，室外的温度又低于室内温度，可以通过最大限度供给新风满足卫生需求和冷热需求。根据房间设计的温度传感器调节总风机和支路风机的转速。

4.2　新风机组控制调节

（1）室内温度自动控制

夏季，通过室内干球温度控制新风机组表冷器出口电动二通阀，使其室内干球温度达到设定要求（以室内相对湿度为主控参数）；冬季，通过送风温度控制新风机组加热器出口电动二通阀，使其送风温度达到设定值。

(2) 室内湿度自动控制

夏季，通过室内露点温度控制新风机组表冷器出口电动二通阀，使其室内相对湿度达到设定要求；冬季，通过送风相对湿度控制蒸汽加湿装置电动两通阀，使冬季送风相对湿度达到设定值。

4.3　辐射盘管系统的控制调节

(1) 进水温度自动控制

通过检测房间的露点温度，调节设置在辐射板主管道上的电动二通阀来调节供回水流量比例，保证辐射板在干工况下运行。

(2) 室内湿度自动控制

当新风送风温度降到设定的最低送风温度以下时，仍不能维持房间干球温度设定值，启动辐射板，通过检测房间的干球温度，调节设置在房间进水支管上的电动二通阀，使其达到室内温度的要求。

4.4　干式风机盘管的控制调节

(1) 进水温度自动控制

通过检测房间的露点温度，调节设置在干盘管主管道上的电动二通阀来调节供回水流量比例，保证干盘管在干工况下运行。

(2) 室内温度自动控制

当新风送风温度降到设定的最低送风温度以下时，仍不能维持房间干球温度设定值，启动干盘管，通过检测房间的干球温度，调节设置在干盘管进水支管上的电动二通阀，使其达到室内温度的要求。

4.5　冷热源的控制调节

在不同负荷率下，采用改变投入运行的冷热源机组的台数来适应负荷的变化。

附录 A　工程设计案例——某县中医院住院病区通风优先的暖通空调设计

A.1　工程概况及设计参数

A.1.1　工程概况

本项目的名称是博兴县中医院，位于博兴县新城区，新城二路以西，博昌四路以北。本工程的总用地面积 86693.68m²，其中一期面积 39730m²，地块内地形平坦，设计病床为 600 床。本项目为门诊医技综合楼，主楼地上 17 层，地下 1 层，裙房地上 4 层。建筑高度主楼 72.1m，裙房 20.7m；为一类建筑。总建筑面积 62136.70m²，其中地上 52546.32m²，地下 9590.38m²，设计合理使用年限 50 年。本工程的主要功能为门诊用房、医技用房以及住院用房。设供氧吸引、呼叫中心等。本设计为6~16层的住院病区，标准病区的床位数为54床。建筑围护结构材料类型及传热系数见表A.1。

围护结构材料类型及传热系数　　　　　　　　　　　表 A.1

	材料类型	传热系数 K	遮阳系数 SC/玻璃可见光透射比
外墙	主墙体部分蒸压轻质砂加气混凝土	$K_m = 0.52$	—
	钢筋混凝土真石漆外墙		
	钢筋混凝土干挂石材外墙		
同一朝向外窗	东向外窗：隔热铝合金低辐射玻璃窗,6+12空气+6辐射率≤0.25Low-E中空玻璃(在线)	2.30	0.5/0.75
	西向外窗：隔热铝合金低辐射玻璃窗,6+12空气+6辐射率≤0.25Low-E中空玻璃(在线)	2.30	0.5/0.75
	北向外窗：隔热铝合金低辐射玻璃窗,6+12空气+6辐射率≤0.25Low-E中空玻璃(在线)	2.30	0.50/0.75
	南向外窗：隔热铝合金低辐射玻璃窗,6+12氩气+6辐射率≤0.15Low-E中空玻璃(离线)	2.00	0.40/0.75
采暖与非采暖隔墙	保温层20厚玻化微珠保温砂浆	0.98	—

A.1.2　医院运营管理制度

病房为三人间和二人间，加床率30%，使用率100%，陪护率100%，陪护为一床一陪。探视时间为15:00—17:00，不限制人数；一个病区同时探视系数设定为0.6；医生查房时间段为9:00—11:00、17:00—18:00，查房人数为9人，查房在每个病房内停留时间不定，根据病人病情不同，考虑最长时间为30min；护士查房时间段为8:00—10:00、16:00—17:00，查房人数为3人；医生办公室白班时间为7:00—17:00当班人数为10人，晚班时间为18:00—7:00人数为2人。

A.1.3　病区各个功能房间人数

调研住院病区各功能房间的最大人数及出现的时间，见表A.2。病房（三人间）人员变化规律见图A.1。

各房间人数及风量最大值　　　　　　　　　　　表 A.2

	人数最大值(病人陪护)	最大值出现的时间(病人陪护)
三人病房	22(8)	下午查房时(平时和夜晚)
二人病房	20(6)	下午查房时(平时和夜晚)
医生办公室	11	15:00—17:00
护士站	10	17:00
配药室	2	7:00—14:00
处置室	2	7:00—14:00
治疗室	5	7:00—8:00

	人数最大值(病人陪护)	最大值出现的时间(病人陪护)
值班室	2	全天
示教室	23	11:00—12:00
走廊	18	15:00—17:00
电梯厅	20	15:00—17:00
抢救室	17	全天
病人活动室	8	15:00
主任办公室	2	白天

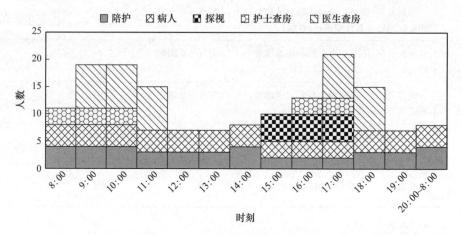

图 A.1 病房人员组成及变化情况

A.1.4 室内外设计参数

(1) 室内通风设计参数

表 A.3 中大部分数据来自《综合医院通风设计规范》DBJ50/T-176—2014,其中《医院中央空调系统建设指南》中说明了护士站为正压;抢救室内部人员为患者和医护人员,同病房的人员组成相同,病人活动室内部也都为患者,所以设计参数与病房相同;护士站内部人员为值班护士,为防止污染空气进入,所以将护士站设置为正压,因其与走廊相连,所以温湿度与走廊相同;治疗室、配药室通过送排风要求以及其中可能有污染气体产生,所以将其设置为负压;主任办公室、值班室、示教室等内部都为护士和医生,所以都设置为正压;晾衣间、被服库等都为物品存放功能且都为患者使用,所以将其设置为负压。

建筑室内通风参数 表 A.3

各功能房间	与邻近区域压力关系	设计温度(℃)	相对湿度(%)	风速(m/s)	新风量[m³/(h·人)]	换气次数(h⁻¹)
病房	常压	18~27	40~60	≤0.2	50	—
抢救室	常压	18~27	40~60	≤0.2	50	10
病人活动室	常压	18~27	40~60	≤0.2	30	—
护士站	正压	18~27	40~60	≤0.3	30	—
治疗室	负压	18~27	40~60	≤0.2	50	10

续表

各功能房间	与邻近区域压力关系	设计温度（℃）	相对湿度（%）	风速（m/s）	新风量[m³/(h·人)]	换气次数（h⁻¹）
处置室	负压	18～26	30～60	≤0.3	—	10
配药室	负压	18～26	40～60	≤0.2	50	10
医护办、主任办、值班室	正压	18～26	30～60	≤0.2	50	—
更衣室	负压	18～27	40～60	≤0.2	3h⁻¹	—
晾晒间	负压	18～27	40～60	≤0.2	3h⁻¹	—
被服库	正压	18～27	40～60	≤0.2	3h⁻¹	—
电梯厅	正压	18～27	40～60	≤0.5	30	—
卫生间	负压	18～27	40～60	≤0.3	—	10
患者走廊	常压	18～27	40～60	≤0.5	30	—
公共走廊	负压	18～27	40～60	≤0.5	30	—
污物间	负压	18～27	40～60	≤0.3	—	10
示教室	正压	18～27	40～60	≤0.3	30	—
开水备餐间	负压	18～27	40～60	≤0.3	2	10

（2）室内热湿设计参数

表A.4内数据来自《医院中央空调系统建设指南》，其中辐射供冷供暖温度按照《民用建筑供暖通风与空气调节设计规范》GB 50736—2012中3.0.5辐射供暖室内设计温度宜降低2℃；辐射供冷设计参数宜提高0.5～1.5℃。本设计辐射供暖设计温度降低2℃，辐射供冷提高了1℃。

建筑室内热湿参数　　　　表A.4

各功能房间	室内空调设计参数					
	空调温度（℃）		辐射温度（℃）		夏季相对湿度（%）	冬季相对湿度（%）
	夏季	冬季	夏季	冬季		
病房	25	22	26	20	50	30
抢救室	25	22	26	20	50	30
病人活动室	25	22	26	20	50	30
护士站	26	21	27	19	50	30
治疗室	25	22	26	20	50	30
处置室	25	21	26	19	50	30
配药室	25	22	26	20	50	30
主任办、值班室	26	21	27	19	50	30
更衣室	26	21	27	19	45	30
晾晒间	26	20	27	18	50	30
被服库	26	20	27	18	45	30
电梯厅	26	20	27	18	50	30
卫生间	26	21	27	19	50	30
患者走廊	26	20	27	18	50	30
医护走廊	26	20	27	18	50	30
污物间	26	20	27	18	45	30
示教室	25	22	26	20	50	30

(3) 室外设计参数

建筑室外计算参数见表 A.5，大气压力：冬季 102470Pa，夏季 100210Pa。

建筑室外计算参数　　　　　　　　　　　　　　　　　　　表 A.5

室外计算干球温度(℃)					夏季空调室外计算湿球温度(℃)	冬季空调室外计算湿度(%)
供暖	冬季通风	冬季空调	夏季通风	夏季空调		
−6.7	−5.7	−9.1	30.1	34.1	27.1	62

以上数据来自于《实用供热空调设计手册》(第二版)。

A.2　通风系统方案及设计

A.2.1　病房新风需求变化分析

病房相比住院病区其他房间具有的特殊性在于存在室内人员突增突减现象，按照本指南 2.2.3 节的分析计算三人间病房和二人间病房的通风需求。三人间病房大多数时间人数为 8 人（4 位病人和 4 位陪护），按照新风量标准 50m³/h，计算得到房间最小新风量为 400m³/h，下午查房探视时段考虑到在室率房间内病人和陪护共 5 人，突然增加查房、探视人数 14 人，持续 30min，根据 2.2.3 节可知，此时仍然以 400m³/h 送新风，室内 CO_2 浓度会超标，需要增加新风量至 450m³/h，因此三人间病房内最小新风量设计值为 450m³/h，来满足病房突增人数时人员的健康需求。同理，二人间病房大多数时间为 6 人（3 位病人和 3 位陪护），考虑查房探视人数增加引起的 CO_2 超标问题，最小新风量设计值由 300m³/h，增加至 400m³/h。

A.2.2　功能房间的通风量设计值

参考标准规范要求以及人员健康要求，根据房间污染物类别、清洁程度和压力等级，结合房间空气平衡计算，得到病区各个功能房间的通风量。见表 A.6 至表 A.10。

病房房间（零压 0）设计通风量汇总表　　　　　　　　　　表 A.6

序号	房间	最小新风量(m³/h)	卫生间最小排风量(m³/h)	病房最小排风量(m³/h)
1	二人间 N1	400	87	313
2	三人间 N2	450	87	363
3	三人间 N3	450	87	363
4	三人间 N4	450	87	363
5	三人间 N5	450	87	363
6	三人间 N6	450	87	363
7	三人间 N7	450	87	363
8	三人间 N8	450	87	363
9	抢救室 N9	1100	130	970
10	三人间 N10	450	87	363
11	三人间 N11	450	87	363
12	三人间 N12	450	87	363
13	三人间 N13	450	87	363
14	三人间 N14	450	87	363

续表

序号	房间	最小新风量（m³/h）	卫生间最小排风量（m³/h）	病房最小排风量（m³/h）
15	三人间 N15	450	87	363
16	二人间 N16	400	87	313
17	二人间 B1	400	87	313
18	二人间 B2	400	87	313
19	二人间 B3	400	87	313
20	二人间 B4	400	87	313
21	二人间 B5	400	87	313

诊疗、辅助房间（负压）设计通风量汇总　　　　　　表 A.7

序号	房间	最小新风量（m³/h）	最小排风量（m³/h）	房间渗入风量（m³/h）
1	处置室	60	288	228
2	治疗室	250	537	287
3	配药室	60	417	357
4	公共卫生间	0	276	276
5	晾晒间	170	250	80
6	污洗污物间	0	282	282
7	开水备餐间	25	118	93
6	男更衣室	200	200＋87	87
7	女更衣室	200	200＋87	87
汇总	负压房间	965	2742	1777

办公类房间（正压）设计通风量汇总　　　　　　表 A.8

序号	房间	最小新（补）风量（m³/h）	最小排风量（m³/h）	房间渗出风量（m³/h）
1	医生办公室	400	0	400
2	示教室	540	0	540
3	主任办公室	100	0	100
4	护士值班室	100	0	100
5	医生值班室	100	0	100
6	被服器械	150	0	150
汇总	正压房间	1390	0	1390

患者走廊与电梯厅风量汇总　　　　　　表 A.9

相邻房间 通风类别	公共卫生间	开水备餐间	治疗室
渗出风量（m³/h）	276	93	287
渗入风量（m³/h）	—	—	—
新风量（m³/h）		840	

护士站风量汇总　　　　　　表 A.10

相邻房间 通风类别	配药室	医生值班室	护士值班室
渗出风量（m³/h）	357	—	—
渗入风量（m³/h）	—	100	100
新风量（m³/h）		210	

A.2.3 确定通风系统划分与系统形式

通风系统应该根据医院各个房间医疗设备设置情况、卫生要求、使用时间、通风量等要求合理分区，兼顾供暖空调季节的通风要求。

第六层标准病区有两种送风系统划分方案，其一：可划分为一个送风系统，第六层标准病区在新风机房设置一台总送风机，在房间末端设置末端送风机和排风机，用于调节风量和维持房间内压力。总送风机将室外新鲜空气分别送入被服器械、更衣值班室、办公室、病房、走廊、护士站、电梯厅、配药室、治疗室、处置室、病房活动室；其二：也可划分为三个送风系统，编号为 TS6-1、TS6-2、TS6-3，送风机组分别设置在新风机房，以及电梯厅、患者走廊的吊顶内。TS6-1 将室外新鲜空气送入医护走廊各个相邻房间，包括被服器械、更衣值班室、办公室、值班室、医生走廊、配药室、治疗室、处置室和北向病房；TS6-2 将室外新鲜空气送入患者走廊相邻房间，包含电梯厅、患者走廊、部分南向病房、病人活动室和开水配餐间。TS6-3 将室外新鲜空气送入部分南向病房。

经比较，认为只划分一个送风系统，新风机组偏大，噪声大，新风机房出口处风管尺寸过大，安装维修困难，此外，系统过大也不便于调节。设置三个送风系统 TS6-1、TS6-2、TS6-3，分担送风量，出口新风管不会过大，易于运行调控。因此认为设置三个送风系统较好。系统示意图参看图 A.2。

第六层标准病区排风系统划分方案：病房卫生间、值班更衣室卫生间、污洗污物间、公共卫生间、开水配餐间各自设置独立排风系统，单独排至房间内竖井并排至室外；配药室、治疗室、处置室合用一个排风系统 TP6-3，直接排至通风竖井。为了管路尽量短、方便设备和管路的布置等，整个病区其他房间排风系统设计为两个系统即 TP6-1 和 TP6-2。系统示意图参看图 A.3。

图 A.4 为整个病区的空气流动情况。病区内部所有的送风量为 3705m³/h，排风量为 3482m³/h，自然补风量小于自然渗透风量，空气可由正压区渗透至走廊，由走廊渗透至负压房间。整个第六层标准病区风量可达平衡。

A.2.4 风管水力计算及通风设备的选型

功能房间内人员逐时变化，新风量需求也是变化的，故通风系统采用动力分布式系统，设置主风机和支路风机。根据假定流速法进行风管水力计算，得出各个新排风系统的管路阻力损失；根据各个房间的通风量，计算出病区每个新排风系统所服务房间的逐时风量综合最大值。根据所计算最不利的干管阻力损失和总风量选择主风机。根据支路风量和阻力损失选择支路风机。计算选择结果见表 A.11、表 A.12 和表 A.13。表中只包含多房间的机械集中送排风系统，未包含分散的卫生间排风、开水配餐间等单独的排风系统，设置单独的管道式排风扇。

A.3 供暖空调末端设计

A.3.1 末端方案

(1) 干式风机盘管＋新风

医生办公室、示教室、主任办公室、男更衣室、女更衣室、病人活动室、治疗室、患者走廊、公共走廊、电梯厅、护士站。

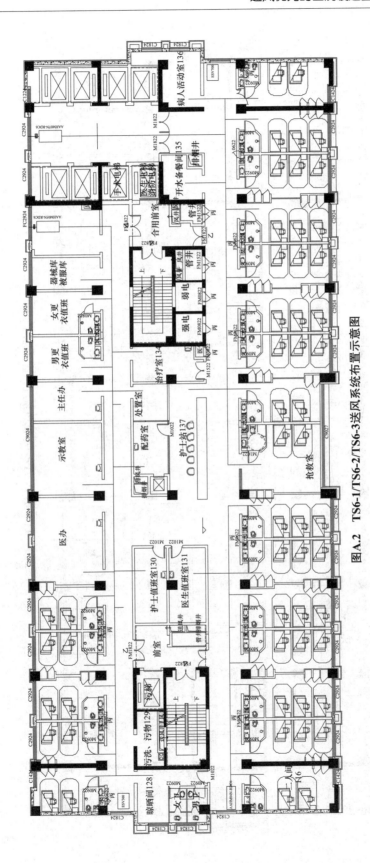

图 A.2　TS6-1/TS6-2/TS6-3送风系统布置示意图

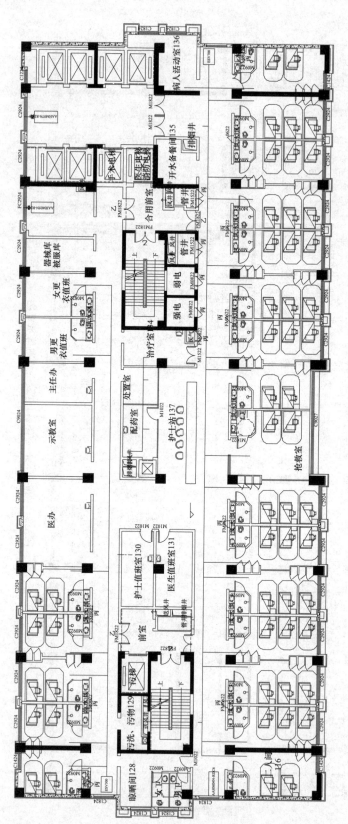

图A.3 TP6-1/TP-2/TP-3等排风系统布置示意图

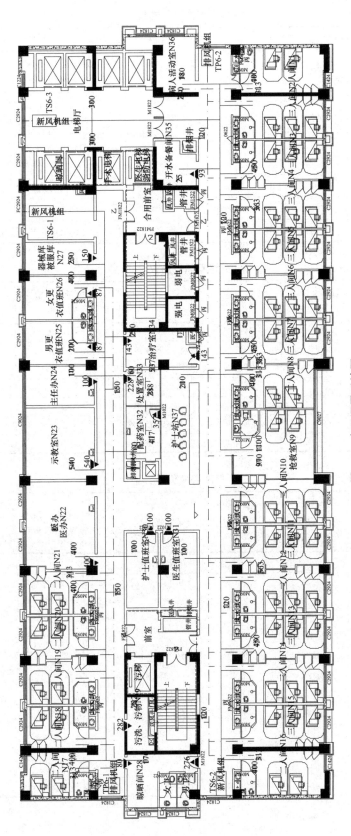

图A.4 病区通风系统图

通风系统主风机选型　　　　　　　表 A.11

通风系统	通风量	最不利阻力损失	设备型号及参数
TS6-1	4530m³/h	80 Pa	AAHM05N-RDC,风量 5000m³/h 机外余压 300Pa,功率 6.6kW
TS6-2	3220m³/h	119 Pa	AAHM04N-RDC,风量 4000m³/h 机外余压 300Pa,功率 7.2kW
TS6-3	5770m³/h	89 Pa	AAHM07N-RDC,风量 7000m³/h 机外余压 350Pa,功率 8.9kW
TP6-1	2465m³/h	157Pa	Esv3000,风量 3000m³/h
TP6-2	6505m³/h		Esv7000,风量 7000m³/h
TP6-3	1242m³/h		Esv2000,风量 2000m³/h

支路新风机选型　　　　　　　表 A.12

房间	风量最大值（m³/h）	支路风机型号	房间	风量最大值（m³/h）	支路风机型号
三人病房	450	EMV500	值班室	100	EMV300
二人病房	300	EMV300	示教室	690	EMV700
医生办公室	500	EMV500	走廊	270×2	EMV300×2
护士站	300	EMV300	电梯厅	600	EMV600
配药室	60	EMV300	抢救室	800	EMV400×2
处置室	60	EMV300	病人活动室	240	EMV300
治疗室	250	EMV300	主任办公室	100	EMV300

标准层冷负荷　　　　　　　表 A.13

参数	夏季总冷负荷（含新风/全热）(W)	夏季室内冷负荷（全热）(W)	夏季室内湿负荷（kg/h）	夏季新风量(m³/h)	夏季新风冷负荷(W)	夏季总冷负荷建筑指标（含新风）(W/m²)
双面辐射冷暖＋新风						
三人病房 N5,N12	7274	2609	0.445	450	4665	267.4
二人病房 N1	6506	2359	0.395	400	4147	221.3
二人病房 N16	6324	2177	0.395	400	4147	215.1
二人病房 B1	6301	2154	0.395	400	4147	214.3
二人病房 N8	6526	2379	0.395	400	4147	267.5
二人病房 B2,B4	6198	2052	0.395	400	4147	299.4
护士值班室	1325	288	0.121	100	1037	71.6
医生值班室	1325	288	0.121	100	1037	71.6
晾晒间	3166	1404	0.194	170	1762	169.3
配药室	1014	392	0.328	60	622	72.9
处置室	943	370	0.312	60	573	98.3
抢救室	13035	2668	1.345	1000	10367	321.9

续表

参数	夏季总冷负荷(含新风/全热)(W)	夏季室内冷负荷(全热)(W)	夏季室内湿负荷(kg/h)	夏季新风量(m³/h)	夏季新风冷负荷(W)	夏季总冷负荷建筑指标(含新风)(W/m²)
干式风机盘管+新风的方式						
治疗室	3575	778	0.435	250	2797	199.7
公共走廊	5794	3306	0.776	240	2488	46
患者走廊	7615	4505	0.97	300	3110	37.6
电梯厅	9570	3350	0.95	600	6220	164.4
护士站	2515	649	0.303	180	1866	76.4
示教室	8396	2354	0.488	540	6042	225.1
医生办公室	5479	2286	0.373	400	3193	122.6
更衣值班	3362	1289	0.436	200	2073	154.9
病人活动室	4120	2777	0.183	240	1343	215.7
主任办公室	2191	1155	0.136	100	1037	108
开水配餐间	1000	741	0.291	25	259	84.8

(2) 双面辐射冷暖+新风

三人病房、二人病房、护士值班室、医生值班室、处置室、配药室。

A.3.2 负荷计算

利用 DeST 软件对建筑供暖空调负荷进行模拟计算。博兴县住院病区的明显热负荷出现9月下旬,结束于5月下旬,共计8个月,在逐时最大值为2024.44kW,出现在1月1日0:00;明显的冷负荷出现在6月初,结束于9月下旬,逐时最大值为2608.14kW,出现在7月15日13:00。整栋建筑的加湿量出现在1月到5月份以及10月到12月。其中12月、1~4月加湿量大,最大加湿量为90kg/h。

利用鸿业暖通软件计算建筑典型日的负荷,得出各层的冷热负荷。表A.14、表A.15为标准层六至十六层的典型日负荷计算结果。

标准层供暖热负荷　　　　　　　　　　　　　　　　　　　　表 A.14

参数	冬季室内热负荷(W)	冬季总热负荷指标(W/m²)	新风热负荷(W)	湿负荷(含新风)(kg/h)
三人病房 N5,N12	485	17.8	6657	−2.28
二人病房 N1	665	22.6	5117	−1.84
二人病房 N16	665	22.6	5117	−1.85
二人病房 B1	767	26.1	5117	−1.86
二人病房 N8	425	17.4	5117	−1.85
二人病房 B2,B4	405	19.6	5117	−1.84
医生值班室	−251	−12.18	1544	−1.54
护士值班室	−251	−13.57	1544	−1.55
晾晒间	386	20.6	2225	−3.26
配药室	−235	−16.9	967	−0.29
处置室	−214	−22.2	967	−0.04
抢救室	485	12	8762	−4.81

标准层空调热负荷 表 A.15

参数	冬季空调总热负荷(含新风/全热)(W)	冬季空调总热负荷(含新风/显热)(W)	冬季空调总热负荷(含新风/潜热)(W)	冬季空调室内热负荷(全热)(W)	冬季新风量(m³/h)	冬季新风热负荷(W)
医生办公室	6078	4969	1109	1322	400	4756
主任办公室	2307	1947	360	763	100	1544
示教室	10199	8099	2100	1500	540	6699
病人活动室	4783	3849	933	917	240	3866
开水配餐间	−405	−363	−42	−775	25	370
治疗室	3132	2605	527	−895	250	4027
公共走廊	3898	3099	799	348	240	3550
患者走廊	5134	4134	999	696	300	4438
电梯厅	9548	7549	1999	672	600	8876
护士站	2131	1603	528	−649	180	2780
更衣值班室	3849	3081	768	760	200	2089

A.3.3 末端设备选型

(1) 新风机组选型

新风不仅负担新风冷负荷,还负担部分室内显热冷负荷和全部潜热冷负荷,风机盘管仅负担一部分室内显热冷负荷。新风处理到 $d_L<d_N$。根据 3.2.3 节计算方法,计算出新风处理的终状态点的焓值,利用新风量和焓差计算出新风承担的冷量和热量,根据冷量选择新风机组冷热盘管。三个新风系统的新风承担的冷热量见表 A.16。所选择的新风机组参数见表 A.17。双冷源新风机组夏季运行原理图见图 A.5。

新风系统负荷及风量统计表 表 A.16

送风系统	房间	新风冷负荷(W)	新风热负荷(W)	房间	新风冷负荷(W)	新风热负荷(W)
TS6-1	女更衣值班	2750	2086	示教室	6950	6699
	男更衣值班	2843	2065	医护办公室	5360	4756
	主任办公室	1450	1544	护士值班室	1870	1544
	治疗室	3652	4027	二人间 B1	4320	5117
	被服库	1385	1152	二人间 B2×4	4315×4	5117
	处置室	1692	967	晾晒间	1975	2252
	配药室	1782	967	公共走廊	3936	3550
	总冷负荷	57225		总热负荷	55194	
	风量(m³/h)	4530				
TS6-2	二人间 N1	4463	5117	三人间 N2×5	4935×5	6257×5
	医生值班室	1937	1544	患者走廊	2300	2219
	总冷负荷	33375		总热负荷	35165	
	风量(m³/h)	3220				

续表

送风系统	房间	新风冷负荷 (W)	新风热负荷 (W)	房间	新风冷负荷 (W)	新风热负荷 (W)
TS6-3	电梯厅	7895	8876	患者走廊	2300	2219
	开水配餐间	639	370	护士站	4652	2780
	病人活动室	3360	3866	抢救室	9320	8762
	二人病房 N8	4685	5117	三人病房 N9×7	4935×7	6257×7
	二人病房 N16	4995	5117			
	总冷负荷	66925		总热负荷	66985	
	风量(m³/h)	5770				

各个新风系统新风机组型号 表 A.17

型号	AAHM05N-RDC(TS6-1)						
新风量 (m³/h)	制冷量 (kW)	制热量 (kW)	除湿量 (kg/h)	加湿量 (kg/h)	冷水流量 (t/h)	热水流量 (t/h)	机外余压 (Pa)
5000	93	56	31	32	11.7	4.8	300
装机功率 (kW)	配管管径 (mm)	运行重量 (kg)	噪声 (dB)	机身尺寸(mm)			
				长	宽		高
6.6	DN40	650	64	2050	950		1150
型号	AAHM04N-RDC(TS6-2)						
新风量 (m³/h)	制冷量 (kW)	制热量 (kW)	除湿量 (kg/h)	加湿量 (kg/h)	冷水流量 (t/h)	热水流量 (t/h)	机外余压 (Pa)
4000	74	45	25	25	9.3	3.9	300
装机功率 (kW)	配管管径 (mm)	运行重量 (kg)	噪声 (dB)	机身尺寸(mm)			
				长	宽		高
7.2	DN40	580	63	2050	850		1100
型号	AAHM07N-RDC(TS6-3)						
新风量 (m³/h)	制冷量 (kW)	制热量 (kW)	除湿量 (kg/h)	加湿量 (kg/h)	冷水流量 (t/h)	热水流量 (t/h)	机外余压 (Pa)
7000	130	79	44	44	16.3	6.8	350
装机功率 (kW)	配管管径 (mm)	运行重量 (kg)	噪声 (dB)	机身尺寸(mm)			
				长	宽		高
8.9	DN50	800	66	2050	1000		1250

注：以上机组额定工况下冷水进出口温度为14℃/21℃,热水进出口温度为40℃/30℃。

(2) 干式风机盘管选型

夏季,房间的显热冷负荷减去新风承担的房间的部分显热冷负荷,剩余的为干式风机盘管应该承担的冷负荷,再根据风机盘管干工况焓湿图计算风机盘管的风量,根据冷量和风量选择风机盘管型号。标准层风机盘管选型表见表 A.18。

(3) 双面冷暖辐射板选型

根据《辐射供暖供冷技术规程》JGJ 142—2012 供暖的供水温度从舒适节能的角度考虑,应在 35～45℃,严寒地区回水温度不低于 30℃;本设计采用双面辐射供暖的房间的热指标在 12～39W/m² 之间,所以供水温度取 40℃,回水温度取 30℃。

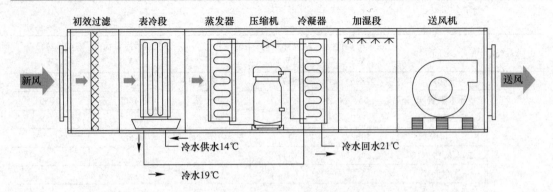

图 A.5 双冷源新风机组夏季运行原理图

标准层风机盘管选型表   表 A.18

参数	风机盘管计算冷量(W)	风机盘管计算风量(m³/h)	新风机组计算冷量(W)	风机盘管型号	所选风机盘管供冷量(W)	所选风机盘管风量(m³/h)
医生办公室	965	820	5360	FPG-136WA	2400	1020
主任办公室	798	422	1450	FPG-68WA	1329	510
示教室	890	870	6950	FPG-136WA	2400	1020
病人活动室	1790	1098	3360	FPG-170WA	3100	1275
公共走廊	2089	1265	3936	FPG-85WA×2	1608	638
患者走廊	2892	1585	4632	FPG-102WA×2	1824	765
电梯厅	1365	1270	7895	FPG-170WA	3100	1275
更衣室	198	298	3258	FPG-68WA	1032	383

注：所选机组都为该型号中档，开水配餐间的新风可以满足室内要求，所以不布置风机盘管。

辐射供冷系统的供水温度确定时，考虑防结露、舒适性及控制方式等方面因素。供水温度一般在 14～18℃，宜选用高温冷源，以提高效率。回水温差应在 2～5℃ 之间。本设计选取和风机盘管相同的供水温度 16℃，回水温度取 21℃。

本系统的工作压力取 0.6MPa，材料为 PE-X，管壁厚为 1.9mm，公称外径为 20mm；填充层材料根据《辐射供暖供冷技术规程》JGJ 142—2012，选择强度等级宜为 C15 的豆石混凝土，豆石粒径为 10mm，填充层厚度为 50mm，地板材料为大理石。

根据房间辐射板所需要承担的冷热负荷计算辐射地面单位面积所需传热量，计算结果见表 A.19 和表 A.20。

标准层房间单位面积传热量需求   表 A.19

参数	冬季总热负荷(W)	房间辐射加热管面积(m²)	单位面积散热量(W/m²)
三人病房 N5,N12	485	26	19
二人病房 N1	665	24	28
二人病房 N16	665	24	28
二人病房 B1	767	18	43
二人病房 N8	425	22	20
二人病房 B2,B4	405	22	19
抢救室	485	36	14

标准层房间单位面积冷量需求　　　　　　表 A.20

参数	夏季总冷负荷(W)	辐射承担室内冷负荷(W)	房间辐射加热管面积(m²)	单位面积传冷量(W/m²)
三人病房 N5,N12	2609	806	26	31
二人病房 N1	2359	723	24	30
二人病房 N16	2177	705	24	29
二人病房 B1	2154	639	18	36
二人病房 N8	2379	730	22	33
二人病房 B2,B4	2052	621	22	28
抢救室	2668	842	36	23

根据《辐射供暖供冷技术规程》JGJ 142—2012 附录 B 选择辐射管的布置间距，供冷工况查《温湿度独立控制空调设计指南》，选择布置间距，供热工况 500mm 铺设间距可以满足冬季需求，供冷工况 250mm 铺设间距才可以满足需求；综合满足两种工况，辐射管铺设间距选择 250mm。

这样做的问题是冬季热量过多以及地表温度过高，针对热量过多，可以通过温控阀来控制热水的通断来达到要求温度。对地表温度进行校核观察，均满足要求，未超过 29℃。

A.4　冷热源设计

本设计末端风机盘管、双面辐射板的冷热源与新风机组的冷热源分开选择。新风机组采用自带独立内置冷源的形式，为了提高新风除湿过程的效率，可以利用高温冷源先对室外新风进行预冷处理，然后用低温冷水对预冷后的新风进一步除湿。干式风机盘管与辐射系统需要选择高温冷源供冷。选择冷热源机组时，按照 DeST 全年负荷最大值的 90% 来选取，即冷负荷 2247.33kW，热负荷 1822.7kW。新风机组承担的新风冷负荷 1544.30kW，新风热负荷 1480.61kW。其中利用高温冷水预冷可以承担 50% 左右的负荷。高温冷源承担冷负荷 703.3kW（风机盘管）+772.2kW（新风预冷），共计 1475.45kW。承担热负荷 1822.7kW。经过经济性比较，冷热源选择土壤源热泵机组，机组参数见表 A.21。

土壤源热泵机组参数　　　　　　表 A.21

型号	制冷量(kW)	制热量(kW)	蒸发器			冷凝器			台数
			水流量(m³/h)	水阻力(kPa)	管径(mm)	水流量(m³/h)	水阻力(kPa)	管径(mm)	
SDR-6100S/W	616	677	106.4	50	DN180	92.5	50	DN180	3
	外形尺寸(mm)						重量(kg)		
	A		B		C				
	4695		1288		1580		5310		

制冷功率为 123kW，制热功率为 157kW；制冷时 COP 为 5.0，制热时 COP 为 4.3。机组的额定工况制冷时使用侧进出水温度 21℃/16℃，冷热源侧进出水温度 18℃/23℃。制热时使用侧进出水温度 30℃/45℃，冷源侧进出水温度 18℃/13℃。

A.5 水系统设计

水系统选择异程双管式，末端变流量的形式。根据水力计算结果选择冷水泵 3 台，热水泵 3 台，冷却水泵 3 台，具体参数见表 A.22、表 A.23。

冷（冷却）水泵参数表　　　　　　　　　　表 A.22

型号	流量 （m³/h）	扬程 （m）	转速 （r/min）	电动机功率 （kW）	气蚀余量 （m）	重量 （kg）	水泵接口 管径
VGDW100-25	100	25	1450	11	1.8	370	DN150

热水泵参数表　　　　　　　　　　　　表 A.23

型号	流量 （m³/h）	扬程 （m）	转速 （r/min）	电动机功率 （kW）	气蚀余量 （m）	重量 （kg）	水泵接口 管径
VGDW80-20	60	21	1450	7.5	2.8	350	DN150

A.6 系统控制调节策略

A.6.1 通风系统调节

风量需要调节的情况有：查房的时候病房内的人数突然增多时；夜间办公室等房间没有人时；各个房间压力发生变化时；过渡季节不需要空调时。针对以上几种情况分别进行分析。

(1) 查房时间

经过之前的问卷调研，查房时病房人数是最多的，一间病房会有将近 20 人，所以为了满足室内的卫生需求，当室内人数增加时会适当的加大新风量。所以在每间病房安装 CO_2 传感器，当室内的 CO_2 浓度达到 1000ppm 的时候，调节支路风机的频率，加大新风量。对于要加大多少新风量，则要根据实际运行时的情况来定。

(2) 夜间

医院晚上只有病房、护士站、值班室这些房间需要开启新风。而病房也只有病人和陪护人员，人数较稳定，所以根据实际人数来调节风量。

(3) 维持房间压力

病房压力为零压，所以病房一侧的压力不会发生太大变化，当人数发生变化时需要调节新风量，根据新风量的调节情况来调节排风量。保证送风量等于排风量就可以满足压力要求。

治疗室、配药室、处置室等房间压力为负压，医生办公室、护士长办公室等办公室房间压力为正压，存在压差的情况下，气流就会从办公室流入走廊，再到治疗室、配药室等房间。这样就可以满足这些房间的补风要求。由于晚上办公室没有人，而配药室、治疗室会有医生或者护士进行治疗，如果不进行调节风量，病房一侧的气流就会流向走廊再到治疗室等房间，这样就会使病房压力变为负压。所以在夜间的时候可以适当的减小病房的排风量，这样就算有压力变化，也不会使病房变为负压，有效的防止污染气体流入病房。

（4）过渡季节

春季由于室内建筑冷热负荷很小，主要是人体的产湿量和产热量，室外的温度又低于室内温度，所以只开启风机就可以满足卫生需求和冷热需求。

秋季和春季一样，同样是室内温度高于室外，这样就可以用室外的空气来带走室内产生的热量和湿量。

A.6.2 新风机组控制调节

（1）室内温度的自动控制

夏季，通过室内干球温度控制新风机组表冷器出口电动二通阀，使其室内干球温度达到设定要求（以室内相对湿度为主控参数）；冬季，通过送风温度控制新风机组加热器出口电动二通阀，使其送风温度达到设定值。

（2）对湿度自动控制

夏季，通过室内露点温度控制新风机组表冷器出口电动二通阀，使其室内相对湿度达到设定要求；冬季，通过送风相对湿度控制蒸汽加湿装置电动二通阀，使冬季送风相对湿度达到设定值。

（3）检测与保护功能

① 对过滤器气流阻力的变化进行自动监测和报警；

② 对送风温度、湿度参数及设备运行状态进行监测；

③ 对室外空气温度及供、回水温度的监测；

④ 表冷器设置低温保护（关闭新风阀及开启水阀）；

风机电机过载保护。

A.6.3 辐射盘管系统的控制调节

（1）进水温度的自动控制

通过检测房间的露点温度，调节设置在辐射板主管道上的电动二通阀来调节供回水流量比例，保证辐射板在干工况下运行。

（2）对湿度自动控制

当新风送风温度降到设定的最低送风温度以下，仍不能维持房间干球温度设定值时，启动辐射板，通过检测房间的干球温度，调节设置在房间进水支管上的电动二通阀，使其达到室内温度的要求。

（3）检测与保护功能

① 对房间的干、湿球温度的检测；

② 辐射板进水温度监测。

A.6.4 干式风机盘管的控制调节

（1）进水温度的自动控制

通过检测房间的露点温度，调节设置在干盘管主管道上的电动二通阀来调节供回水流量比例，保证干盘管在干工况下运行。

（2）室内温度自动控制

当新风送风温度降到设定的最低送风温度以下，仍不能维持房间干球温度设定值时，启动干盘管，通过检测房间的干球温度，调节设置在干盘管进水支管上的电动二通阀，使其达到室内温度的要求。

（3）检测与保护功能

① 对房间的干、湿球温度的检测；

② 干式风机盘管进水温度检测。

A.6.5　冷热源的控制调节

在不同负荷率下采用改变投入运行的冷热源机组的台数来适应负荷的变化。

第三篇　通风工程施工
与通风优先运维

通风工程施工方法及质量保障指南

编写单位：重庆海润节能技术股份有限公司
主要编写人员：祝根原　刘俊杰　章小玲　徐　皓　叶礼印　邓福华
主要审查人员：郭金成　付祥钊　谭　平

购房时的"南北通透"、居家时的"开窗通风"等，早已融入人们的日常生活，这就是老百姓心中的"通风优先"。考虑到室外雾霾、扬尘、噪声等环境影响，建筑空间布局限制，室内污染物的散发，空间气流组织的需求等综合因素，自然通风早已无法满足健康安全的需求。如医院建筑自然通风，不仅建筑条件受限，空调供暖不节能，还易破坏医院气流组织导致交叉感染。因此机械通风成为了保障健康安全的首选，而通风工程的实施效果则直接决定了通风健康安全的保障程度。

通风工程包含了设计、施工、调试、运行等主要环节，各环节紧密协作，环环相扣方能保障通风效果，而通风工程中的施工环节是将理论转化为实践的落地性关键环节，施工质量的好坏直接决定了运行的通风效果。通风工程往往与热湿调控工程（供暖、空调）、给排水工程、电气工程、智能化工程、消防工程、防排烟工程及内外装修工程等同步进场施工，施工过程中存在各专业交叉作业、施工工作面宽广、施工人员众多、施工安全隐患较大、施工工艺环节繁琐等困难，其施工质量控制难度较大。此时则需要在施工过程中全面贯彻实施以"通风优先"的施工质量方法及控制措施，来最终保障通风工程的实施效果。

自"非典"以来，重庆海润节能技术股份有限公司（以下简称"海润"）一直深耕于通风领域并率先推出了智能通风系统。海润的自平衡式机械通风系统、动力集中式/分布式变风量系统、动力分布式智适应通风系统、装配式新风系统等一代又一代的系统更新迭代，其本质就是以"通风优先"为核心思想进行系统研发，最新研发的装配式新风系统是从主机到末端的全系统产品，工厂集中生产调试，现场模块化装配，极大的降低了施工过程中的质量风险，保障了通风效果。

目前装配式新风系统的研发还未完善，系统应用较少，现场生产加工的安装方式仍是现行通风工程施工的主流，海润在长达17年通风工程系统解决方案的实践过程中深知施工环节的重要性，为打通这一关键环节，海润总结多年经验教训，并结合国家、行业相关规范标准，梳理相关工程管理、工艺节点，编制《通风工程施工方法及质量保障指南》。

1　施工管理

1.1　施工方案编制及资源管理

1.1.1　施工方案应有针对性和可行性，能突出重点和难点，并应注意当地气候条件对施工进程和施工质量的影响，从而制定出可行的施工方法和保障措施；方案能满足工程的质量、安全、工期要求，并且施工所需的成本费用低。

1.1.2 施工方案的编制应至少参照施工组织设计、设计技术文件、供货方技术文件、施工现场条件、国家和行业相关规范、同类型工程项目经验等依据。

1.1.3 施工方案应至少包括工程概况、编制依据、施工程序、施工方法、进度计划、资源配置计划、安全技术措施、质量管理措施、施工平面布置（包括办公区、加工区、材料堆放区等）等内容。

1.1.4 根据条件不同，对于可采用多个施工方案的，宜进行技术经济分析，选出工期短、质量好、材料省、劳动力安排合理、工程成本低的方案。

1.1.5 施工现场项目部主要管理人员应根据项目大小和项目具体情况配备，其中项目经理必须具备建造师资格。

1.1.6 施工现场应从优化配置劳动力、劳动力动态管理及劳动保护等实施劳动管理。

1.1.7 施工现场应建立项目经理、主管材料员、班组材料员的三级材料管理岗位职责，组织实施材料计划管理，并按月检查。

1.1.8 施工现场应做好材料进场验收和库存管理工作。

【条文说明】材料进场验收的主要内容包括品种、规格、型号、质量、数量、证件等；库存管理要求做到专人管理、建立台账、标识清楚、安全防护、分类存放、定期盘点。

1.1.9 开工前项目部应严格执行施工图会审及施工技术交底制度，开工后应做好设计变更管理。

【条文说明】施工图会审意在让施工人员领会设计意图，熟悉图纸，才能正确施工，确保施工质量；施工技术交底包含设计交底、施工组织设计交底、施工方案交底、设计变更交底，具体交底内容应包括施工工艺与方法、技术要求、质量要求、安全要求及其他要求等。

设计变更分为小型设计变更、一般设计变更、重大设计变更，所有变更均应履行相应的变更程序。

1.2 施工协调与进度管理

1.2.1 项目部应做好与施工进度计划安排的协调、与施工资源分配供给的协调、与施工质量管理的协调、与施工安全管理的协调、与施工作业面安排的协调及与施工工程资料形成的协调等内部协调工作。

【条文说明】任何计划制定后，在实施过程中总会出现偏差，需进行协调，使参与实施计划的执行者步伐符合计划要求，因为施工管理活动是有计划的管理活动，所以协调管理始终贯穿于施工管理的全过程，参与协调管理涉及项目部的决策层、管理层和执行层。

1.2.2 项目部应做好与发包单位、业主及其代表监理单位、工程设计单位、质量监督机构等的外部协调工作，同时对于分包单位及材料供应商的协调更应纳入重点。

1.2.3 编制进度计划应注意以下几点：

① 编制的计划在实施中应能控制和调整，以便后期沟通协调；

② 确定工程项目施工顺序，突出主要工程，满足质量和安全的需要，同时还需注意辅助装置及配套工程的安排满足需求；

③ 分清主次抓住重点，优先安排工程量大的部分，保证重点、兼顾一般，还应满足连续均衡施工要求，同时留出部分后备工程，以作为平衡调剂使用；

④ 要分析可能影响进度的因素，并做好应对预案。

1.2.4 施工进度计划编制完成后，应及时编制相对应的设备材料计划、劳动力计划、施工机具计划及资金计划等。

1.2.5 施工进度的过程控制可采用组织、技术、合同、经济、信息等措施。

1.2.6 施工进度调整可采用改变某些工作间的衔接关系和缩短某些工作的持续时间的方法，调整的主要内容应包括施工内容、工程量、起止时间、持续时间、工作关系、资源供应等。

1.3 施工质量、安全及环境管理

1.3.1 施工质量控制应分别从人员、机具、设备材料、施工方法、施工环境5个方面分类实施管理。

1.3.2 工程现场应严格执行施工质量三级检查制度和施工质量验收制度，对于隐蔽工程质量验收更是要纳入质量验收的重点。

【条文说明】施工质量的三级检查制度，简称"三检制"，即操作者的"自检"，施工人员间的"互检"（交接检）和专职质量检验人员"专检"相结合的一种检验制度；隐蔽工程是指工程项目建设过程中，某一道工序所要完成的工程实物被后一工序形成的工程实物所隐蔽，而且不可逆向作业的工程。

1.3.3 施工质量问题调查应按下列程序进行。

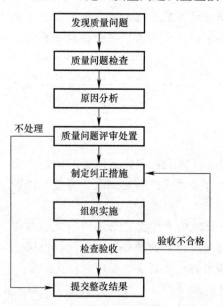

1.3.4 施工质量问题处理的方式包括返工、返修、降级使用、不处理、让步接收、报废等。

1.3.5 项目部应根据安全生产责任制的要求，把安全责任目标层层分解到岗，落实到人。项目经理是安全生产第一责任人，对项目的安全生产负全面责任，同时应明确其他人员的安全职责。

1.3.6 项目部除应遵守工程日常施工环境保护外，还应遵守绿色施工相关要求，具体包括：扬尘控制、噪声与振动控制、光污染控制、水污染控制、土壤保护、建筑垃圾控制、地下设施和文物及资源保护。

1.4 试运行、竣工验收及回访管理

1.4.1 系统试运行与调试应由施工单位负责组织实施，监理单位督导，供应商、设计单位、建设单位等参与配合。试运行与调试应做好记录，并应提供完整的调试资料和报告。

1.4.2 各有关单位（包括设计、施工、监理单位）应在工程准备开始阶段就建立起工程技术档案，汇集整理有关资料，把这项工作贯穿于整个施工过程，直到工程竣工验收结束。

1.4.3 工程竣工验收交付使用后，在规定的期限内，由施工单位主动到建设单位或

用户进行回访，对工程确由施工造成的无法使用或达不到效果的部分，应由施工单位负责整改，使其能正常使用，达到应用效果。

2 通风工程实施强条

2.0.1 《民用建筑供暖通风与空气调节设计规范》GB 50736—2012 第 6.1.6 条：凡属下列情况之一时，应单独设置排风系统：

1 两种或两种以上的有害物质混合后能引起燃烧或爆炸时；

2 混合后能形成毒害更大或腐蚀性的混合物、化合物时；

3 混合后易使蒸汽凝结并聚积粉尘时；

4 散发剧毒物质的房间和设备；

5 建筑物内设有储存易燃易爆的单独房间或有防火防爆要求的单独房间；

6 有防疫的卫生要求时。

2.0.2 《民用建筑供暖通风与空气调节设计规范》GB 50736—2012 第 6.3.2 条：建筑物全面排风系统吸风口的布置，应符合下列规定：

1 位于房间上部区域的吸风口，除用于排除氢气与空气混合物时，吸风口上缘至顶棚平面或屋顶的距离不大于 0.4m；

2 用于排除氢气与空气混合物时，吸风口上缘至顶棚平面或屋顶的距离不大于 0.1m；

3 用于排出密度大于空气的有害气体时，位于房间下部区域的排风口，其下缘至地板距离不大于 0.3m；

4 因建筑结构造成有爆炸危险气体排出的死角处，应设置导流设施。

2.0.3 《民用建筑供暖通风与空气调节设计规范》GB 50736—2012 第 6.6.16 条：可燃气体管道、可燃液体管道和电线等，不得穿过风管的内腔，也不得沿风管的外壁敷设。可燃气体管道和可燃液体管道，不应穿过通风、空调机房。

2.0.4 《民用建筑供暖通风与空气调节设计规范》GB 50736—2012 第 9.4.9 条：空调系统的电加热器应与送风机连锁，并应设无风断电、超温断电保护装置；电加热器必须采取接地及剩余电流保护措施。

2.0.5 《建筑设计防火规范》GB 50016—2014 第 6.3.5 条：防烟、排烟、供暖、通风和空气调节系统中的管道及建筑内的其他管道，在穿越防火隔墙、楼板和防火墙处的孔隙应采用防火封堵材料封堵。

风管穿过防火隔墙、楼板和防火墙时，穿越处风管上的防火阀、排烟防火阀两侧各 2.0m 范围内的风管应采用耐火风管或风管外壁应采取防火保护措施，且耐火极限不应低于该防火分隔体的耐火极限。

2.0.6 《建筑设计防火规范》GB 50016—2014 第 9.1.4 条：民用建筑内空气中含有容易起火或爆炸危险物质的房间，应设置自然通风或独立的机械通风设施，且其空气不应循环使用。

2.0.7 《建筑设计防火规范》GB 50016—2014 第 9.3.11 条：通风、空气调节系统的风管在下列部位应设置公称动作温度为 70℃ 的防火阀：

1 穿越防火分区处；

2 穿越通风、空气调节机房的房间隔墙和楼板处；

3 穿越重要或火灾危险性大的场所的房间隔墙和楼板处；

4 穿越防火分隔处的变形缝两侧；

5 竖向风管与每层水平风管交接处的水平管段上。

注：当建筑内每个防火分区的通风、空气调节系统均独立设置时，水平风管与竖向总管的交接处可不设置防火阀。

2.0.8 《建筑机电工程抗震设计规范》GB 50981—2014 第5.1.4条：防排烟风道、事故通风风道及相关设备应采用抗震支吊架。

2.0.9 《通风与空调工程施工规范》GB 50738—2011 第3.1.5条：施工图变更需经原设计单位认可，当施工图变更涉及通风与空调工程的使用效果和节能效果时，该项变更应经原施工图设计文件审查机构审查，在实施前应办理变更手续，并应获得监理和建设单位的确认。

2.0.10 《通风与空调工程施工规范》GB 50738—2011 第16.1.1条：通风与空调系统安装完毕投入使用前，必须进行系统的试运行与调试，包括设备单机试运转与调试、系统无生产负荷下的联合试运行与调试。

2.0.11 《通风与空调工程施工质量验收规范》GB 50243—2016 第4.2.5条：复合材料风管的覆面材料必须采用不燃材料，内层的绝热材料应采用不燃或难燃且对人体无害的材料。

2.0.12 《通风与空调工程施工质量验收规范》GB 50243—2016 第6.2.2条：当风管穿过需要封闭的防火、防爆的墙体或楼板时，必须设置厚度不小于1.6mm的钢制防护套管；风管与防护套管之间应采用不燃柔性材料封堵严密。

2.0.13 《通风与空调工程施工质量验收规范》GB 50243—2016 第6.2.3条：风管安装必须符合下列规定：

1 风管内严禁其他管线穿越。

2 输送含有易燃、易爆气体或安装在易燃、易爆环境的风管系统必须设置可靠的防静电接地装置。

3 输送含有易燃、易爆气体的风管系统通过生活区或其他辅助生产房间时不得设置接口。

4 室外风管系统的拉索等金属固定件严禁与避雷针或避雷网连接。

2.0.14 《通风与空调工程施工质量验收规范》GB 50243—2016 第7.2.2条：通风机传动装置的外露部位以及直通大气的进、出风口，必须装设防护罩、防护网或采取其他安全防护措施。

2.0.15 《通风与空调工程施工质量验收规范》GB 50243—2016 第7.2.10条：静电式空气净化装置的金属外壳必须与PE线可靠连接。

2.0.16 《通风与空调工程施工质量验收规范》GB 50243—2016 第7.2.11条：电加热器的安装必须符合下列规定：

1 电加热器与钢构架间的绝热层必须采用不燃材料；外露的接线柱应加设安全防护罩。

2 电加热器的外露可导电部分必须与PE线可靠连接。

3 连接电加热器的风管的法兰垫片，应采用耐热不燃材料。

2.0.17 《建筑节能工程施工质量验收标准》GB 50411—2019 第 3.1.2 条：当工程设计变更时，建筑节能性能不得降低，且不得低于国家现行有关建筑节能设计标准的规定。

2.0.18 《建筑节能工程施工质量验收标准》GB 50411—2019 第 10.2.2 条：通风与空调节能工程使用的风机盘管机组和绝热材料进场时，应对其下列性能进行复验，复验应为见证取样检验。

1 风机盘管机组的供冷量、供热量、风量、水阻力、功率及噪声；

2 绝热材料的导热系数或热阻、密度、吸水率。

2.0.19 《建筑节能工程施工质量验收标准》GB 50411—2019 第 18.0.5 条：建筑节能分部工程质量验收合格，应符合下列规定：

1 分项工程应全部合格；

2 质量控制资料应完整；

3 外墙节能构造现场实体检验结果应符合设计要求；

4 建筑外窗气密性能现场实体检验结果应符合设计要求；

5 建筑设备系统节能性能检测结果应合格。

2.0.20 《建筑工程施工质量验收统一标准》GB 50300—2013 第 5.0.8 条：经返修或加固处理仍不能满足安全或重要使用功能的分部工程及单位工程，严禁验收。

2.0.21 《建筑工程施工质量验收统一标准》GB 50300—2013 第 6.0.6 条：建设单位收到工程验收报告后，应由建设单位项目负责人组织监理、施工、设计、勘察等单位项目负责人进行单位工程验收。

3 图纸会审与管线综合排布

3.1 通风工程进场后应进行图纸会审，并应重点检查通风工程系统的完善程度及关联专业的配合情况。

【条文说明】图纸会审一是专业自身的审核，包括材质材料说明、系统完善程度、可实施条件、主要设备技术参数等；二是强调各个专业间相互审查，应重点检查为通风工程系统服务的相关专业的配合情况，如强电、弱电、空调冷热水、加湿用水、加湿蒸汽源、设备基础、通风井道、冷凝排水点等条件复核。

3.2 机电安装工程实施前，暖通、消防、给水排水、电气、内外装修等专业应进行管线综合排布，管线综合排布一般由总包单位组织实施，暖通专业宜作为管线综合排布的牵头者；安装时应按照综合排布确定的管线关系及工艺顺序实施。

【条文说明】管线综合排布应在建筑施工图设计阶段完成，但考虑到现在大部分装修设计均在建筑设计完成才开始进行，建筑室内的机电管线与装饰间存在一定偏差，因此强调在机电工程安装实施前，装饰合图时应首先进行各专业管线综合排布工作。

管线综合排布是将构筑物中的暖通（通风空调风管、防排烟风管）、给水排水（给水管、排水管及消防水管）、电气（强、弱电桥架）等管线进行合理排布，使之在满足使用功能的前提下，达到减小管线占用构筑物预留空间，满足大空间、走廊灯净高要求，并且方便安装，易于调试检修的目的。

3.3 管线综合宜利用计算机辅助设计（CAD）初步排布后，再利用建筑信息模型

（BIM）进行精细化排布。

【条文说明】计算机辅助设计技术（CAD）操作简单，工程师可利用CAD快速进行初步综合排布设计，以确定主要管线空间关系；而后再利用建筑信息模型技术（BIM）建模进行管线的三维碰撞检查、补充，以完善各管线间的空间关系，达到综合排布的效果，这样可有效提高综合排布效率。

3.4　机电管线排布宜符合下列要求：

（1）有压管道让无压管道、小管道让大管道；

（2）简单管道让复杂管道、非绝热管道让绝热管道；

（3）可弯管线让不可弯管线、分支管线让主干管线；

（4）高压管道在上，低压管在下，无压管（冷凝水、污排、雨排、废排等）最下；

（5）检修难度小的管线让检修难度大的管线；

（6）电气管线避水，蒸汽管道、热水管道的正上方及其他水管正下方禁止安装电气管线；

（7）防排烟、喷淋及消火栓等不常用管道让通风、空调、给水排水等常性使用管道。

3.5　管线综合排布除应考虑管线交叉关系和管线施工工艺顺序外，还应充分考虑阀门、支架、绝热等安装空间及设备、阀门等检修操作空间。

3.6　通风工程管线排布宜符合下列要求：

（1）防排烟系统风管一般排布于管线最上方，通风空调系统风管次之，且风管顶部距离梁或板底部的间距宜为50～100mm；

（2）风管的外壁、法兰边缘及绝热层外壁等管路最突出的部位，距墙柱的水平距离宜大于等于100mm；

（3）风管间的交叉翻弯宜在梁跨之间进行，且应采用双乙字弯翻弯；

（4）管廊空间不足时，可采用调整管线数量及走向、降低标高、适度调整风管断面尺寸等方式处理。

【条文说明】风管间的交叉翻弯一般在梁跨中的楼板下，而非梁下翻弯，这样可有效利用梁内空间；风管交叉时，主风管应保持不动，支路风管应上翻，弯头应采用乙字弯，而非工程中常见的90°直角弯。

管线空间不足时，宜先将多余的管线调整走向以减少该区域内的管线数量，再进行降低区域标高，最后才可采取适当调整风管断面尺寸方式。当采用调整风管断面尺寸时，宜首先修改不常用的防排烟风管，再修改通风空调风管，修改风管断面尺寸时，原则上不得减小其断面积大小，当必须减少时，需原设计复核。

3.7　通风工程中的明装部分，如风口、检修口、控制面板等均应与装饰天花、墙面等进行合图，合图后的风口位置应满足气流组织要求，检修口位置应满足检修要求，控制面板位置应满足操作便利的要求。

3.8　通风工程的预留预埋宜符合下列要求：

（1）风管穿过剪力墙、楼板、梁、屋面、外墙、后砌墙等位置处，均应在浇筑或砌筑阶段做好相应孔洞的预留预埋，当穿过剪力墙、梁、板、屋面等结构位置处时，其孔洞的加固应满足设计要求。

（2）风管孔洞预留应预埋钢制套管或防护套管，预留孔洞的尺寸应满足套管及管道不间断绝热的要求。当孔洞风管穿过需要密闭的防火、防爆楼板或墙体时，其套管壁厚不应小于 1.6mm。

（3）大型设备的支、吊架预埋件形式、规格及位置应符合设计要求，并应与结构浇筑为一体。

（4）应预留大型新风机组的吊装及运输通道，并根据最终确定的机组尺寸提前浇筑设备基础。

（5）对于嵌入墙式配电箱、控制面板底盒及强弱电线管等，应在综合排布后提前进行预留预埋。

（6）在外墙上的新风引入口及排风排出口，应及时做好外墙体、外墙装饰挂板、玻璃幕墙等外立面的预留预埋。

4 设备材料采购与验收

4.1 设备材料采购

4.1.1 设备材料采购的关键性岗位职能应满足以下要求：

（1）现场技术员应对阶段性实施设备材料进行分解及统计，制作设备材料采购申请单，校核设备安装位置和运送条件，追踪设备材料采购单进程等。

（2）技术负责人应确定项目设备材料技术参数（性能、材质、规格等），参与主要设备材料的招标比选及确定品牌，审核材料采购申请单技术参数。

（3）成本控制负责人应明确项目设备材料总用量，做好日常设备材料数量的统计及审核并与总用量做比对。

（4）采购负责人应统筹设备材料的招标、采购、运输、发货及售后服务等。

4.1.2 项目设备材料需求总计划的编制应满足以下要求：

（1）采购负责人应协调供应商，组织落实项目所有设备材料的正常供货周期，汇总后发至项目部。

（2）项目部应根据通风工程总施工进度计划及现场设备材料堆放条件、设备材料供货周期表制定项目设备材料需求总计划。

【条文说明】采购负责人应熟悉新风机组、钢材、绝热材料、阀门、控制柜、控制元器件等生产供货周期。项目部也应了解各种设备材料采购周期，根据项目实施工期，提交设备材料需求计划表，预留设备采购周期，灵活调度采购资金。

4.1.3 设备材料的采购申请应注意以下内容：

（1）采购申请单应包括设备材料名称、主要技术参数、申请采购数量、预算审核量、材料需求日期、服务区域等主要内容。

（2）当设备材料技术要求和现场实际情况不符时，由技术负责人提出材料更换方案，报设计单位同意方可调整材料。

（3）风口宜在装饰开孔完成且现场复核开孔尺寸后采购，订货时应标注风口类型、风口材质、风口喉部尺寸、风口面部尺寸、风口颜色等主要技术参数。

4.1.4 主要设备材料的技术审核应满足以下内容：

（1）新风机组的技术审核应包括风量、风压、电功率、制冷热、制热量、加湿量、过滤器等级、安装形式、接管方向、过滤器抽出方向、分段组装等内容。

（2）通风管道的技术审核应包括管道材质、管道规格、管道壁厚、管道成型工艺等内容。

（3）阀门的技术审核应包括阀门类型、阀门材质、阀门规格、阀门法兰形式、执行机构技术要求等内容。

（4）绝热材料的技术审核应包括材料类型、材料规格、材料厚度、材料密度、导热系数、燃烧等级等内容。

（5）风口的技术审核应包括风口类型、风口规格、风口材质、风口颜色、风口固定方式等内容。

（6）压差开关、温湿度传感器、PM$_{2.5}$传感器等外部元器件的技术审核应包括元器件类型、传感器精度、输出信号方式等内容。

4.1.5　对于通用性强、技术要求不高的通用性设备材料，在技术经济可行的前提下，应就近采购。

【条文说明】对于钢材、支架、绝热、阀门等通用性材料，可以就近进行采购，便于材料的及时供应及售后服务。

4.1.6　因特殊工艺要求的定制类设备，宜在设备出厂前对其进行现场检验，合格后方可组织发货。

【条文说明】对于特殊工艺需求的定制设备，为非标化产品，生产工艺及产品原材料均不同，易在产品生产过程中出现差错，因此要求在设备出厂前在制造现场进行检验，发现产品问题或不满足工艺要求时，及时调整，直至满足要求。这样可有效避免因设备到场后不满足工艺要求而导致的资源浪费。

4.2　设备材料到货验收

4.2.1　设备材料到货验收流程如下：

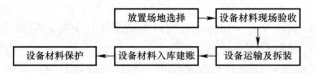

4.2.2　设备材料的堆放位置应根据其使用区域、安装时间、规格尺寸、堆放要求等条件合理选择，应进入施工方案和施工计划，标明在施工平面布置图中。

【条文说明】根据设备材料的使用性质及特点，部分贵重、体积小、易被盗的材料应堆放至专用材料库房内；部分大型设备、风管板材、钢材等应根据其安装区域、加工位置等合理选择临时堆放位置，应减少或避免设备材料的多次搬运。设备材料的堆放位置应在施工总平面图中明确。

4.2.3　设备材料到场应首先组织设备材料验收，并应注意以下内容：

（1）应根据设备材料的到货清单、采购申请单等资料逐一清点核对数量。

（2）应根据采购申请技术要求验收产品合格证书、产品说明书、产品图纸等技术类文字资料，做好记录并保存。

（3）到货验收的设备材料产品铭牌标识应正确，观感质量应合格，包装应完好，主要技术参数应符合要求。

（4）应根据国家现行相关标准对主要设备材料见证取样送检。

（5）对于现场验收不合格的设备材料应拒绝签收，并通知采购负责人做退换货处理。

【条文说明】到货验收的材料除检查铭牌标识、产品品牌、规格型号、外观质量等，还应重点检查其他可量化的规格指标，如绝热材料的厚度、密实度、燃烧等级，镀锌钢板的壁厚、镀锌程度，阀门的执行机构动作是否正常，静压箱和成品风管的漏光率等。

根据《建筑节能工程施工质量验收规范》GB 50411—2019，通风工程中的绝热材料应采用见证取样送检方式复检。

4.2.4 设备材料验收合格后应及时入库建账，并应做好如下防护工作：

（1）设备材料应堆放在室内指定的材料区，并应采用防尘布覆盖，严禁将设备材料直接堆放在室外。

（2）价值较大、易损坏的设备元器件应储存在库房内，并设专人值守。

（3）新风机组在正式接管前不得拆除机组设备进出口的封板及外缠绕的保护薄膜。

（4）消声静压箱和成品风管的两端开口处应设置专用防尘罩。

【条文说明】对于通风工程中的加湿循环泵、电动阀、传感器、控制柜等设备元器件，往往价值较大且已被损被偷，需专用库房保管，待后期收尾阶段时再进行安装调试。

5 支吊架制作与安装

5.1 一般规定

5.1.1 支、吊架宜选用工厂标准化产品，减少现场制作；现场加工的支、吊架宜按标准图制作。

5.1.2 支、吊架应满足其承重要求，应固定在可靠的建筑结构上，不应影响结构安全。严禁将支、吊架焊接在承重结构及屋架的钢筋上。

【条文说明】通风工程中风管的支、吊架一般情况均满足建筑结构安全，对于轻质材料的隔墙或屋面应注意支、吊架对承重的要求。吊装新风机组的支、吊架应复核其结构荷载。

5.1.3 风管支、吊架多采用木质材料作为绝热衬垫，绝热衬垫的厚度不应小于管道绝热层厚度，并应对其进行防腐处理。

5.1.4 风管的抗震支架的设置应符合现行国家标准《建筑机电工程抗震设计规范》GB 50981 的要求，并宜采用成品抗震支架。

5.1.5 风管和空调设备使用的可调节减震支、吊架，拉伸和压缩量应符合设计要求。

5.2 支、吊架制作

5.2.1 支、吊架制作应按下列工序进行。

5.2.2　支、吊架形式应根据建筑物结构和固定位置确定，并应符合设计要求。

【条文说明】按支、吊架与墙体、梁、楼板等固定结构的相互位置关系划分为：悬臂型、斜支撑型、地面支撑型、悬吊型；按支、吊架对管道位移的限制情况划分为：固定支架、活动支架（滑动支架、导向支架、防晃支架）。

5.2.3　支、吊架的型钢材料选用应按风管、部件、设备的规格和重量选用，一般情况下，风管选用角钢材料，设备选用槽钢材料，并应同时符合设计要求。

5.2.4　支、吊架制作应满足下列要求：

（1）制作材料（型钢）切口平整，切割边缘处应进行打磨处理，处理后无毛刺。

（2）横担长度应预留管道及保温厚度，一般为 100～150mm。

（3）型钢应采用机械开孔，开孔尺寸应与螺栓相匹配。

（4）支、吊架焊接应采用角焊缝满焊，焊缝高度应与较薄焊接件厚度相同，焊接饱满、均匀，不应出现漏焊、夹渣、裂纹、咬边等现象。

（5）型钢防腐施工前应对金属表面进行除锈、清洁处理，宜选用人工除锈的方法。涂刷防腐涂料时，应控制涂刷厚度，保持均匀，不应出现漏涂、起泡等现象。

（6）联合支、吊架制作应根据综合管线排布确定，其承载、材料规格需校核确定。

【条文说明】本条文明确要求了型钢开孔应采用机械开孔，不应用气割等方式开孔，气割开孔会造成开孔部位凹凸不平，影响螺栓的应力和紧固度。

5.2.5　支、吊架制作主要采用目测的质量检查方式，检查内容包括材质的规格强度、焊接及防腐情况。

5.3　支、吊架安装

5.3.1　支、吊架安装应按照下列工序进行。

5.3.2　支、吊架预埋件应在前期土建阶段完成，并应按第 3 章 3.8 节的有关规定执行。

5.3.3　支、吊架定位放线时，应根据管线综合排布后管道和设备的安装位置、标高，弹出中心线并画出支、吊架的安装位置。严禁将管道穿墙套管作为管道支架。

5.3.4　风管支、吊架的设置间距及位置应符合下列要求：

（1）金属风管水平安装，直径或边长小于或等于 400mm 时，支、吊架间距不应大于 4m；大于 400mm 时，间距不应大于 3m。螺旋风管的支、吊架间距可为 5m 与 3.75m；薄钢板法兰风管的支、吊架间距不应大于 3m。

（2）金属风管垂直安装时，应设置至少 2 个固定点，支架间距不应大于 4m；非金属风管垂直安装时，支架间距不应大于3m。

（3）支、吊架的设置不应影响阀门、自控机构的正常运行，且不应设置在风口、检修门处，离风口和分支管的距离不宜小于200mm。

（4）柔性风管的支、吊架间距不应大于1500mm，承托的座或箍的宽度不应小于25mm，两支、吊架间柔性风管的最大允许下垂应为100mm，且不应有死弯或塌凹。

（5）悬吊的水平主、干风管直线长度大于20m时，应设置防晃支架或防止摆动的固定点。

（6）边长（直径）大于1250mm的弯头、三通等部位应设置单独的支、吊架。

（7）边长（直径）大于或等于630mm的防火阀宜独立设置支、吊架；水平安装的边长（直径）大于200mm的风阀等部件与非金属风管连接时，应单独设置支、吊架。

（8）消声器及静压箱安装时，应设置独立支、吊架，固定应牢固。

5.3.5 采用膨胀螺栓固定支、吊架时，螺栓至混凝土构件边缘的距离不应小于8倍的螺栓直径；螺栓间距不小于10倍的螺栓直径。螺栓钻孔直径一般比螺栓直径大约2mm；螺栓钻孔深度一般与螺栓长度等长，并应符螺栓的使用技术条件的规定。

5.3.6 吊杆与横担之间应用螺母锁定，横担上为单螺母，横担下为双螺母，锁死后横担下吊杆螺纹应外露5～10丝。

5.3.7 屋面支架安装时，严禁用膨胀螺栓直接将支架固定于屋面，应采用支撑型支架，底部浇筑混凝土支座，并预埋地脚螺栓。

【条文说明】用膨胀螺栓直接将支架固定于屋面，容易造成屋面绝热层和防水层被破坏。

5.3.8 风管抗震支架的安装应符合《建筑机电设备抗震支吊架通用技术条件》CJ/T 476—2015的要求。

5.3.9 支、吊架安装完成后，应重点检查固定支架、导向支架、防晃支架的安装数量、质量是否符合设计要求，滑动支架安装的质量主要采用目测方式检查。

6 风管及部件制作与安装

6.1 一般规定

6.1.1 风管及部件宜选用标准化工厂产品；现场加工的风管及部件宜按标准图制作。

6.1.2 通风工程风管材质的选择应符合设计要求，多采用镀锌钢板金属风管，无机玻璃钢非金属风管及酚醛铝箔、聚氨酯铝箔、玻璃纤维、玻镁等复合风管的防火性能应符合现行国家有关标准的规定。

6.1.3 金属风管、非金属与复合风管及其配件的板材最小厚度应符合现行国家标准《通风与空调工程施工规范》GB 50738、《通风与空调工程施工质量验收规范》GB 50243的相关要求。

6.1.4 （U）PVC风管的板材最小厚度应符合现行行业标准《通风管道技术规程》JGJ/T 141的相关要求。

6.1.5 金属圆形柔性风管的厚度应符合现行行业标准《通风管道技术规程》JGJ/T

141 的相关要求。

6.1.6 通风系统中空调送、回风管及新风管的保温材料应符合设计要求，保温材料宜选择 B1 级橡塑保温材料、岩棉、离心玻璃棉等。

6.2 风管及部件的制作

6.2.1 金属风管的制作应按照下列工序进行。

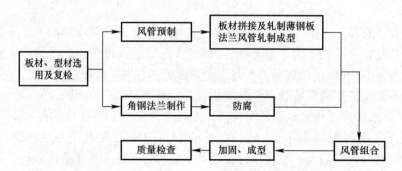

6.2.2 风管板材进场后首先应对板材、型材进行复检。镀锌钢板主要复检板材厚度及镀锌层脱落情况，非金属风管与复合风管主要检查其材料密度、厚度及防火性能等。

6.2.3 风管加工时应注意风管法兰形式，采用角钢法兰铆接连接风管管端应预留 6～9mm 的翻边量，采用薄钢板法兰（共板法兰）连接或 C 形、S 形插条连接的风管管端应留出机械加工成型量。

6.2.4 镀锌钢板风管板材多采用咬口方式拼接，当板厚大于 1.5mm 时的风管可采用电焊、氩弧焊。

6.2.5 角钢法兰应采用机械开孔且间距均匀，间距不大于 150mm。矩形法兰四角应设螺栓孔，孔应位于中心线上。

6.2.6 风管与法兰组合时，管壁与法兰内侧应紧贴，当法兰四角处的密封不严时，应采用密封胶进行密封。

6.2.7 非金属与复合风管在使用胶粘剂或密封胶带前，应将风管粘接处清洁干净。

6.2.8 矩形风管加固宜采用角钢、轻质型材或钢板折叠；圆形风管加固宜采用角钢。

6.2.9 风管的弯头、三通、四通、变径管、导流叶片等应按设计制作，除设计要求外，镀锌钢板风管应采用内外同心弧形，非金属与复合风管应采用内斜线形，且平面边长大于 500mm 时应设弯管导流片。

6.2.10 风管及部件的质量检查及成品保护应符合下列规定：

（1）应首先进行规格、型号、尺寸检查，超出允许误差的，应返工或重新制作。

（2）应对每一个直风管段、风管部件进行质量检查，重点检查风管法兰四周、三通、四通等易漏风处的密封情况，风管及管件应目测不漏光。

（3）对于需加固的风管及需设置导流叶片的弯头，应检查其风管加固及导流叶片的设置情况。

（4）风管段、风管部件检查合格后应按系统、规格分类堆放，并用防尘布覆盖，做好成品保护。

6.3 风管及部件的安装

6.3.1 风管的安装应按下列工序进行。

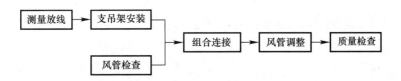

6.3.2 风管的连接方式应符合设计要求，金属风管宜选用角钢法兰、共板法兰连接，非金属风管宜选用承插连接，金属软风管宜选用抱箍连接，柔性短管宜采用法兰接口连接。

6.3.3 风管安装应符合下列规定：

（1）风管内应保持清洁，管内不应有杂物和积尘，当日施工完毕后应用防尘罩将风管端头密封，次日再打开继续安装。

（2）风管沿墙体或楼板安装时，距离墙面、楼板宜大于150mm，当风管需保温时，应预留足够的保温施工操作空间，连接阀部件的接口严禁安装在墙内或楼板内。

（3）风管采用法兰连接时，其螺母宜在同一侧，应与风管内空气的流动方向相同。风管法兰的垫片厚度不应小于3mm。垫片不应凸入风管内壁，亦不应突出法兰外。螺丝长度应长短一致，出螺母长度2～3扣。法兰螺栓两侧应加镀锌垫圈。

（4）金属矩形风管C形、S形直角插条连接和立咬口连接边长（直径）小于或等于1000mm的风管及非金属与复合风管粘接、插接时，均应注意在接缝处均匀涂抹密封胶。

（5）屋面排风管道安装时，应保持一定坡度，坡向排风口。

（6）风管安装后应进行调整，风管应平正，支吊架应顺直。

6.3.4 风阀部件的安装应符合下列规定：

（1）风阀安装方向应正确、便于操作，启闭灵活，电动调节阀执行机构应保证其动作的空间，常规阀门阀柄四周应留有足够的操作空间。

（2）风阀安装前，应检查其是否能够动作，安装后，阀门应处于开启状态。

（3）风阀安装在具有冷热处理的风管上时，风阀也应进行绝热处理，阀柄露出。

（4）风阀部件暗装在吊顶内时，应在其吊顶下部的适当位置处设有检查口，开口尺寸不小于350mm×350mm，并应与装饰协调。

6.3.5 风系统安装后，应根据国家标准规范和设计要求进行严密性检验，检验方式主要为漏光法检测，并应以主、干管为主，要求结构严密、无明显穿透的缝隙和孔洞为合格。竖井等需封闭的风管应在封闭前完成检测。

6.3.6 风管的绝热应符合下列规定：

（1）空调设备、风管及其部件的绝热工程施工应在风管系统严密性检验合格后进行。

（2）风管和管道的绝热材料进场时，应按现行国家标准《建筑节能工程施工质量验收规范》GB 50411的规定进行验收。

（3）施工时应按设计要求选用和安装绝热材料，绝热层与风管、部件及设备应紧密贴合，无裂缝、空隙等缺陷。不得遗漏冷桥部位的绝热。

6.3.7　采用金属材料作保护壳时，保护壳应平整，紧贴防潮层，不应有脱壳、褶皱、强行接口现象，保护壳端头应封闭，采用铆钉固定时，咬口应向下。

7　设备、风口及现场监控仪表设备安装

7.1　设备安装

7.1.1　空气处理设备、风机及变风量末端装置应按下列工序进行。

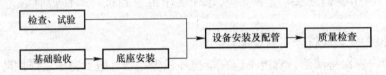

7.1.2　设备安装前准备工作，应至少包括如下内容：

（1）检查设备，各功能段的设置应符合设计要求，内、外部结构及接口等无损坏，手盘叶轮灵活无摩擦，手调配套阀门可动作。

（2）根据到货设备，校核设备基础的位置、尺寸及高度。基础表面应平整无裂纹。设备基础在屋面时，还应检查其防水工程的完成情况及预埋地脚螺栓的位置、尺寸等。

（3）设备强弱电配电及接口位置校核。

（4）核对设备运输通道的尺寸，结构承载能力应满足条件。

（5）应熟悉被安装设备的安装说明书，明确安装方向、接管方向、接线位置及其他所需的安装要求等。

7.1.3　设备运输和吊装应满足如下要求：

（1）设备垂直运输宜在建筑塔吊拆除之前完成。

（2）设备利用建筑结构做起吊、搬运的承力点时，应对建筑结构的承载能力进行核算，并应经设计单位或建设单位同意。

（3）采用的吊具应能承受吊装设备的整个重量，吊索与设备接触部位应衬垫软质材料。

（4）大型空气处理设备需现场整体拆卸、部件运输、二次组装时，应由供货商技术人员现场指导安装，二次组装后，设备的性能应能满足原设计要求。

【条文说明】大型空气处理机组应在大楼塔吊拆除之前吊装，当塔吊拆除后，无法整体吊装，需散件到货、现场组装时，应提前告知供货厂商。由供货厂商散件组装发货（仅做临时固定，不做密封处理），现场应在供货商技术人员指导下进行设备零部件的拆卸、分类、包装、运输、二次组装工作。组装完成后，应按要求进行设备连接缝的密封，设备的制冷量、制热量、加湿量及漏风率等应满足原设计要求。

7.1.4　设备吊装安装时应符合下列要求：

（1）设备吊架及减振装置应符合设计、产品技术文件及设备运行重量的要求。

（2）设备顶部与结构顶板间距宜不小于150mm，设备底部应满足吊顶标高及凝结水排放坡度的要求。

（3）设备检修门处应预留不小于设备宽度的检修空间，其余管线不得在其内。采吊顶内安装时，吊顶应设检修口，其大小应满足设备检修要求。

7.1.5　设备落地安装时应符合下列要求：

（1）应根据设计要求设置减振装置，当设计无特殊要求时，还应根据周边功能房间环境的需求，合理优化配置减振方式，并应获得原设计单位的确认。

（2）设备应安装在设备基础的中心，设备检修门处应预留不小于设备宽度的检修空间，设备基础高度不应小于150mm，且应满足凝结水排放坡度的要求。

（3）减振器与设备基础间的膨胀螺栓或地脚螺栓应紧固，并应采取防松动措施。严禁将设备基础与设备底部框架和减振器装置浇筑在一起。

（4）屋面安装设备时，应直接在预埋地脚螺栓上安装，当无预埋地脚螺栓时，应注意膨胀螺栓施工后的防水修复。

（5）屋面安装新风机组吸风口的位置应注意保持与屋面厕所通气管、屋面排水下水管、厨房烟囱及排风出口等污浊源的距离，并应做好防雨、防雪措施。

7.1.6　设备的配管安装应符合下列要求：

（1）设备与风管采用柔性短管连接时，短管不宜过长，柔性短管的绝热性能应符合风管系统的要求。

（2）板式空气热回收机组安装时，应注意新风引风口、新风送风口、排风进风口、排风排出口的位置，不得错接。

（3）液体循环式空气热回收装置的配管安装方式同新风机组，当热回收管道内冲注乙二醇溶液时，其管道及部件材质应满足设计要求，不得采用含锌材质，以免腐蚀。

7.1.7　设备安装完成后的成品保护应符合下列要求：

（1）设备就位后，应采取防止设备损坏、污染、丢失等保护措施。

（2）设备接口、仪表、操作盘等应采取封闭、包扎等保护措施。

（3）安装完成后的设备不应作为脚手架等受力的支点。

（4）新风机组内的过滤材料应单独储存，待系统吹洗后，调试时安装。

7.2　风口安装

7.2.1　风口吊顶开孔前应由通风工程施工人员向装饰施工人员进行技术交底，交底内容包括：开孔尺寸、开孔加固方式、开孔间距等，同时应重点交底风口开孔尺寸为风口喉部尺寸。

【条文说明】强调了装饰吊顶风口开孔的交底内容，同时风口吊装开孔尺寸应由风口喉部尺寸确定，而风口的面部尺寸一般比喉部尺寸大约10mm，面部尺寸与喉部尺寸的10mm翻边主要用于遮挡风口喉部与开孔间的缝隙，因此需要重点交底风口开孔尺寸为风口喉部尺寸，而非面部尺寸。

7.2.2　因现场原因需变更风口类型、风口大小、安装标高、出风方向、风口位置等，可能影响通风效果时，应请设计复核。

【条文说明】通风工程施工现场过程中，因装饰原因变更风口的情况时常发生，而因风口变更导致室内通风效果减弱的情况更是比比皆是。本条主要强调风口变更的重要性，并举例说明如下表所示：

编号	风口变更形式	具体变更内容	可能产生的影响
1	风口类型	双层百叶变更为单层百叶	角度无法更好调节
		喷口变更为普通圆形风口	送风距离达不到要求
		散流器变更为百叶风口	影响气流扩散，正下方吹风感较强
		孔板送风变更为百叶风口	气流分布不均
2	风口大小	风口尺寸变小	风口噪声和人体吹风感
		风口尺寸变大	风速变小，产生气流死角
3	风口安装标高	安装标高变更	易产生气流分层和气流死角
4	风口出风方向	侧送风变更为顶送风	气流覆盖范围变小，气流死角较多
		顶送风变更为侧送风	风口类型、安装固定方式改变
		侧送风口出风方向变更	气流组织不当
5	风口位置	顶送风口位置变更	风口气流区域分布不均，产生气流死角
		侧送风口位置变更	直接吹到人体或产生气流死角
		地送风口位置变更	影响置换通风效果

7.2.3　风口安装应符合下列要求：

（1）风口安装位置应正确，风口与风管的连接应严密牢固，不应有可察觉的漏风点或部位，风口与装饰面应贴合紧密，室内安装的同类型的风口应规整，排列整齐。

（2）风口不应直接安装在主风管上，风口与支路风管之间宜采用柔性材质软接，软接长度宜为150~250mm。当风口距离风管较远时，风口与主风管间应通过短管连接。

（3）吊顶风口可直接固定在装饰龙骨上，当有特殊要求或风口较重时，应设置独立支、吊架。

（4）外墙防雨风口安装时，应安装严密并注意百叶方向，不得反装。

（5）风口安装时，应做好风口装饰面四周的清洁保护工作，不得污染装饰面。

7.3　现场监控仪表与设备安装

7.3.1　现场监控仪表及设备安装前，应提前熟悉图纸及产品安装说明书，核对线盒预埋位置并确认布线路径。

7.3.2　控制面板安装时，应符合下列规定：

（1）面板端子排下方的电源线不应与接线盒的金属表面接触。

（2）不可用力挤压液晶屏表面，并应避免与尖锐物体接触。

（3）控制面板安装应与其他开关面板等高，并应协调一致。

7.3.3　现场监控仪表安装时，应符合下列规定：

（1）空气品质传感器及温、湿度传感器在风管内安装时，应在风管保温层完成之后进行，并应设置于气流平稳的直管段且便于安装、检测的位置。

（2）风管型压力传感器应在风管绝热施工前开测压孔，测压点与风管连接处应采取密封措施。

（3）空气品质传感器在功能房间吊顶吸顶式安装时，安装位置应在排风口或回风口附近，与风口水平距离宜小于0.5m。

7.3.4　落地式控制柜应安装在设备基础上，并与设备基础固定牢固；壁挂式控制柜应在墙面装饰完成后进行，并与墙面固定牢固；控制柜应可靠接地。

8 系统试运行与调试

8.1 一般规定

8.1.1 通风工程安装完毕后应进行系统调试，调试内容应包括：

（1）设备单机试运转及调试。

（2）系统非设计负荷条件下的联合试运转及调试。

8.1.2 通风空调系统试运行应由施工单位负责，并应编制试运行和调试方案，由监理单位监督，供应商、设计单位、建设单位等参与配合。试运行与调试应做好记录，并提供完整的调试资料和报告。

8.1.3 试运行与调试前应确认原系统设计参数，调试方案经建设单位批准后方可由专业调试人员实施，调试人员应掌握调试方法并熟悉调试内容。

8.1.4 测试仪器和仪表应齐备，检定合格并在有效期内；其量程范围、精度应能满足测试要求。

8.2 设备单机试运转及调试

8.2.1 设备单机试运转及调试应符合下列规定：

（1）设备单机试运转及调试前，通风工程中的风系统、对应的配电和控制及水系统的安装部分已实施完成。

（2）设备单机点动试运转后动作正常、无异响后，方可行进行设备单机连续试运转及调试。

（3）设备单机试运转及调试过程中，当发生漏水、漏电、火灾、异响等非正常情况时，应立即中断试运转及调试，排除故障或整改完毕后，再重复试运转及调试。

8.2.2 风机及变风量模块试运转与调试可按下列要求进行。

项目	方法和要求
试运转前检查	（1）设备及管道内应清理干净，不得有杂物； （2）风机及变风量模块进出口软接应严密，无扭曲； （3）风阀的开启状态应正确无误； （4）对应风机及变风量模块的开关面板应已通电
试运转与调试	（1）开启风机及变风量模块的控制面板，风机和变风量模块应及时动作，设备启动声音应柔和，无异响； （2）通过控制面板 0~10V 的挡位调节，设备机械转动的声音应能根据输入的挡位数有明显的、成一致性变化，即增加挡位，声音加大；减小挡位，声音减小；同时设备的全开或关闭应正常； （3）变风量模块自带联动风阀的启闭应正常，变风量模块安装于末端时应能感受出不同挡位的风感变化； （4）风机和变风量模块产品的噪声应正常，不应大于设计及设备技术文件的要求； （5）风机及变风量模块调试不正常的应及时处理，整改后再重复试运转与调试

8.2.3 空气处理机组试运转与调试可按下列要求进行。

项目	方法和要求
试运转前检查	（1）机组及管道内应清理干净，不得有杂物； （2）机组内二次组装的配件如过滤器、加湿器等应安装完毕； （3）室外温度低于0℃且机组内已通水时，应确保热水循环无误后方可开启风阀及机组，否则严禁开启机组； （4）主机前后的风阀应全部处于全开状态，检修门应关闭
试运转与调试	（1）开启机组后风机应及时动作，设备启动声音应柔和，无异响； （2）调节机组控制挡位，风机可根据挡位设置及时动作； （3）机组表冷器内有冷水或热水循环流动时，主机开启后应能明显感觉到表冷器后的新风被冷却或加热； （4）机组内配置静电除尘时，静电除尘的工作指示灯应正常，风机开启后可间歇性听见"啪"的声音； （5）机组内配置湿膜加湿器时，湿膜上布水均匀；有循环泵时，水泵应正常工作；加湿水槽的水位应正常，不得溢流； （6）机组内配置蒸汽加湿器时，加湿器喷嘴应能正常喷出蒸汽； （7）机组内配置高压微雾加湿器或超声波加湿器时，其机组内的喷嘴均能喷出"水雾"； （8）机组内配置紫外线杀菌灯时，机组开启且检修门关闭时紫外线灯应正常工作； （9）机组内配置电加热器时，机组开启后电加热器应工作正常，可手感电加热器后的温升，同时不得用手直接触摸电加热器，以免烫伤； （10）机组噪声应正常，不应大于设计及设备技术文件的要求； （11）室外温度低于0℃且机组内已通水时，设备调试完成后，应关闭新风入口处风阀； （12）新风机组及其功能段调试不正常的应及时处理，整改后再重复试运转与调试

8.2.4 当设备单机试运转及调试满足第8.2.3条和第8.2.4条的要求，且已连续2h正常运转，则设备单机试运转及调试合格。

8.3 系统非设计负荷下的联合试运转及调试

8.3.1 系统非设计负荷下的联合试运转及调试应符合下列规定：

（1）系统总风量与设计风量的允许偏差应为−5%～+10%，末端风口的风量与设计风量允许的偏差不应大于15%。

（2）有压差要求的房间与其他房间之间的气流流向应正确。

（3）动力分布式通风系统中，改变各个末端变风量模块的运行参数时，动力分布式通风主机应能联动正确的改变风量。

（4）采取传感器（空气品质传感器、CO_2传感器、$PM_{2.5}$传感器）直接控制模块或主机时，对应的模块或主机应能根据传感器的指令正常工作，同时当主机之间还有联锁控制的，其对应主机应能联动调节。

（5）空气处理机组采用功能段控制时，应能根据设计要求控制风机、静电除尘、电动风阀、电动水阀、加湿器、电加热器等；应根据设计内容调节送风温度、湿度及送风量，显示送风温度及湿度、$PM_{2.5}$及CO_2值，检测滤器堵塞信号、防冻信号、风机运行状态及故障信息等。

（6）系统噪声应能满足设计要求。

8.3.2 系统非设计负荷下的联合试运转及调试前的检查可按下列要求进行。

类型	检查内容及要求
风系统	(1) 设备的单机试运转与调试工作应已完成并正常; (2) 风管的严密性试验应合格; (3) 风系统管路上的风阀、风口等应动作正常并调整到位; (4) 设备及其附属部件应处于正常使用状态
控制系统	(1) 单台设备的控制面板应能独立控制设备,并工作正常; (2) 空气处理机组功能控制柜及中央控制系统应进行模拟动作试验
供能系统	提供系统运行所需的电源、空调冷热源、水源、加湿湿源(蒸汽、软化水、自来水)等供能系统已调试完毕,并可满足系统安全使用
其他	调试工具及仪表齐全已经准备完成

8.3.3 系统调试步骤及要求可按下列要求进行。

调试阶段	调试内容及要求
系统风量调试	动力集中式通风系统:仅设主风机 (1) 设置控制面板将风机的转速调整至最大转速的70%~80%; (2) 检查系统的所有风口是否有风感,当所有风口均有风感时方可进行下一步;当部分风口无风感时可通过调整相关支干管阀门、提高风机转速等方法来保障该风口的出风; (3) 用风速仪测量所有风口的风速,计算风量并与设计风量对比是否满足15%的偏差,做好记录,对不满足偏差要求的应特别标注; (4) 绘制风管系统草图,将各风口的实测风量对应填写至风管系统草图中,并根据该图纸及设计要求调整风机转速和各干、支管阀门及风口开度,调节风量,如此往复,直至满足要求; (5) 风量调整平衡后,应固定阀门位置、记录对应风机控制面板的设置挡位,并对阀门手柄位置做标记处理
	动力分布式通风系统:主风机加末端支路风机(变风量模块) (1) 通过动力分布式系统控制柜中的手动模式将主风机的转速调整至最大转速的70%~80%; (2) 设置各功能区域的控制面板,将系统前端(靠近主风机)约1/3末端变风量模块的转速调整至最大转速的20%~30%,系统中端1/3末端变风量模块的转速调整至最大转速的40%~50%,系统后端1/3末端变风量模块的转速调整至最大转速的60%~70%; (3) 用风速仪从前到后逐个测量各末端的风口风速,并及时与设计风量比对,若不满足,立即调整其对应变风量模块的运行比例,若满足则进入下一个支路,由前向后,以此类推,并记录各个支路对应模块的运行比例; (4) 调整完毕后,对比测定总风量与设计总风量,调整主风机运行比例,直至满足要求,并记录主风机运行比例
系统功能段调试	(1) 动力分布式系统联动控制应正常,末端变风量模块调整后,主风机应能正确的改变风量; (2) 系统外部的温度、湿度、$PM_{2.5}$、CO_2、空气品质等传感器应正常连接系统,并应在控制界面上显示,其数值应在合理范围内; (3) 通过界面指令,系统联动的风机、静电除尘、电动风阀、电动水阀、加湿器、电加热器等风机或执行机构应动作正常; (4) 系统的送风温度、湿度等应根据指令正确可调,其波动范围应符合设计要求
中央控制平台联调	(1) 中央控制平台与本地控制柜的数据应一致且通信正常; (2) 中央控制台控制指令及检测报警应与本地设备一致; (3) 中央控制台报警系统及报表系统应正确输出

8.3.4 出现下列情况时,必须中止联合试运行及调试:

(1) 联合试运行及调试过程中发生漏水、漏电、火灾等安全问题及系统、设备产生异响等非正常情况。

(2) 带有冷热处理功能的通风系统联合试运行及调试过程中,热源供应中断且室外气温低于0℃。

通风系统运营技术指南

编写单位：重庆海润节能技术股份有限公司
主要起草人员：邓晓梅
主要审查人员：付祥钊、谭平

1 总则

1.0.1 为指导和规范建筑通风系统的运营，贯彻"通风优先"的技术理念，保证系统达到安全、健康、舒适的使用功能，同时节省系统运营成本，制定本技术指南。

【条文说明】目前，无论是住宅建筑还是公共建筑，通风系统运营现状都不理想。系统运营中存在各种各样的问题，大多是普遍性的。①通风系统安装后，使用率低，仅在供冷供暖期间歇开启或部分开启，甚至于出现通风系统不开启现象；②认为通风口有风感即可，使用过程中不对通风系统进行运行调节；③对通风系统运行维护的周期过长，过滤等级低，相对"温度"的调控，与健康密切相关的空气"清洁度"控制最差；④即便开启通风系统，气流组织仍不理想，室内空气环境依然糟糕，运维管理对通风系统改造升级不积极、不作为；⑤通风系统管理制度缺失，更强调空调系统设备的运营工作。

任何建筑、任何时间都需要通风，并且要优先于供暖与空调两大建筑环境调控技术。"通风优先"的实质是室内空气质量控制优先，保障各建筑空间的新风需求。"通风优先"理念的提出，正是将过去被截然分开的供暖、通风、空调三大建筑环境调控技术，逐步整合成"通风优先、热湿调控配合"的建筑环境综合控制技术。它立足于绿色建筑、健康建筑，围绕以人为本的核心思想，是保证人员健康的基本方式。

基于"通风优先"理念的建筑通风系统运营仍围绕着"以人为本"，为满足建筑室内人员的需求，对通风设备或部件的状态进行调节或控制，包括对进风口（窗）、排风口（窗）、送风管道及风阀、风机、过滤器、控制系统以及其他附属设备在内的一整套装置进行调控和使用管理，旨在为室内人员提供一个安全、健康、舒适和高效的建筑室内空气环境。

1.0.2 本指南适用于新建民用建筑中集中管理的通风系统的运营，既有建筑与改造项目的通风系统可参照执行。

【条文说明】住宅通风主要分为两类。第一类是分散式通风，由于生活方式、居住习惯和对通风的认知水平差异较大，除厨房和卫生间外，住宅内较少采用机械通风设备，主要还是依靠门窗自然通风和自然渗透，以分散管理，住户的自主行为为主。第二类是集中式通风，建筑业的发展，极大推动了科技型住宅的发展。科技住宅建筑以采用集中式通风方式为主，以户为单位，在户内设置新风口和排风口，经竖向通风井道，由屋顶或设备层通风设备进行空气的输送。而公共建筑一般都设置有集中通风空调系统。本指南主要适用于新建住宅集中式通风系统和新建公共建筑集中通风系统的运营，既有建筑与改造项目可参照执行。

1.0.3 通风系统的运营除应符合本指南的规定之外，尚应符合国家与地方现行有关标准的规定。

【条文说明】国家现行有关标准：

(1)《空调通风系统运行管理标准》GB 50365；

(2)《住宅新风系统技术标准》JGJ/T 440；

(3)《绿色建筑运行维护技术规范》JGJ/T 391；

(4)《医院中央空调系统运行管理》WS 488。

2 术语

2.0.1 通风季节

室外环境空气温度、相对湿度等相关参数均达到室内舒适性热环境质量要求，采用通风方式能维持这一室内舒适性环境质量要求和室内空气品质要求的时段。

【条文说明】参照《民用建筑供暖通风与空气调节设计规范》GB 50736—2012 室内空气设计参数，室内舒适性热环境质量要求宜：夏季室内温度 24～28℃，相对湿度 40%～70%；冬季室内温度 18～24℃，相对湿度 ≥30%。

室内空气品质要求：室内 CO_2 浓度 ≤0.1% 或设计值；室内 $PM_{2.5}$ 浓度 ≤75$\mu g/m^3$ 或设计值；室内 TVOC 浓度 ≤0.5mg/m^3（Ⅰ类民建）或 0.6mg/m^3（Ⅱ类民建）或设计值。

2.0.2 室内环境空气自然温度 T_f

建筑在不使用供暖空调通风系统时的室内温度。

2.0.3 通风降温季节

室内环境空气自然温度高于舒适性热环境质量要求，采用通风方式直接交换室内外空气能够排除室内余热余湿，从而获得舒适的热湿环境的时段。

【条文说明】采用通风方式能收到降温效果，达到室内舒适性热湿环境质量要求的时段。

2.0.4 通风除湿季节

一年中，除供暖和空调时段外，需要对进入室内的室外空气进行除湿才能维持建筑室内所要求的热湿环境质量的时段。

【条文说明】根据卫生学有关成果，当空气温度 >25℃ 且相对湿度 >70% 时，需要除湿。

2.0.5 通风加湿季节

一年中，除供暖和空调时段外，需要对进入室内的室外空气进行加湿才能维持建筑室内所要求的热湿环境质量的时段。

【条文说明】根据卫生学有关成果，当空气相对湿度 <30% 时，需要加湿。

2.0.6 通风热湿处理季节

采用通风或除湿/加湿方式不能达到室内的舒适性热湿环境质量要求时，供暖空调设备需要运行的时段。

2.0.7 有效实感温度 *AT* 值

AT 值是一个在人体热量平衡条件下，对实时综合环境（温度、湿度、辐射、风速）以热感觉表示的生物气象指标。

3 基本规定

3.0.1 通风系统的运营应遵循以下原则：

1 应保证空气安全，应定时检查、清理通风系统的新风进风口周围，空气应流通顺畅，应无有毒、有危险的气体源；无空气污染源。

2 应保证系统的运行安全，稳定可靠，无操作失误事故。

3 应在满足项目通风健康与舒适要求前提下，考虑系统运营成本控制。

【条文说明】系统运营成本包括系统的管理成本、运行能耗成本以及设备配件的维护、维修、更换等成本。

3.0.2 通风系统应优先于建筑供暖空调的温湿度调控运行。当通风系统不能使室内达到舒适性热湿环境质量要求时，再启动供暖空调系统，与通风系统联合运行。

【条文说明】"通风优先"的运维理念是确保最初的设计目的得以在建筑整个寿命期内实现。首先保障控制室内固定的空气污染源的排风系统正常良好的运行，然后调节各新风系统，根据建筑空间的新风需求变化，在新风需求得以满足的前提下启动热湿处理系统。

室内舒适性热湿环境质量要求：夏季室内温度 24～28℃，相对湿度 40%～70%；冬季室内温度 18～24℃，相对湿度≥30%。

3.0.3 复合式通风系统应优先利用自然通风，当自然通风不能达到室内舒适性热湿环境质量要求时，启用机械式通风系统。

【条文说明】由于自然通风具有节能性，若自然通风能够满足室内舒适性热湿环境质量要求，应优先采用自然通风方式。自然通风量应不小于室内最小新风需求量。但自然通风的稳定性差，当自然通风无法实现室内的气流组织要求时，应立即切换到机械式通风系统，进入复合式通风运行模式。

3.0.4 通风系统的运行应维护建筑内各功能空间的压力要求，应定时检测各功能房间之间的气流流向是否符合压力规定。

3.0.5 通风系统的运行应同时考虑季节变换、大气质量与人员密度的影响，应根据通风运行的不同状态空间（图1）分别制定通风系统运行方案。

【条文说明】通风系统的运行不仅要考虑季节变换，如冬（供暖）季、夏（空调）季与过渡（通风）季节，还需同时考虑大气质量与人员密度这两个因素。通风季、优质大气、人员稀少属于通风的最佳状态空间；通风季、大气优良、人员密度正常则属于通风的一般状态空间；冬夏季、大气污染、人员密集，是通风的不良状态空间；冬春季、大气毒害（尤其是流感病毒高发期）、人员密集，属于通风的恶劣状态空间，需要重点关注与特别考虑。在制定通风系统运行方案时，应针对各种状态分别做好预案。

3.0.6 按照新风的处理工况，宜将全年季节划分为通风季节、通风降温季节、通风除湿季节、通风加湿季节与通风热湿处理季节。通风季节的划分标准：

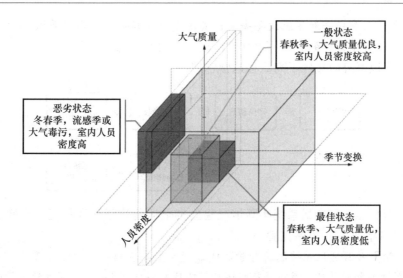

图 1 通风运行的状态空间

指标 \ 季节（时段）	通风	通风降温	通风除湿	通风加湿	通风热湿处理
有效实感温度 AT 值或室内环境空气自然温度 T_f	$16 \leqslant AT \leqslant 28$	$16 \leqslant AT \leqslant 28$ 且 $T_f > 28$	$16 \leqslant AT \leqslant 28$	$16 \leqslant AT \leqslant 28$	$AT > 28$ 或 $AT < 16$
含湿量 d_i(g/kg(干)) 或 Φ (%)	$d_i \leqslant d(T > 25℃)$ 且 $\Phi > 70\%$）； 且 $\Phi \geqslant 30\%$	$d_i \leqslant d(T > 25℃)$ 且 $\Phi > 70\%$）； 且 $\Phi \geqslant 30\%$	$d_i > d(T > 25℃)$ 且 $\Phi > 70\%$	$\Phi < 30\%$	—

【条文说明】依据新风的处理工况，可分为直接送新风（包括对新风的净化）、新风热处理、新风湿处理以及新风热湿处理四种工况。由于通风是全年都需要的，按照新风处理的四种工况可将全年季节合理划分为：通风季节、通风降温季节、通风除湿季节、通风加湿季节、通风热湿处理季节。

AT 值的计算公式：

$$AT = \begin{cases} -0.471 + 0.967T_a + 0.187P_a + 0.058Q_g - 0.159V \ (T_a > 21℃) \\ 8.345 + 0.674T_a - 0.651P_a + 0.072Q_g - 0.641V \ (T_a \leqslant 21℃) \end{cases}$$

T_a 为室外温度（℃），P_a 为室外水蒸气分压力（kPa），Q_g 为人体吸收的净辐射（W/m²），V 为室外风速（m/s）。

3.0.7 通风系统应按照不同通风季节的要求进行运营。

3.0.8 通风系统的各种技术资料与运营记录应齐全并妥善保存，填写资料应详细、准确、清楚，填写人应签名，存档文件宜电子化。

4 运营管理

4.1 一般规定

4.1.1 通风系统应根据项目实际情况构建项目管理体系，明确管理目标。

【条文说明】通风系统运营管理的目标依次是安全、健康、舒适与低成本。安全第一，包括空气安全、人身安全和系统设备安全；其次是健康与舒适，通风系统要为室内人员提供健康的空气，营造舒适的室内热湿环境；最后考虑系统运营成本。

4.1.2 通风系统应按照下列流程运营管理：

4.1.3 应根据项目通风系统实际情况建立健全运营管理规章制度，严格执行各项规章制度，并在工作实践中不断完善。

【条文说明】项目通风系统的运营管理规章制度主要包括：日常运营管理、第三方服务管理、系统的运行维护管理、系统的节能运行、项目安全与应急管理、项目档案管理等制度。

4.1.4 通风系统应每年出具一份项目运营管理分析报告，应包括下列内容：

1 通风系统全年运营状况；

2 通风系统次年运营计划。

4.2 运营前介

4.2.1 运营管理单位应做好运营前介工作，基于后期运营管理的需要向设计、施工等提出需求与建议。

4.2.2 方案设计阶段运营前介工作应包括以下几个方面：

1 管理单位应向业主提出智慧运营方案，并进行技术经济分析，智慧运营方案确定后，应将对于通风系统智能化的要求提给设计单位。

2 应基于后期运营管理需要，向设计单位反馈相关需求，包括运营管理用房需求以及新风设备房的位置选择等。

【条文说明】智慧运营方案应包括两个方面，一是运营管理团队人员智慧管理方案，二是通风系统智能化运行管理方案。方案制定时，应分析项目业态、规模及特点，比较不同方案的初投资及运行总成本（能源、人员成本、智慧系统运行材料成本等）。业主确定智慧方案后，将涉及通风系统智能化的要求应反馈给设计单位。

4.2.3 工程实施阶段运营前介工作包括介入管道综合排布、施工过程定期检查、工程竣工调试及验收等，宜符合下列规定：

1 管道综合排布阶段应就后期系统运行维护操作空间需要提出需求，包括设备、阀门等操作部件的检修需求，以及维修维护人员的通行空间需求。

2 运营管理单位应参与项目调试验收，包括设备、阀门等操作部件的检修空间情况，维修维护人员的通行空间，通风系统运行效果测试及验收。

4.3 团队组建

4.3.1 运营管理单位应在工程验收通过后、项目正式移交前组建项目运营管理团队。

4.3.2 根据通风系统的规模、复杂程度、智能化程度以及管理工作量的大小，应配备专职管理人员，建立相应的通风运行班组，配备相应的检测仪表及维修设备。

4.3.3 项目经理应履行以下职责职能：

1 对项目通风系统的运营管理全面负责，保障项目通风系统运行符合相关规定，掌握项目通风系统的运行情况。

2 组织制定通风系统运营管理和规章制度，确定逐级安全责任，落实管理制度及相关操作规程。

3 编制运营管理方案，并按照运营管理方案运营管理。负责配置项目管理人员、运行操作人员和相关的检测设备仪器等。

4 组织安全检查，督促整改通风系统运行中发现的隐患，及时处理涉及安全的重大问题。

5 针对项目列出涉及安全的重大问题，并做好应急预案，定期实施演练。

6 管理人员应经过专业培训，熟悉通风系统，应具有系统性知识和经营意识，并考核合格后才能上岗。

4.3.4 通风运行班组负责人应履行以下职责职能：

1 熟悉并掌握通风系统设施设备的功能及操作规程，分季节按照运营管理方案运行操作通风系统。

2 按照规章制度对通风系统设施设备进行巡视、检查、维护与保养，保证其处于正常运行状态，每日抽检室内热湿、CO_2 及污染物等环境参数。

3 发现室内空气品质不达标或发现故障时，按照相关操作规程及时排除，无法确定、不能及时排除的应立即向项目经理报告。

4 做好设备运行、维护保养及故障维修的记录。

4.3.5 空调运行班组负责人应履行以下职责职能：

1 熟悉并掌握空调系统设施设备的功能及操作规程，分季节按照运营管理方案配合通风系统运行情况运行操作空调系统。

2 通风班组反馈室内热湿环境不达标时或发现空调系统故障时按照相关操作规程及时排除，无法确定、不能及时排除的应立即向项目经理报告。

3 做好设备运行、维护保养及故障维修的记录。

4.4 移交接收

4.4.1 应在项目竣工验收通过、项目团队组建完毕后，由施工单位向运营管理团队进行移交接收工作，并由业主单位监交。

4.4.2 应按照移交表的要求及内容进行移交工作，移交技术性档案应包括：

1 项目空调通风系统图纸（竣工图）；

2 设备出厂合格证及检验报告；

3 通风系统设备维护手册、操作使用说明书；

4 通风系统运行管理措施、控制和使用方法、运行使用说明，以及不同工况的设置等技术资料。

【条文说明】通风系统运行管理措施、控制和使用方法、运行使用说明，以及不同工况的设置等技术资料，应由设计单位专业人员研究制定，移交运营管理团队后，应在实践中予以不断完善。

4.4.3　移交手续文件应由项目运营管理团队、施工单位、业主三方责任人签字后生效。

4.5　编制运营管理方案

4.5.1　项目经理应根据项目通风系统的特点、合同相关要求、国家现行规范标准及相关政策文件的要求编写运营管理方案。运营管理方案应满足安全、健康、舒适、项目总成本最低的总体原则。

4.5.2　运营管理方案应包括以下内容：

1 项目管理团队组建及人员配置方案，工器具配置和管理方案；

2 项目年度运营管理工作计划；

3 通风系统运行方案，包括运行方法和运行策略；

4 项目各项管理制度，包括值班、巡检、维护保养工作制度，应急预案管理制度，人员培训与考评制度以及第三方服务管理评价制度等。

4.5.3　应急预案管理应符合下列规定：

1 应根据项目通风系统实际情况制定应急预案，应急管理制度应包括新风源安全问题（如出现毒污染源、流感季节传染性病毒爆发等情况）以及通风系统安全的应急处理方案。

2 发现有毒有害气体、粉尘空气传播性传染疾病暴发等，应立即关闭系统相关设备及区域全部风口。

3 应急预案每年应至少演练一次，详细记录演练过程，发现问题及时改进，并再次进行应急演练。

4.6　系统试运营

4.6.1　运营管理团队应在移交接收完成后、正式运营前，根据运营管理方案先进行系统试运营。

【条文说明】通风系统试运营的目的在于：发现前期设计与建筑最终使用功能目标不相符、施工过程遗留问题等，以便集中整理、反馈并协调解决。

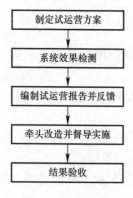

图 2　通风系统试运营流程

4.6.2　系统试运营应按照下列流程进行（图 2）。

4.6.3　通风系统试运营应符合下列规定：

1 运营管理团队应根据《通风系统运营管理方案》编制通风系统试运营方案，应包括试运营的流程以及对外协调内容。

2 通风系统效果检测应符合现行国家标准《民用建筑工程室内环境污染控制标准》GB 50325、现行行业标准《建筑热环境测试方法标准》JGJ/T 347 及相关标准规范要求。

3 应由运营管理团队协调业主单位，牵头设计单位、施工单位等就试运营过程中的问题予以改造，并督导实施。

4 改造实施结果应由业主单位、运营管理单位与设计单位三方联合验收通过。

4.7 系统调适与持续运营

4.7.1 运营管理团队应在系统试运营改造验收通过后进行系统调适。

4.7.2 通风系统调适应符合下列规定：

1 应根据业主单位的需求，做满足客户效果需求的调适。

2 调适前设计单位应编制调适初步方案，运营管理单位应根据项目建成后的功能需求具体分析细化。

3 调适结果应分别满足通风季节、通风降温季节、通风除湿季节、通风加湿季节与通风热湿处理季节的调适目标区间。

4.7.3 项目运营管理团队应根据运营管理方案对通风系统做运营管理，并在实践中不断完善方案，所有规章制度应严格执行。

5 系统运行

5.1 一般规定

5.1.1 应根据不同通风季节的新风需求编制项目通风系统运行方案。包括通风季节、通风降温季节、通风除湿季节、通风加湿季节与通风热湿处理季节。

【条文说明】通风系统运行方案编制前，应深入理解设计单位专业人员制定的通风系统运行管理措施、控制和使用方法、运行使用说明以及不同工况的设置要求。结合项目自身业态划分，具体分析空间的热湿处理、卫生通风及排出污染物的需求情况，细化制定项目通风系统运行方案。

5.1.2 通风系统运行方案制定应考虑系统形式、系统设备及部件的能力，以及用户需求的变化情况。

【条文说明】通风系统运行包括动力集中式通风系统运行和动力分布式通风系统运行。动力分布式通风系统由主风机和各支路风机共同组成。主风机承担主干管的阻力，各支路风机负责单个房间或区域的新风、排风需求。

5.1.3 通风系统运营管理人员应掌握系统的实际运行状况与运行效果，及时调整运行方案。

5.1.4 通风系统运行的核心控制参数：

1 通风"量"的调节；

2 通风"质"的处理；

3 通风气流组织。

【条文说明】通风系统的运行调节，是指通过改变通风的参数指标，最终达到符合室内空气质量以及室内热湿状况需求。通风主要考虑通风量、空气龄以及污染物浓度等参数指标，其中空气龄主要受到通风气流组织和通风量的影响。而对于室内污染物浓度，现阶段难以把控其浓度，只有通过室内外空气的交换来稀释室内空气污染物，利用空气对流使其浓度降低，从而改善室内空气质量。归根结底，为满足人们所需的室内空气品质要求，通风核心控制参数是通风"量"的调节、"质"的处理以及通风气流组织。

5.1.5　通风系统数据测定应为系统运行提供判断依据，其要求为：

1 数据测定参数包括：室外温度、室外相对湿度、室外 $PM_{2.5}$ 值；室内温度、室内相对湿度、室内风速、室内 $PM_{2.5}$ 值、室内 CO_2 浓度、室内 TVOC 浓度。

2 数据测定方法应按照现行行业标准《建筑热环境测试方法标准》JGJ/T 347 的要求执行。

3 数据测定点的选择：

（1）室外测试点，应距离新风机组取风口 1m 范围内；

（2）室内测试点，应在对应通风系统服务范围内，高度位于人员呼吸区，避开风口直吹；

（3）测试点的数量，应根据项目规模和系统复杂程度确定。

4　数据测定所用仪器设备应在检定有效期内使用，性能指标应符合现行行业标准《建筑热环境测试方法标准》JGJ/T 347 的要求。

5.1.6　通风系统应从系统最不利环路末端开始调节，逐渐调向主风机，主风机应能实现按需求提供所需风量或能根据室内通风需求总量调节风机转速。

5.1.7　通风系统应根据室内通风量需求调节室内新风口（带调节功能）、风阀或动力分布式调节模块，空调供冷工况室内允许风速不高于 0.3m/s，冬季室内允许风速不高于 0.2m/s。动力分布式新风模块应与动力分布式排风模块进行联动同比例调节，形成良好的气流组织。

5.1.8　通风"量"的运行调节应考虑系统运行噪声、设备振动的影响。

5.1.9　通风系统应配置空气净化段对空气进行过滤净化处理，室内空气 $PM_{2.5}$ 浓度应不大于 $75\mu g/m^3$ 或设计值。

【条文说明】通风"质"的处理一方面是指对空气的过滤净化处理。无论是引入室内的全新风还是含有室内循环空气的混合送风，若系统不能带来干净清洁的空气，反而带入室内更多的污染物，如 $PM_{2.5}$，势必会加重室内环境空气的污浊程度，进而危害人体健康。

集中式通风系统实时检测室内 $PM_{2.5}$ 是否达到规定范围，并根据室外空气 $PM_{2.5}$ 情况，合理匹配空气净化段。当配置初效、中效、高效空气净化段后室内 $PM_{2.5}$ 仍超过规定值可增大新风量并保证不造成明显的吹风感（风速≤0.3m/s）和室内噪声，或增设室内净化器降低室内 $PM_{2.5}$ 浓度。

通风"质"的处理另一方面是指对空气的冷热以及湿度处理，送入房间后能否达到室内舒适性热环境质量要求。在通风季节中，不需要考虑对空气的冷热与湿度处理。

5.1.10　支路风机宜根据主风机过滤配置情况，选配粗效、中效、高效过滤段，同时需考虑对支路风压的影响。

【条文说明】若主风机过滤段已配置粗效、中效、高效三级过滤，支路风机可只配置初效，也便于后期维护清洗。

5.1.11　为维持各区域压力要求，通风系统应遵循洁净区→半污染区→污染区的流向有效组织室内空气流动。

1 洁净区（正压区）：$G_{送风} > G_{排风}$；

2 半污染区（微负压区）：$G_{送风} \leqslant G_{排风}$；

3 污染区（负压区）：$G_{送风} < G_{排风}$。

【条文说明】通风的"质"与"量"符合室内环境要求后，需要考虑如何将达标空气送到所需空间里，也就是说通风的气流组织应该如何分布。对于动力集中式通风系统，通常是经支路风管、送风口送入，再通过排风口、支路风管汇合后排出。为了维持各区域的压力要求，遵循洁净区→半污染区→污染区的流向有效组织室内空气流动。而对于动力分布式通风系统，支路送风机与支路排风机按照室内区域压力要求，进行联动运行调节。

5.2 通风季节

5.2.1 通风系统应引入全新风运行，实现室内外空气的直接交换，维持室内舒适性环境质量要求。

5.2.2 通风系统最小新风需求量 G_0：

$G_0 =$ Max（稀释室内已知污染物新风量 G_1＋室内人员所需新风量 G_2，达到室内绝大多数人（≥80%）可接受新风量 G_3）

【条文说明】在通风"量"的运行调节方面，应不低于室内最小新风需求量 G_0 运行。根据美国 ASHRAE 标准 62 系列"可接受的室内空气品质"描述："空气中没有已知的污染物超过权威机构所认定的有害浓度，并且在该空气环境中的绝大多数人（≥80%）没有表示不满"。建筑通风系统服务对象是室内的人员，需考虑到这一主观评价。

5.2.3 对于室内污染物主要来源于人员的建筑空间，通风系统宜通过检测室内空气 CO_2 浓度的变化（限值≤1000ppm 或设计值），动态调节通风系统的运行风量，但不得低于通风系统最小新风需求量 G_0。

【条文说明】由于民用建筑中的污染物不同于工业建筑，污染源主要来源于室内建筑装饰材料、家具、清洁剂等挥发物、人员生理活动中呼出的 CO_2 及产生的不良气味、吸烟产生的烟雾等。对于投入正常使用的民用建筑的绝大多数使用空间（卫浴间、吸烟室、污物室等除外），同一空间室内人员的数量发生周期或间歇性的变化，通常根据检测室内空气 CO_2 浓度的变化，动态调节通风系统的运行风量。

亦可根据已知的建筑物内人员变化规律预设系统运行曲线，实现动力集中式通风系统的变风量调节。

5.2.4 对于主要污染源来源于建筑本身和各种行为的空间（如卫浴间、吸烟室、污物室等），宜通过检测室内空气污染物 TVOC 浓度的变化（限值≤0.5mg/m³（Ⅰ类民建）或 0.6mg/m³（Ⅱ类民建）），动态调节通风系统的运行风量。

5.2.5 对于动力分布式通风系统，主风机通风量 $G_主$ 等于系统各支路加权总风量。

【条文说明】P_1 支路权重最小，依次权重递增，P_n 支路权重最大，所有支路权重之和为 1。每个支路的权重值可依据距离主风机的远近和风管局部阻力的多少初步分配，具体权重值根据现场系统调试修改确定。

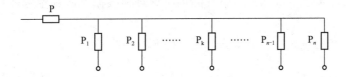

5.3　通风降温季节

当室内环境空气自然温度 T_f 高于舒适性热环境质量要求时，若通风系统设备额定风量≥降低室内温度所需新风量 G_4＞室内最小新风需求量 G_0，则通风系统按照通风量 G_4 运行。

$$G_4 = Q_{室内} / c(T_f - T_{室外新风})$$

5.4　通风除湿季节

5.4.1　通风除湿季节应考虑对空气的除湿处理，根据不同除湿方式，采取不同的运行调节措施。

【条文说明】常见的除湿方式有：表冷器冷却除湿、干式转轮除湿与湿式溶液除湿。

冷却除湿的机理是让湿空气流经低温表面，使空气温度降低至露点温度以下，湿空气中的水汽冷凝而析出。由于表冷器表面温度降至空气露点温度以下，空气在被除湿的过程中温度降低，若空气温度≤室内舒适性热湿环境质量要求，需必须采用再热方式来提升控制空气温度，达到通风的温度条件。

干式转轮除湿是采用固体吸湿剂对空气进行除湿，设有除湿区和脱湿再生区两个区，处理过程周而复始，能够很好的解决表冷器冷却除湿处理后空气露点温度不能降到很低的问题。减湿过程湿度可调，且能连续减湿，单位除湿量大。缺点是再生能耗需求较大。

转轮除湿处理空气时，水蒸气被吸附，空气的含湿量降低，空气失去潜热，而得到水蒸气凝结时放出的汽化热使温度增高，但焓值基本不变，只是略微减少了凝结水带走的液体热，空气近似等焓减湿升温过程变化。

湿式溶液除湿基本原理是让潮湿空气与液体吸湿剂接触，与干式转轮除湿比较类似，吸湿性能好，需设置再生设备，再生能耗需求较大。但液体除湿设备体积较大，需占用较多的建筑空间，且液体除湿一般都以盐类物质的溶液作为吸湿剂，盐对金属有腐蚀作用。

目前，在民用建筑中，表冷冷却除湿应用最为广泛。

5.4.2　对于除湿能力需求大的项目宜进行组合除湿。

【条文说明】在采用表冷器冷却除湿的系统中，由于冷水本身的温度条件限制，对于室外高湿情况，处理后的空气湿度不能达到室内舒适性热湿环境质量要求，除湿能力有限。除湿能力需求大的项目，会应用到组合除湿方式。在系统运行上，首先应充分发挥一级表冷冷却除湿的前期除湿能力，再运行调节二级冷源（蒸汽压缩式制冷）或干式转轮除湿的深度除湿能力，应尽可能的减少干式转轮除湿的再生耗热量。

5.4.3　应根据项目除湿方式按需调节控制湿度，并记录处理前后的湿度参数变化值、室内相对湿度。

5.5　通风加湿季节

5.5.1　通风加湿季节应考虑对空气的加湿处理，根据不同加湿方式，采取不同的运行调节措施。

【条文说明】空气的加湿方法很多，常见的加湿方式有：

(1) 蒸汽加湿

蒸汽加湿是利用外界热源产生饱和蒸汽，然后将低压饱和干蒸汽混到空气中进行加湿，属于等温加湿方法，空气温度基本保持不变，含湿量将增加。

（2）电加湿

电加湿是直接用电能产生蒸汽，然后混合到空气中进行加湿，同样属于等温加湿，分为电热式加湿器和电极式加湿器两种。电热式加湿器是用电热元件置于水槽中组成的，元件通电后将水加热而产生蒸汽。电极式加湿器是利用铜棒或不锈钢棒插入盛水容器中作电极，电极通电后，电流从水中流过，水被加热蒸发成蒸汽。

电热式加湿器的主要特点是加湿精度高，可采用可控硅直接控制电流以控制加湿精度，但加湿量较小。对水质无特别要求，若采用一般自来水，容易因水垢增多导致液位开关失效，存在烧坏电气元件的危险，需要定期除垢。

电极式加湿器的加湿量同样较小，由于电极上易结垢和腐蚀，对水质要求高，需采用软化水，电极式加湿器无水时即无电流，安全效果较好。可通过开关进水阀改变水位高低的方式来控制加湿精度。

两种电加湿方式都适用于加湿量需求不大的小型空调系统，且都存在耗电量较大的情况。

（3）湿膜加湿

加湿器内设置高吸水性加湿材料，从上面滴下的水分浸透加湿材料，并使空气气流通过它，水分汽化蒸发，加湿空气，属于等焓加湿。分为直排式湿膜加湿和循环式湿膜加湿两种，加湿效率和饱和效率均为100%。考虑水资源的节约，通常采用循环式湿膜加湿器。采用开关控制，耗电量主要来自循环水泵设备。对水质的要求，主要结合项目所在地水质条件，考虑湿膜加湿器耗材的更换频次。

（4）高压喷雾加湿

其机理是使经过加压泵加压的高压水从喷嘴的小孔向空气中喷雾，喷雾水的粒子通过与流通空气热交换而蒸发加湿。一般高压喷雾加湿器的加湿效率在25%~50%之间，饱和效率一般不超过50%。高压喷雾加湿只能做到开关量控制，其控制精度不高，但高压喷雾加湿器加湿量大。

（5）超声波加湿

通过在加湿器水槽底部安装，向水面发射超声波，使水在常温下直接雾化，进行蒸发加湿。加湿效率≥80%，饱和效率≥80%，由于产生极细的水微粒子，对水质要求极高（如纯水），避免水中钙、镁离子雾化后进入室内空气，加重$PM_{2.5}$浓度。

在空调工程中，比较普遍使用的是蒸汽加湿和湿膜加湿两种方式。无论哪种加湿方式，最终都需要根据项目室内环境需求运行调节通风系统加湿量。

加湿效率和饱和效率计算公式如下：

$$加湿效率\ \eta = \Delta d / W \times 100\%；$$

式中 Δd——有效加湿量，kg/h；W——对每kg空气的喷雾/水量，kg/h；

$$饱和效率\ \eta_b = (d_2 - d_1)/(d_3 - d_1) \times 100\% = (t_1 - t_2)/(t_1 - t_3) \times 100\%；$$

式中 d_1——加湿前空气含湿量，g/kg干；d_2——加湿后空气含湿量，g/kg干；d_3——饱和空气含湿量，g/kg干；t_1——加湿前空气干球温度，℃；t_2——加湿后空气干球温度，℃；t_3——饱和空气湿球温度，℃。

注：加湿效率η越高，吸湿能力越强；饱和效率表示加湿使空气状态产生变化时，要

达到饱和点还需要加湿多少，即加湿器使空气状态发生变化能力的强弱。蒸汽加湿、电加湿与湿膜加湿的加湿效率与饱和效率均为100%。

5.5.2　应根据项目加湿方式按需调节控制湿度，并记录处理前后的湿度参数变化值、室内相对湿度。

5.6　通风热湿处理季节

5.6.1　通风系统在暖通空调系统中所承担的作用区分为不承担室内冷热负荷和承担室内冷热负荷。

【条文说明】通风热湿处理季节暖通空调系统的运行是卫生通风与空气调节相结合的方式。不仅需要考虑对通风进行湿处理，还需要对通风进行热处理，进而为室内提供冷、热量。

5.6.2　若不承担室内冷热负荷，新风处理到室内状态等焓线，系统通风"量"需满足：

室内最小新风需求量 G_0＝Max（稀释室内已知污染物新风量 G_1＋室内人员所需新风量 G_2，达到室内绝大多数人（≥80%）可接受新风量 G_3）。

5.6.3　若承担室内冷热负荷，则系统通风需求"量" G_0' 为：

$$G_0' = \text{Max}(承担室内冷热负荷部分所需新风量\ G_5, 室内最小新风需求量\ G_0)$$

$$G_5 = Q_{新风}/1.01(T_{室外} - T_{处理后}) = Q_{新风}/(h_\text{w} - h_\text{L})$$

$$Q_{新风} = W \times 4.187 \times (t_{\text{w2}} - t_{\text{w1}})$$

式中　$Q_{新风}$——新风需要提供的冷/热量，W；$T_{室外}$——室外空气温度，℃；$T_{处理后}$——新风经冷热处理后的温度，℃；h_w——室外空气焓值，kJ/kg；h_L——新风经处理后的焓值，kJ/kg；t_{w2}，t_{w1}——处理新风时的进出水温度，℃；W——水的流量，m^3/h。

5.6.4　应根据项目除湿/加湿方式，按需调节控制湿度，并记录处理前后的湿度参数变化值、室内相对湿度。

5.6.5　应根据项目冷却/加热方式按需调节控制温度，并记录处理前后的温度参数变化值、室内温度。

6　系统维护

6.1　一般规定

6.1.1　通风系统维护应切断电源，关断水源、汽源，停机进行维护保养工作，确保安全。

6.1.2　通风系统应进行日常维护和定期维护，发现隐患应及时排除和维修。

6.1.3　通风系统应每日检查新风进风口，判断是否存在污染或危险源，及时采取相应防范措施。

6.1.4　应制定通风系统维护保养工作计划，按时按质进行保养，并应建立设备设施全寿命期档案。设备保养完毕后，应在设备档案中详细填写保养内容和更换零部件情况。

6.2 设备设施

6.2.1 应定期对通风机组进行检查和清洗。内容包括：

1 机组控制线路是否正常，水、汽管道是否畅通；

2 风机运行状况是否良好，视机组风机型号检查风机的转动皮带和电机轴承是否正常；

3 表冷（加热）器是否正常，定期清扫或吹洗表面灰尘。工作两年后，应用化学方法清除管内水垢，每年应试水压一次，应无渗漏；

4 加湿器是否正常运转，是否存在不加湿、加湿不够、加湿过大、漏汽等现象，及时查明原因，排除故障；

5 积水盘出水口有无异物，及时清除和清洗；

6 微穿孔板消声器的孔板应每季度用压缩空气吹一次表面灰垢，防止孔洞堵塞，影响送风消声效果；

7 过滤器是否存在脏堵，应重点清洗或更换；

8 机组内有无其他异常情况，检修门是否密闭；

9 机组运行两年后，应全面保养。

6.2.2 严禁在关闭送风、回风及新风阀门的状态下启动风机，当风机停止或遇有停电时，应立即停止冷（热）媒供应。

6.2.3 应加强对风机电机的日常运行检查，内容包括：

1 一看：风机电机的运转电流、电压是否正常，振动是否正常；

2 二听：风机、电机运行声音是否正常；

3 三查：风机、电机轴温是否正常；

4 四闻：风机、电机在运行过程中是否有异味产生。

【条文说明】风机电机是通风机组最核心的部件，应对其加强日常维护，加大检查力度，严格遵守操作规程，减少风机电机故障。

6.2.4 风机正常运转中应注意：

1 在风机启动、停止或运转过程中，如发现不正常现象，应立即进行检查，检查发现的小故障应及时查明原因，设法消除。如不能消除，或者发生大故障时，应立即上报并联系设备维修人员。

2 在风机高速运转时，严禁人员直面出风口。

3 风机运行时如发出异常声音，应立即停机，检查管道内有否硬质杂物碰撞叶轮，或通风道突然意外堵塞引起喘振。

4 风机应在规定的工况内运行。

【条文说明】运行区参照风机性能曲线，偏离运行区将会使电量消耗增大，甚至缩短风机使用寿命。小故障主要指现场运维人员能在2h内将故障处理完毕，且不造成室内空气环境影响；大故障是指停机维修工作时长在2h以上，且不会因为停机造成室内空气环境影响。

6.2.5 风机电机维护工作应注意：

1 应定期对运行中的风机电机进行巡视、检查，并记录有关运转数据。

2 风机电机的维护必须在完全停止、断电时进行。

3 应定期清除风机电机内部积灰、污垢等杂质，并防止锈蚀。

4 运行中应确保周边无障碍物，避免临时检修缺少足够检修空间。

5 若风机电机某个零件损坏确需更换时，请与厂家联系，不要随意更换零件。

6 风机电机被长期存放或停用，应检查电机是否受潮、浸水等情况。

6.2.6　应定期对空气过滤器进行全面检查和清洗，并及时更换。

1 铝网板式粗效过滤器每半个月检查一次，用压缩空气吹或水洗，可反复清洗使用。

2 折叠式粗效过滤器每半个月检查一次，用压缩空气吹或水洗，水洗可清洗 2~3 次（以布料不破损为准），宜半年更换一次，压差阻力更换范围为 100~180Pa。

3 袋式中效过滤器每 2 个月检查一次。玻璃纤维过滤器不可水洗，可用压缩空气清洗，宜一年更换一次；化学纤维过滤器可用压缩空气或水清洗，水洗可清洗 1~2 次（以布料不破损、纤维不脱落为准），宜两年更换一次。压差阻力达 200~250Pa 时宜更换滤料。

4 视项目所在地室外空气质量情况，发现污染和堵塞应及时清洗或更换。

5 已清洗和未清洗的过滤器应分区存放，并有区分标识。

6.3　系统管路

6.3.1　通风系统管理维护包括水系统维护和风系统维护。

6.3.2　水系统维护内容包括：

1 运行期间每季度检查一次冷（热）水的水质情况，确定是否需要对空调水系统进行化学清洗；

2 检查进入通风机组的水流量及进出水温度，及时调节；

3 每月检查一次水系统阀门阀件转动是否灵活、密封是否良好、是否存在"跑冒滴漏"现象，及时更换维修；

4 每年供暖和供冷期前一个月检查管道保温情况，确定是否存在开裂、破损，及时更换维护。

6.3.3　风系统维护内容包括：

1 检查风管、保温材料，发现破损及时更换；

2 加强软接头的检查，发现磨损或腐蚀等引起漏风时应及时修补更换；

3 检查阀门组件，有损坏及时更换；

4 风管法兰漏风，添加或更换风管法兰橡胶密封材料后，重新紧固直至无漏风为止。

6.3.4　风系统清洗包括：

1 支路风管清洗

（1）拆下支路风管上的散流器及回风口进行清洗后吹干；

（2）用软刷、喷嘴、电动万能刷等工具对支风管进行清洗，未被清洗的支路风管与主风管连接处的防火阀处于关闭状态；

（3）有条件时，用检测机器人对风管内部检测录像，集尘箱吸风管与主风管上的吸尘开口连接，清洗时集尘箱处于开启工作状态；

（4）检测清洗效果，直至达到视觉清洁为止。

2 主风管清洗

（1）关闭新风口防火阀及主、支风管相连处的防火阀，必要时，将清洗段两端用气囊封堵，开启集尘箱；

（2）区分不同规格的风管，用清洁机器人、电动万能刷、空气喷嘴等工具进行污染物的清理吹扫，利用集尘箱产生的负压对污染物进行收集；

（3）对 800mm×800mm 以上规格的可承受压力的风管，作业人员直接进入清扫效率更高，作业人员要注意必要的劳动保护及安全防护措施的采用，尤其要保证管道内的通风良好；

（4）清洗后取出工具，进行效果检测，安装散流器及回风口，安装活门并关闭，打开防火阀，填写记录。

6.4 控制系统

6.4.1 通风系统的测量和检测传感器在实践中应加以调整和维护。

6.4.2 运行期间的维护包括：

1 每日仔细观察控制系统各仪表的指示情况，有无指示不正常的现象出现；

2 每日检查控制柜表面和内表面是否清洁，附近是否有滴水；

3 每日检查控制柜内各部件是否工作正常，是否有异常声响，有无异味等。

6.4.3 停机期间的维护包括：

1 每年两次清洁控制柜和控制部件；

2 每年两次检查压力、温度仪表和安全保护装置，及时整定校验；

3 每次检查均需进行无负载通电实验，合格后方可带载开机。

第四篇 传染病医院通风系统的设计

标准规范中有关负压隔离病房通风系统的要求

丁艳蕊

1 相关标准

《经空气传播疾病医院感染预防与控制规范》WS/T 511—2016；
《综合医院建筑设计规范》GB 51039—2014；
《传染病医院建筑设计规范》GB 50849—2014；
《传染病医院建筑施工及验收规范》GB 50686—2011；
《医院负压隔离病房环境控制要求》GB/T 35428—2017；
北京市《负压隔离病房建设配置基本要求》DB 11/663—2009；
北京市《医院感染性疾病科室内空气卫生质量要求》DB 11/T409—2016。

2 条文内容梳理

此部分对新冠疫情暴发前发布实施的以上所列标准中通风空调部分的相关内容进行梳理。标准从通风空调系统设置，新、排风量要求，气流组织，压差梯度控制与监测，室内送、回风口设置位置、大小、形式，新、排风的高效过滤，密闭阀的设置、装置零泄漏，系统运行等方面作出了原则性和具体的规定。不同标准对同一问题的规定基本一致，其中，关于换气次数的规定不同标准略有不同，应或宜采用全新风系统的规定，不同标准要求有所不同。

具体内容见下表。

负压隔离病房通风空调系统条文归纳梳理

标准	章节	内容归类	条文内容
《经空气传播疾病医院感染预防与控制规范》WS/T 511—2016	患者安置要求	安置地通风良好的原则性要求	临时安置地应确保相对独立通风良好或安装了带有空气净化消毒装置的集中空调通风系统
			集中安置地应相对独立、布局合理，分为清洁区、潜在污染区和污染区，三区之间应设置缓冲间，缓冲间两侧的门不应同时开启，无逆流，不交叉
			无条件收治呼吸道传染病患者的医疗机构，对暂不能转出的患者，应安置在通风良好的临时留观病室或空气隔离病室

标准	章节	内容归类	条文内容
《传染病医院建筑设计规范》GB 50849—2014	一般规定	强制要求，机械通风系统	传染病医院或传染病区应设置机械通风系统
《传染病医院建筑设计规范》GB 50849—2014	一般规定	三区独立设置新排风系统、空调系统	医院内清洁区、半污染区、污染区的机械送、排风系统应按区域独立设置
《医院负压隔离病房环境控制要求》GB/T 35428—2017	通风空调系统		通风空调送风系统应按清洁区与污染区（含潜在污染区）分别独立设置
北京市《医院感染性疾病科室内空气卫生质量要求》DB 11/T409—2016	基本要求		新建及改扩建的感染性疾病科，应设置机械通风系统，清洁区、半污染区、污染区的机械送、排风系统应按区域独立设置
北京市《负压隔离病房建设配置基本要求》DB 11/663—2009	负压隔离病房对净化空调系统的要求		清洁区、潜在污染区、污染区应分别设置空调系统
《综合医院建筑设计规范》GB 51039—2014	住院部负压隔离病房	新、排风量	应采用自循环空调系统，换气次数 $10 \sim 12 h^{-1}$，新风可集中供给。空气传播的特殊呼吸道疾病患者的病房应采用全新风系统
《传染病医院建筑设计规范》GB 50849—2014	呼吸道传染病区		呼吸道传染病的门诊、医技用房及病房、发热门诊最小换气次数（新风量）应为 $6 h^{-1}$
《传染病医院建筑设计规范》GB 50849—2014	负压隔离病房		宜采用全新风直流式空调系统。最小换气次数应为 $12 h^{-1}$
《传染病医院建筑设计规范》GB 50849—2014	呼吸道传染病区		清洁区每个房间送风量应大于排风量 $150 m^3/h$。污染区每个房间排风量应大于送风量 $150 m^3/h$
北京市《负压隔离病房建设配置基本要求》DB 11/663—2009	负压隔离病房对净化空调系统的要求		负压隔离病房的换气次数取 $8 \sim 12 h^{-1}$，人均新风量不应低于 $40 m^3/h$。其他辅助用房取 $6 \sim 10 h^{-1}$
北京市《医院感染性疾病科室内空气卫生质量要求》DB 11/T409—2016	机械通风		候诊区、诊室、呼吸道传染病患者病室、隔离室宜采用机械送、排风，室内排风口宜远离门，安置于门对面墙面上，换气次数应≥$6 h^{-1}$
《传染病医院建筑设计规范》GB 50849—2014	负压隔离病房	送排风量的保障要求	通风系统在过滤器终阻力时的送、排风量，应能保证各区域压力梯度要求。有条件时，可在送、排风系统上设置定风量装置
《医院负压隔离病房环境控制要求》GB/T 35428—2017	通风空调系统		送、排风机应能都根据风管内压力变频调节。宜在送、排风系统上设置测量风量的装置

续表

标准	章节	内容归类	条文内容
《传染病医院建筑 设计规范》 GB 50849—2014	呼吸道 传染病区	气流组织	建筑气流组织应形成清洁区—半污染区—污染区有序的压力梯度。房间气流组织应防止送、排风短路，送风口位置应使清洁空气首先流过房间中医务人员可能的工作区，然后流过传染源进入排风口
《医院负压隔离病房 环境控制要求》 GB/T 35428—2017	气流组织与 压差控制		负压隔离病房的送风口与排风口布置应符合定向气流组织原则，送风口应设置在房间上部，排风口应设置在病床床头附近，应利于污染空气就近尽快排出
《医院负压隔离病房 环境控制要求》 GB/T 35428—2017	气流组织与 压差控制		不同污染等级区域压力梯度的设置应符合定向气流组织原则，应保证气流按清洁区—潜在污染区—污染区方向流动
北京市《医院感染性 疾病科室内空气卫 生质量要求》 DB 11/T409—2016	机械通风		机械送、排风系统应使空气按清洁区—半污染区—污染区定向流动。清洁区送风量应大于排风量，污染区排风量应大于送风量
北京市《负压隔离病 房建设配置基本要 求》DB 11/663—2009	负压隔离病房 气流控制要求		应采用上送下侧回气流组织，气流总方向与微粒沉降方向一致，负压病房与其所在病区内气流应为定向气流，从清洁流向污染
《综合医院建筑 设计规范》 GB 51039—2014	住院部 负压隔离病房	室内送、 排风口位置	宜在床尾或床侧及床尾各设一送风口，回风口宜设在床头侧下方
《传染病医院建筑 设计规范》 GB 50849—2014	呼吸道 传染病区		送风口应设置在房间上部。病房、诊室等污染区的排风口应设置在房间下部，房间排风口底部距地面不应小于 100mm
北京市《负压隔离病房 建设配置基本要求》 DB 11/663—2009	负压隔离病房 气流控制要求		应设置主送风口和次送风口。主送风口应设于病床边医护人员常规站位的顶棚，离床头距离应不大于 0.5m，长度不宜小于 0.9m；次送风口设于床尾顶棚，离床位距离应不大于 0.3m，长度不宜小于 0.9m
北京市《负压隔离 病房建设配置 基本要求》 DB 11/663—2009	负压隔离病房 气流控制要求	风口面积与风速	主、次送风口面积比为 2：1～3：1，出口风速不宜低于 0.13m/s
北京市《负压隔离 病房建设配置基本要求》 DB 11/663—2009	负压隔离病房 气流控制要求	风口形式、设置 位置及风口风速	送风口宜采用双层百叶形式
北京市《负压隔离病房 建设配置基本要求》 DB 11/663—2009	负压隔离病房 气流控制要求		回（排）风口应采用可调单层竖百叶形式。应设在与送风口相对的床头下侧。风口进口面上边沿应不高于地面 0.6m，下边沿应高于地面 0.1m。回（排）风口风速应不大于 1.5m/s
《传染病医院建筑施 工及验收规范》 GB 50686—2011	施工要求	排风口位置 及风速	呼吸道传染病房内排（回）风口下边沿离地面不宜低于 0.1m，上边沿不宜高于 0.6m，排（回）风口风速不宜大于 1.5m/s

标准	章节	内容归类	条文内容
《综合医院建筑设计规范》GB 51039—2014	住院部负压隔离病房	房间压差要求	病房对缓冲间、缓冲间对走廊应保持5Pa负压差，病房内应向卫生间保持定向流
《传染病医院建筑设计规范》GB 50849—2014	负压隔离病房		与其相邻、相通的缓冲间、走廊应保持不小于5Pa的负压差
《医院负压隔离病房环境控制要求》GB/T 35428—2017	气流组织与压差控制		相邻、相通不同污染等级房间的压差（负压）不小于5Pa，负压程度由高到低依次为病房卫生间、病房房间、缓冲间与潜在污染走廊。清洁区气压相对室外大气压应保持正压
北京市《负压隔离病房建设配置基本要求》DB 11/663—2009	负压隔离病房内压力控制要求		病房对卫生间应保持定向流，其他相邻、相通房间的相对压差应不小于5Pa，负压程度由高到低依次为卫生间、负压隔离病房、缓冲间、内走廊
北京市《负压隔离病房建设配置基本要求》DB 11/663—2009			设于潜在污染区内（前）走廊与清洁区之间的缓冲间应对该走廊与室外均保持正压，对和室外相通的区域的相对正压差应不小于10Pa
《传染病医院建筑设计规范》GB 50849—2014	负压隔离病房	过滤器压差检测	送、排风系统的过滤器宜设压差检测、报警装置
《医院负压隔离病房环境控制要求》GB/T 35428—2017	通风空调系统		送、排风系统的过滤器宜设置压差监测装置
《传染病医院建筑设计规范》GB50849—2014	负压隔离病房	压力传感器	应设置压差传感器
《医院负压隔离病房环境控制要求》GB/T 35428—2017	气流组织与压差控制		有压差的区域，应在外侧人员目视区域设置微压差计，并标志明显的安全压差范围指示
《医院负压隔离病房环境控制要求》GB/T 35428—2017	气流组织与压差控制		对设置的微压差计应定期检查矫正并记录
《医院负压隔离病房环境控制要求》GB/T 35428—2017	通风空调系统	室外排风口设置	排风口应远离进风口和人员活动区域，并设在高于半径15m范围内建筑物高度3m以上的地方，应满足距离最近的建筑物的门、窗、通风采集口等的最小距离不少于20m
《医院负压隔离病房环境控制要求》GB/T 35428—2017	通风空调系统		室外排风口应有防风、防雨、防鼠、防虫设计，使排出的空气能迅速被大气稀释，但不应影响气体向上空排放
北京市《负压隔离病房建设配置基本要求》DB 11/663—2009	负压隔离病房对净化空调系统的要求		排风管出口应直接通向室外，应有逆止阀及防雨水措施；应远离进风口20m以上并处于其下方向，不足20m应设围挡

标准	章节	内容归类	条文内容
《传染病医院建筑设计规范》GB 50849—2014	一般规定	排风系统要求	病房卫生间排风不宜通过共用竖井排风,应结合病房排风统一设计
《医院负压隔离病房环境控制要求》GB/T 35428—2017	通风空调系统	新、排风机的连锁运行	负压隔离病房通风系统的送风机与排风机应连锁控制,启动通风系统时,应先启动系统排风机,后启动送风机;关停时,应先关闭系统送风机,后关闭系统排风机
《传染病医院建筑设计规范》GB 50849—2014	一般规定	新风系统运行	全新风直流式空调系统应采取在非呼吸道传染病流行时期回风的措施
《医院负压隔离病房环境控制要求》GB/T 35428—2017	通风空调系统		宜采用全新风直流式空调系统,如采用部分回风的空调系统,应在回风段末端设置高效空气过滤器,并在需要时切换为全新风直流式空调运行
北京市《负压隔离病房建设配置基本要求》DB 11/663—2009	负压隔离病房对净化空调系统的要求		可采用室内自循环风的部分新风系统,其中宜有1间至数间病房的净化空调系统可切换为全新风供给
《综合医院建筑设计规范》GB 51039—2014	住院部负压隔离病房		送风的末级过滤器宜用高中效过滤器,回(排)风口应设无泄漏的负压高效排风装置
《医院负压隔离病房环境控制要求》GB/T 35428—2017	通风空调系统	送、排风高效过滤要求	污染区排风应经过高效过滤器过滤后排放。应可以在原位对排风高效过滤器进行检漏和消毒灭菌,确保过滤器安装无泄漏,更换过滤器应先消毒,由专业人员操作,并有适当的保护措施
《传染病医院建筑设计规范》GB 50849—2014	负压隔离病房		送风应经过粗效、中效、亚高效过滤器三级处理。排风应经过高效过滤器过滤处理后排放
北京市《负压隔离病房建设配置基本要求》DB 11/663—2009	负压隔离病房对净化空调系统的要求		送风口应使用低阻的高中效(含)以上过滤设备;缓冲间送风口应安装有高效过滤器,换气次数≥$60h^{-1}$
北京市《负压隔离病房建设配置基本要求》DB 11/663—2009	负压隔离病房对净化空调系统的要求		排风和回风应在室内风口处设不低于B类的高效过滤器
北京市《医院感染性疾病科室内空气卫生质量要求》DB 11/T409—2016	机械通风		通过空气或飞沫传播的甲类或按甲类传染病管理的乙类传染病隔离房间,应在排风管路入口设置高效过滤器
《传染病医院建筑设计规范》GB 50849—2014	负压隔离病房	排风高效过滤器安装位置	排风的高效空气过滤器应安装在房间排风口处
北京市《负压隔离病房建设配置基本要求》DB 11/663—2009	负压隔离病房对净化空调系统的要求	过滤器性能要求	负压隔离病区辅助用房的回风口,应设有初阻力不高于20Pa、微生物一次通过的净化效率不低于90%、颗粒物一次通过的计重效率不低于95%的过滤器

标准	章节	内容归类	条文内容
《传染病医院建筑施工及验收规范》GB 50686—2011	施工要求	高效过滤器	负压隔离病房应符合下列规定： ① 排风机应与送风机连锁，排风机先于送风机开启，后于送风机关闭。 ② 排风高效过滤器的安装应具备现场检漏的条件；否则，应采用经预先检漏的专用排风高效过滤装置。 ③ 排风口应高出屋面不小于2m，排风口处应安装防护网和防雨罩。 ④ 送风末端过滤器的过滤效率不应低于高中效的过滤效率。 ⑤ 高效过滤器装置应在现场安装时打开包装。 ⑥ 排风高效过滤器应就近安装在排风口处。 ⑦ 排风高效过滤器应有安全的现场更换条件。 ⑧ 排风高效过滤器宜有原位消毒的措施
《传染病医院建筑设计规范》GB 50849—2014	呼吸道传染病区	密闭阀设置要求	同一个通风系统，房间到总送、排风系统主干管之间的支风道上应设置电动密闭阀，并可单独关断，进行房间消毒
《传染病医院建筑设计规范》GB 50849—2014	负压隔离病房		每间负压隔离病房的送、排风管上应设置密闭阀
《医院负压隔离病房环境控制要求》GB/T 35428—2017	通风空调系统		送、排风系统中，每间病房的送、排风支管上应设置电动或启动密闭阀，并可单独关断
《医院负压隔离病房环境控制要求》GB/T 35428—2017	通风空调系统		排风机位置的设置应确保在建筑内的排风管道内保持负压。排风机吸入口应设置与风机联动的电动或启动密闭阀
《综合医院建筑设计规范》GB 51039—2014	住院部负压隔离病房	装置零泄漏要求	负压隔离病房卫生间内应设无泄漏的负压高效排风装置
北京市《负压隔离病房建设配置基本要求》DB 11/663—2009	负压隔离病房对净化空调系统的要求		负压隔离病房及其卫生间应采用可安全拆卸的零泄漏排风装置
北京市《负压隔离病房建设配置基本要求》DB 11/663—2009	负压隔离病房对净化空调系统的要求		高效过滤器应经现场扫描检漏，确认无漏后方可安装入零泄漏装置
北京市《负压隔离病房建设配置基本要求》DB 11/663—2009	负压隔离病房对净化空调系统的要求	系统运行	净化空调系统应24h运行，夜间风量应设在低挡，送风口风速不应大于0.15m/s

新冠肺炎疫情期间发布的标准导则中关于通风系统的要求

丁艳蕊

1 相关标准

《新型冠状病毒感染的肺炎传染病应急医疗设施设计标准》T/CECS 661—2020；

《新型冠状病毒肺炎应急救治设施设计导则（试行）》；

《新冠肺炎应急救治设施负压病区 建筑技术导则（试行）》；

湖北省《呼吸类临时传染病医院设计导则（试行）》；

浙江省《传染病应急医院（呼吸类）建设技术导则（试行）》；

浙江省《方舱式集中收治临时医院技术导则（试行）》；

重庆市《新型冠状病毒肺炎应急救治临时设施（宾馆类）改造暂行技术导则》；

浙江省《医院烈性传染病区（房）应急改造技术导则（试行）》；

《中国中元传染病收治应急医疗设施改造及新建技术导则（第二版）》。

2 条文内容梳理

新冠肺炎疫情期间发布实施的标准导则相比新冠疫情之前发布实施的标准，关于通风空调系统作进一步明确规定的内容如下表所列。

新冠疫情期间发布实施的标准导则关于负压隔离病房通风空调系统条文归纳梳理

标准	章节	内容归类	条文内容
《新冠肺炎应急救治设施负压病区建筑技术导则（试行）》	供暖通风及空调设计	新风量和压差要求	负压病房最小新风量应按 $6h^{-1}$ 或 60L（s·床）计算，取两者中较大者。负压病房宜设置微压差显示装置。与其相邻、相通的缓冲间、缓冲间与医护走廊宜保持不小于 5Pa 的负压差，确有困难时应不小于 2.5Pa
			负压隔离病房最小新风量应按 $12h^{-1}$ 或 160L/s 计算，取两者中较大者。每间负压隔离病房应在医护走廊门口视线高度安装微压差显示装置，并标示出安全压差范围。与其相邻、相通的缓冲间、缓冲间与医护走廊应保持 5~15Pa 的负压差
			病房内卫生间不作更低负压要求，只设排风，保证病房向卫生间定向气流

176

标准	章节	内容归类	条文内容
《新型冠状病毒感染的肺炎传染病应急医疗设施设计标准》T/CECS 661—2020	供暖通风及空调	送、排风机设置位置	隔离区的排风机应设置在室外
《新型冠状病毒感染的肺炎传染病应急医疗设施设计标准》T/CECS 661—2020	供暖通风及空调		隔离区的排风机应设在排风管路末端，排风系统的排出口不应临近人员活动区，排气宜高空排放，排风系统的排出口、污水通气管与送风系统取风口不宜设置在建筑同一侧，并应保持安全距离
《新型冠状病毒肺炎应急救治设施设计导则（试行）》	采暖通风及空调		隔离区的排风机应当设在排风管路末端，排风系统的排出口不应临近人员活动区，排气宜高空排放，排风系统的排出口、污水通气管与送风系统取风口不宜设置在建筑同一侧，并应当保持安全距离
湖北省《呼吸类临时传染病医院设计导则（试行）》	设计原则		通风空调系统的送、排风机应设置在清洁区
湖北省《呼吸类临时传染病医院设计导则（试行）》	通风空调系统		排风机位置的设置应确保在建筑内的排风管道内保持负压，排风机吸入口应设置与风机联动的电动密闭阀
浙江省《传染病应急医院（呼吸类）建设技术导则（试行）》	通风系统		通风空调系统的送风机应设置在清洁区，并应靠近新风进风口。集中排风机宜设置于屋顶室外。排风机位置的设置应确保在建筑内的排风管道内保持负压。排风机吸入口应设置与风机联动的电动密闭阀
《新冠肺炎应急救治设施负压病区建筑技术导则（试行）》	供暖通风及空调设计		半污染区、污染区的排风机应设置在室外，并应设在排风管路末端，使整个管路为负压
湖北省《呼吸类临时传染病医院设计导则（试行）》	设计原则	系统形式	传染病区宜设置空调设施。当设置全空气空调系统时，负压隔离病房、负压手术室及负压检验室应设置直流式空调系统，ICU宜设置直流式空调系统
《新冠肺炎应急救治设施负压病区建筑技术导则（试行）》	供暖通风及空调设计		固体医疗废弃物暂存间等污染房间只设排风，不送风，排风经高效过滤后高空排放
湖北省《呼吸类临时传染病医院设计导则（试行）》	通风空调系统	通风系统大小	负压隔离病房的送、排风系统宜独立设置。当集中设置时，每个系统服务的病房数量不宜超过6间
浙江省《传染病应急医院（呼吸类）建设技术导则（试行）》	通风系统		负压病房与负压隔离病房的送、排风系统宜按病房独立设置。当集中设置时，每个系统服务的病房数量不宜超过6间
浙江省《传染病应急医院（呼吸类）建设技术导则（试行）》	通风系统	动力分布式通风系统形式	负压病房与负压隔离病房的送排风系统集中设置时，每间病房应设置独立运行的送、排风机接至系统汇管，独立风机风量按第7.1.2条确定，风压按支管阻力确定，独立风机不宜安装在病房内，宜安装在缓冲室、过道等对噪声要求不高的场所。在系统中设置集中调速型串联风机，风量按系统累计风量确定，风压按主干管阻力确定

续表

标准	章节	内容归类	条文内容
《新型冠状病毒感染的肺炎传染病应急医疗设施设计标准》T/CECS 661—2020	供暖通风及空调	新风冷热源	新风的加热或冷却宜采用独立直膨式风冷热泵机组，并应根据室温调节送风温度，严寒地区可设辅助电加热装置
《新型冠状病毒肺炎应急救治设施设计导则（试行）》	采暖通风及空调		新风的加热或冷却宜采用独立直膨式风冷热泵机组，并根据室温控制调节送风温度；根据地区气候条件确定是否设辅助电加热装置
《新冠肺炎应急救治设施负压病区　建筑技术导则（试行）》	供暖通风及空调设计		送风机组宜采用具有过滤、加热及冷却等功能段的空气处理机组，其冷热源应根据应急救治设施现场条件确定
《新冠肺炎应急救治设施负压病区建筑技术导则（试行）》	供暖通风及空调设计	室内风口风速	病房送风口应采用双层百叶风口，排风口采用单层竖百叶风口。送风口、排风口风速均不宜大于 1.0m/s
《新冠肺炎应急救治设施负压病区建筑技术导则（试行）》	供暖通风及空调设计	室内风口位置	双床间病房送风口应设于病房医护人员入口附近顶部，排风口应设于与送风口相对远侧的床头下侧。单床间送风口宜设在床尾的顶部，排风口设在与送风口相对的床头下侧。排风口下边沿应高于地面 0.1m，上边沿不应高于地面 0.6m
《新型冠状病毒肺炎应急救治设施设计导则（试行）》湖北省《呼吸类临时传染病医院设计导则（试行）》	供暖通风及空调	室外进/排风口间距	室外排风口与进风口应保持一定的间距，水平间距不应小于 8m 或垂直间距不应小于 6m
《新冠肺炎应急救治设施负压病区建筑技术导则（试行）》	供暖通风及空调设计		半污染区、污染区排风系统的排出口不应临近人员活动区，排风口与送风系统取风口的水平距离不应小于 20m；当水平距离不足 20m 时，排风口应高出进风口，并不宜小于 6m。排风口应高于屋面不小于 3m，风口应设锥形风帽高空排放
《新冠肺炎应急救治设施负压病区建筑技术导则（试行）》	供暖通风及空调设计	电动密闭阀	送风机组出口及排风机组进口应设置与风机联动的电动密闭风阀
湖北省《呼吸类临时传染病医院设计导则（试行）》	设备与材料选择原则	设备与材料选择	应根据项目的实施时间要求，结合当地具体情况因地制宜选择设备与材料
			应选择安装便捷、调试简单的设备
			应选择满足建设周期要求、制作安装简单、气密性好的通风空调管道
			设备与材料的选择同时应满足国家有关规范及标准等的要求
浙江省《传染病应急医院（呼吸类）建设技术导则（试行）》			设备与材料的选择应满足材料充足、制作简单、安装迅速、调试便捷的原则，同时还应满足国家相关规范标准以及公共卫生管理部门的相关要求等
			所选空调机组、排风机组等重要设备的性能参数应进行复核，在不利工况下（如过滤器达到终阻力）依然满足使用要求。为保障设备 24h 不间断使用，重要设备应按 $N+1$ 原则设置备用设备

续表

标准	章节	内容归类	条文内容
浙江省《传染病应急医院（呼吸类）建设技术导则（试行）》	设备与材料选择原则	设备与材料选择	空调与机械通风系统均应选择满足建设周期要求、制作安装简单、气密性好、内壁光滑的通风空调管道，不得采用土建风道通风。负压病房内通风管道可采用 PE（高密度聚乙烯）管热熔连接
			负压病房与负压隔离病房及其卫生间排（回）风口宜选择安装可进行原位检漏的高效过滤装置，高效过滤装置的效率不应低于 B 类。当建设条件受限时，也可采用普通高效过滤器，其下游风管应有足够的距离可进行相应检漏
《新型冠状病毒感染的肺炎传染病应急医疗设施设计标准》T/CECS 661—2020《新型冠状病毒肺炎应急救治设施设计导则（试行）》	供暖通风及空调	负压隔离病房设计	重症患者的负压隔离病房可根据需要设置加湿器
			门口宜安装可视化压差显示装置
浙江省《传染病应急医院（呼吸类）建设技术导则（试行）》湖北省《呼吸类临时传染病医院设计导则（试行）》	气流组织与压差控制	压差传感器设置	负压病房与负压隔离病房、ICU 应在外侧人员目视区域设置微压差计，并标志明显的安全压差范围指示。其他区域有条件时，可设置相应的设施
《新冠肺炎应急救治设施负压病区建筑技术导则（试行）》	供暖通风及空调设计	压差检测报警装置设置	送风系统、排风系统内的各级空气过滤器应设压差检测、报警装置。设置在排风口部的过滤器，每个排风系统最少应设置 1 个压差检测、报警装置
《新冠肺炎应急救治设施负压病区建筑技术导则（试行）》	供暖通风及空调设计	高效过滤器的设置位置	负压病房及其卫生间排风的高效空气过滤器宜安装在排风口部；负压隔离病房及其卫生间排风的高效空气过滤器应安装在排风口部
浙江省《传染病应急医院（呼吸类）建设技术导则（试行）》	通风系统	过滤方式和装置的规定	通风空调的过滤设施应采用物理阻隔吸附装置，宜为一次抛弃型。且送、排风系统的过滤器宜设置压差检测、报警装置。未经医学验证，呼吸类传染病应急医院不应采用臭氧、负离子、等离子、高压静电驻极、光触媒、紫外线（UV）等过滤灭菌装置
浙江省《传染病应急医院（呼吸类）建设技术导则（试行）》	通风系统	新风取风位置规定	空调通风的取风口应直接从室外清洁处取风，严禁从机房、楼道及顶棚吊顶等处间接吸取新风。取风口应高于室外地面 2.5m 以上，并远离排风口、垃圾排放点、污物通道、污水通气口和其他污染源，取风口设置防护网

续表

标准	章节	内容归类	条文内容
浙江省《传染病应急医院（呼吸类）建设技术导则（试行）》	装配式建造		传染病应急医院（呼吸类）暖通工程宜采用装配一体化空气处理机组，机组自带相关仪表阀门及 DDC 或 PLC 控制器，可实现温度、湿度、过滤器压差监测及相应的参数控制要求。 病房、手术室、缓冲室、卫生间等场所宜根据需要集成空调末端设施，采用整体预制装饰吊顶，按照不同功能房间的实际需求进行模块化处理，便于现场整体快速安装。 空调室外机、风机机组等在安装时应考虑与土建的一体化施工，根据机器类型预留相应的基础及构件。 传染病应急医院（呼吸类）暖通工程宜采用抗菌型成品风管，利用模块化、标准化进行制作及拼接

新冠肺炎疫情之前发布实施的标准中，对于负压病房和负压隔离病房没有进行严格的区分，疫情期间发布的标准分别对负压病房与负压隔离病房进行了定义，明确了其区别。

负压病房：采用空间分隔并配置通风系统控制气流流向，保证室内空气静压低于周边区域空气静压的病房。

负压隔离病房：采用空间分隔并配置全新风直流空气调节系统控制气流流向，保证室内空气静压低于周边区域空气静压，并采取有效卫生安全措施防止交叉感染和传染的病房。

平疫结合型医院病区通风系统设计思考[①]

丁艳蕊　刘丽莹　邓晓梅　付祥钊

0　引言

新冠肺炎疫情暴发后，各省市快速反应，新建、改建以及临时建设收治新冠肺炎患者的负压隔离病房。一方面凸显了我国现有传染病医院或负压病房数量应对突发疫情的不足，另一方面也反映出疫情暴发前对负压病房通风系统重视的缺失。雷神山医院、火神山医院以及各省市改建负压病房的情况充分反映了所存在的问题。在国内疫情已得到控制并进入常态化防控时，2020 年 6 月北京新发地、新疆、大连等地新冠患者的出现，无疑又增加了疫情防控的紧张感，各省市迅速采取各项措施进行疫情传播的有效控制，新冠患者的收治场所是各地区需要紧急解决的问题。国家发展和改革委员会、国家卫生健康委员会和国家中医药管理局于 2020 年 5 月 9 日联合发布的发改社会［2020］735 号文件《关于印发公共卫生防控救治能力建设方案的通知》[1]（以下简称"《建设方案》"），将"平疫结合"作为公共卫生防控救治能力建设的五项基本原则之一，既满足"疫时"快速反应、集中救治和物质保障需要，又充分考虑"平时"职责任务和运行成本。

为了指导各地对《建设方案》的实施，2020 年 7 月 30 日，国家卫生健康委员会、国家发展和改革委员会联合发布了国卫办规划函［2020］663 号文件《关于印发综合医院"平疫结合"可转换病区建筑技术导则（试行）的通知》[2]，（以下简称"导则"）从建设技术角度对平疫结合可转换病区如何实施作了规定。

本文分析了健康通风与安全通风的区别和转换要求，探讨了平疫结合型医院病区通风系统实现健康与安全两功能转换的设计方法，重点是压力要求、通风量需求、气流组织、通风系统分区和形式、管道设计、机组选型以及系统控制等方面，使一套系统通过运行切换或简单改造实现平疫状态下的不同通风需求。

1　医院病区平疫功能转换需求

《关于印发公共卫生防控救治能力建设方案的通知》明确提出要健全完善城市传染病救治网络，建设目标以"平疫结合、分层分类、高效协作"为原则，不鼓励新建独立的传染病医院。《关于印发公共卫生防控救治能力建设方案的通知》还提出要改造升级重大疫情救治基地，要建设可转换病区，按照平疫结合要求，改造现有病区和影像检查用房，能在疫情状态下达到三区两通道的防护要求。

---

① 本文摘自《暖通空调》2021 年第 51 卷第 5 期 59～66 页，收入本书时有修改。

可转换医院病区的建筑平面设计需要分别考虑并满足平时和疫情时病区诊疗的工艺流程。综合医院的标准病区建筑平面没有严格的三区两通道，平时运行时，重点是保证病房、办公室等区域的健康送风，卫生间、处置室等污染区利用排风控制污染空气、湿气等，平面布局和流线示意图如图1所示。

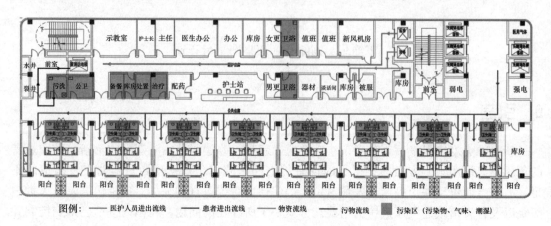

图例：—— 医护人员进出流线　—— 患者进出流线　—— 物资流线　—— 污物流线　▨ 污染区（污染物、气味、潮湿）

图1　综合医院病区平时分区及流线示意图

平疫结合型的综合医院，其标准病区的平面结构应能够通过拆增墙体迅速转换成呼吸道传染病病区的三区两通道形式，形成清洁区、半污染区、污染区在物理空间上的分隔，形成医护走道到病房之间的缓冲空间，满足医疗工艺需求，如图2所示。平时作为女更、女卫以及男更、男卫的空间，通过增加墙体形成清洁区和半污染区之间的更衣、缓冲以及进出的定向路径；半污染区的走廊、部分房间的连通门疫情下锁闭（图2中粗线封闭位置）形成半污染区内单一的定向路径；病房内入门附近增加墙体，形成病房内缓冲间，病房外阳台通过移动和拆除墙体、柜子形成污染区患者通道。左右两边各利用一间病房分别转换为污物通道和污染区至半污染区的更衣缓冲。由此，综合医院标准病区转换为呼吸道传染病病区。

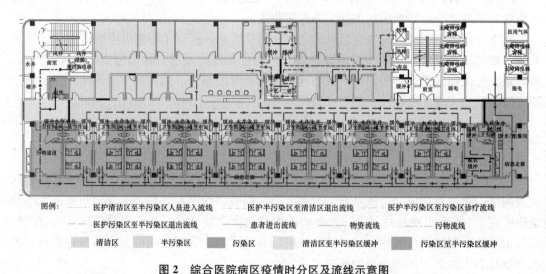

图例：—— 医护清洁区至半污染区人员进入流线　—— 医护半污染区至清洁区退出流线　—— 医护半污染区至污染区诊疗流线
　　　—— 医护污染区至半污染区退出流线　—— 患者进出流线　—— 物资流线　—— 污物流线
　　　▨ 清洁区　▨ 半污染区　▨ 污染区　▨ 清洁区至半污染区缓冲　▨ 污染区至半污染区缓冲

图2　综合医院病区疫情时分区及流线示意图

2 平疫结合通风系统设计要点

医院室内空气安全和健康需要依靠通风系统实现，通风系统设计在病区功能分区转换和医患流线设计的基础上进行。通风系统的主要实现目标在平时和疫情时有明显的区别，平时是健康通风，疫情时是安全通风。平时状态下，综合医院标准病区和传染病医院非呼吸道病区，室内污染物主要为建筑本体、人体呼吸和散发、医疗过程等产生的空气污染物，如甲醛、苯、挥发性有机物、二氧化碳、臭气、湿气等，人员长时间在此类污染环境中停留，会影响身体健康，需要借助通风解决人员的呼吸健康问题。疫情状态下，作为呼吸道传染病使用的病区，病人呼吸会散发传染性病毒，人员短时间接触和停留就可能被传染，影响生命安全，需要依靠通风对危害严重的传染性病毒进行控制，解决人员的呼吸安全问题。

通风系统的平疫结合设计，需要依据当地卫健委等部门对医院在区域重大疫情救治中的规划定位，如疫情期的医疗流程、最大接诊患者人数、接诊患者的病症程度，以及建筑专业提供的平疫结合医院的建筑布局等。明确平疫两种状态下通风系统的设计要求，开展通风系统设计[2,3]。

2.1 压力等级及压差梯度需求

呼吸道传染病病区根据是否被病原微生物污染，划分清洁区、半污染区和污染区。清洁区对相邻功能空间保持正压；污染区对相邻功能空间保持负压，防止污染区空气外泄污染相邻空间；半污染区压力等级介于清洁区和污染区之间。另外，和普通建筑一样，局部释放大量热湿的区域，应保持负压，防止热湿扩散至其他区域。

国家标准、规范、导则[4-8]等也是根据以上原则对病区房间压力和相邻房间之间压差做相应规定，如表1所示，目的是保证污染物不会从污染区经过半污染区扩散至清洁区，造成交叉感染。

标准规范对病区压力及与相邻房间的压差要求　　　　　　　　　　表1

病房类型	标准规范名称	压力设计要求
普通病房	《综合医院建筑设计规范》GB 51039—2014	—
非呼吸道传染病病区	《传染病医院建筑设计规范》GB 50849—2014	污染区房间应保持负压
呼吸道传染病病区		气流组织应形成从清洁区至半污染区至污染区有序的压力梯度
负压隔离病房	《综合医院建筑设计规范》GB 51039—2014	病房对缓冲间、缓冲间对走廊应保持5Pa负压差
	《传染病医院建筑设计规范》GB 50849—2014	负压隔离病房与其相邻、相通的缓冲间、走廊压差应保持不小于5Pa的负压差
	北京市《负压隔离病房建设配置基本要求》DB 11/663—2009	病房对卫生间应保持定向流，其他相邻相通房间的相对压差应不小于5Pa，负压程度由高到低依次为卫生间、负压隔离病房、缓冲间、内走廊

续表

病房类型	标准规范名称	压力设计要求
负压隔离病房	《新型冠状病毒肺炎应急救治设施设计导则（试行）》	病房与其相邻、相通的缓冲间、走廊压差应当保持不小于5Pa的负压差
	《新型冠状病毒感染的肺炎传染病应急医疗设施设计标准》T/CECS 661—2020	负压隔离病房与其相邻、相通的缓冲间、走廊压差应保持不小于5Pa的负压差
	《新冠肺炎应急救治设施负压病区建筑技术导则（试行）》	与其相邻相通缓冲间、缓冲间与医护走廊应保持5～15Pa的负压差
负压病房	《新冠肺炎应急救治设施负压病区建筑技术导则（试行）》	与其相邻相通缓冲间、缓冲间与医护走廊宜保持不小于5Pa负压差，确有困难时应不小于2.5Pa
卫生间、处置/污物/换药室、配膳间	《综合医院建筑设计规范》GB 51039—2014	负压、设置排风

以某传染病医院非呼吸道病区和某综合医院标准病区为例，表2中列出了病房及与之空气连通功能区的平时和疫情时的压力设计要求。例如，综合医院病房平时为零压，而疫情下防止病人产生的病毒污染物外溢，要控制病房内为负压，且与其相邻相通的缓冲间、缓冲间与医护走廊宜保持不小于5Pa的负压差。

病房及与之空气连通区域平疫压力要求　　　　表2

功能区	传染病医院非呼吸道病区压力		综合医院标准病区压力	
	平时状态	疫情状态	平时状态	疫情状态
病房	负压	−15Pa	零压	−15Pa
缓冲间	负压	−10Pa	—	−10Pa
病房卫生间	负压	−15Pa	负压	−15Pa
医护走廊（半污染区）	负压	−5Pa	零压	−5Pa
患者走道（污染区）	负压	−10Pa	—	−10Pa

因此，平疫结合型医院病区通风设计中，应该首先确定病区各个房间平时和疫情时期的清洁—污染分区属性，进而确定平疫状态下房间的压力，在其基础上设计机械送风和机械排风系统，实现实时动态通风，病区运行时才能正确通过送风量和排风量大小的调节实现房间内的正压或负压以及房间之间的压力梯度需求。具体如何实现平疫状态下的压力需求，详见2.2～2.7节内容。

2.2　平疫通风量需求差异

平时的健康通风可采用混合稀释的通风方法，通过一定数量（如规范规定的新风换气次数）的清洁空气与室内污染空气混合，将污染物浓度稀释到卫生标准的限值以下，如将CO_2浓度稀释到1000ppm以下。

与平时的健康通风不同，疫情状态时的安全通风更重要的是污染区的排风量。通过排风量大于进风量，保持病毒污染区的负压值，用压力梯度阻挡病毒扩散，控制气流流向，避免新风与病毒污染的空气混合，使得病毒污染的空气得到有效控制和排出。国家标准、规范、导则等对综合医院标准病区和传染病医院病区的房间通风量（新风量、排风量等）平疫作了不同的规定，如表3所示。根据规范规定的不同病区的通风量可以看出，呼吸道传染病区即疫情使用状态的安全通风新风量大于平时的健康通风新风量，且规定了排风量和新风量的差值，以保证房间的压力等级。

规范[4,5,8]对病区房间通风量规定   表3

功能区	传染病医院非呼吸道病区通风量	综合医院标准病区通风量	传染病医院呼吸道病区通风量
	平时状态	平时状态	疫情状态
病房及医疗用房	最小新风量3h^{-1}，污染区每个房间排风量应大于送风量150m^3/h	每人不应低于40m^3/h，或新风量不应小于2h^{-1}	负压病房最小新风量6h^{-1}或60L/s床，取较大值；负压隔离病房最小新风量12h^{-1}或160L/s床，取较大值；污染区每个房间排风量应大于送风量150m^3/h；清洁区每个房间送风量大于排风量150m^3/h
卫生间、处置/污物/换药室、配膳间	排风量10~15h^{-1}	排风量10~15h^{-1}	排风量10~15h^{-1}；排风量应大于送风量150m^3/h

平时状态下，新、排风量的大小主要根据标准规范对健康通风所需新、排风量的要求确定；疫情状态下，根据控制病毒以及房间压力要求计算新、排风量，并利用缝隙法计算房间的渗透风量，最终根据房间的风量平衡确定新、排风量。当缺乏相关的计算条件时，应按表3确定通风量。

平时和疫情时病房单元的平面布局分别如图3和图4所示。平时工况下，病房单元的平面布局没有缓冲间和患者走道，通过柜子或可移动式墙体隔出病房阳台；疫情时病房单元的入口处增加缓冲间，通过移除阳台的柜子或墙体，形成患者走道。病房面积为25m^2（疫情下，病房面积20m^2，缓冲室面积5m^2），卫生间面积为5.4m^2，层高按3m计。以该病房为例计算平时和疫情时期的通风量。

平时工况下，作为综合医院标准病房使用，病房为零压，按规范规定病房新风量2h^{-1}，则新风量为150m^3/h；按每人不低于40m^3/h的新风量标准，2病人+2陪护，则病房最小新风量为160m^3/h；二者取大值，则病房设计最小新风量取160m^3/h，卫生间排风量按10h^{-1}，排风量为160m^3/h，病房单元内新风量等于卫生间排风量，空气平衡，通过病房卫生间与病房之间的连通门形成病房向污染区卫生间的气流路径。

疫情工况下，作为呼吸道传染病负压病房使用，规范规定病房的新风量为6h^{-1}，则病房新风量为360m^3/h，为了污染区病房气流不外溢，病房内相对于缓冲及病人走道保持5Pa负压值。参考文献［9］经缝隙法计算病房与缓冲室之间门的渗入风量为112m^3/h，病房与病人走道之间的渗入风量为112m^3/h，即因压差梯度渗入病房的风量224m^3/h，因此排风量应为新风量+224=584m^3/h，满足规范规定的排风量大于新风量150m^3/h的要求。相对于平时，病房需增加新风送风能力360-160=200m^3/h；需增加排风能力584-160=424m^3/h。

根据计算的平疫两种工况下的新风量和排风量，确定兼顾二者的通风系统。

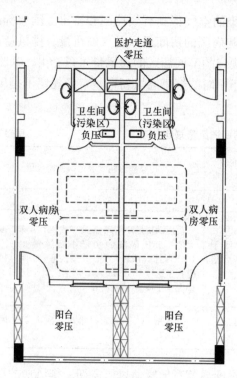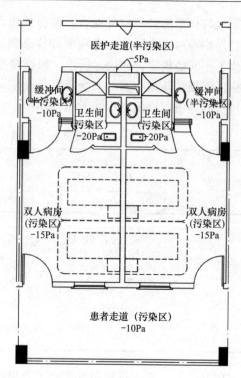

图 3 病房单元平时平面布置和压力需求图示　图 4 病房单元疫情时平面布置和压力需求图示

2.3 平疫通风气流组织设计

通风系统气流组织涉及两个层面，第一层面，相互连通的各区域之间的气流组织；第二层面，病房内的气流组织。

各区域之间的气流组织，依靠各区域设计新、排风量的大小形成压差梯度实现。如综合医院标准病区和传染病医院非呼吸道病区，平时运行状态下，卫生间、处置室、污物室作为主要污染区域，健康通风需要实现病房、办公室、走廊等→卫生间、处置室、污物室的气流路径。疫情状态下，为了控制病毒由污染区向半污染区或清洁区的扩散，安全通风需要严格实现由医护走廊→缓冲间→病房→卫生间的气流路径。

病房内的气流组织，依靠病房内新、排风量的大小以及新、排风口的位置和形式实现。标准规范对综合医院标准病区和传染病医院非呼吸道病区病房内的气流组织没有明确要求，只要形成病房内气流向病房卫生间流动，防止卫生间污染空气外溢即可。疫情状态下的病房内安全通风，直接关系到室内人员的安全问题，气流组织应有利于病毒等污染物的控制和尽快排出，应使传染源处于排风气流或排风区内。还要加强排风气流的收敛作用，削弱送风气流的扩散作用，避免病毒逃出排风区，被送风气流卷吸进入呼吸区。

上送下排的气流组织形式在传染病医院相关标准中有明确的规定，而由于普通病房和非呼吸类传染病病房室内气流组织对人员安全性的影响不明显，人们对室内气流组织的重视程度不高，目前综合医院的标准病房大多仅设机械新风，在病房卫生间设置排风，或病房内采用上送上排的送排风气流组织形式。

根据房间的使用特点、病房内的污染物分布情况，不论是普通病房还是呼吸类传染病病房，室内竖向空间上均可形成清洁区、医护呼吸区和污染区的竖向三区划分，如图5所示。房间上部即为空气清洁区，房间中部为医护人员呼吸区，房间中下部为病患呼吸以及垃圾桶等污染区。通风气流组织应实现在污染区内靠近污染源排风，控制好带有病毒或污染物的空气，新风从上部送入医护呼吸区。

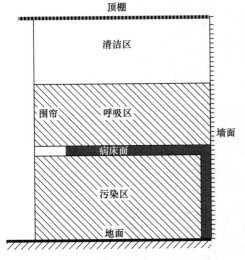

图5　病房医疗单元竖向"三区"划分

由于送、排风口的位置设定后，后期使用过程难以改变。平疫结合型病房，为了增强作为普通病房使用时室内空气的安全性，以及确保满足疫情下作为负压病房的使用需求，应采用病房内清洁区送风、污染区排风的气流组织形式。病房内排风口设置于病床床头即病毒污染源内，参考相关设计标准规范[6,8]，风口下边沿离地不应小于100mm，上边沿距地不应大于600mm，风速不宜大于1.0m/s。平时运行状态下，注重送风量和送风气流，病房内新风量大于排风量运行，或病房内仅送新风，依靠卫生间排风实现病房内的健康通风气流需求；疫情期间运行时，首先注重排风量和排风气流对病毒污染空气的控制，病房内排风量大于新风量，建立要求的压力梯度，实现病房内安全通风气流需求。

2.4　通风系统形式及分区

平疫结合通风系统应独立分区，避免污染。按照疫情下的三区两通道需求进行划分与设置，清洁区、半污染区、污染区应采用独立系统。清洁区设置独立新风系统，排风可通过竖井至屋面排风，每层清洁区的排风可共用竖井；污染区病房各层排风经高效过滤处理后独立排放至室外，不宜与其他楼层共用竖井，如图6和图7所示。

平疫结合型医院病区在平时与疫情时的风量需求不同，尤其是疫情时期，需要通过风量的调控形成压力梯度，来保证洁污定向气流路径；且各自的动态变化时间不同，室内压力梯度也呈现动态变化，需要各个末端随时可变可调。动力分布式通风系统[10-12]部分动力分布于各支路末端，由于其调节的灵活性和稳定性，更能适应和保障医院病区平疫结合的通风需求，如图8所示。

平时工况下，主要是满足室内健康通风的动态需求，动力分布式新风系统各末端支路风量调节模块风机依据各房间末端的动态需求而变化，动力分布式排风系统依据新风系统的动态变化而变化；疫情工况下，首先要维持各区域之间的压差梯度以及满足污染区的排风需求，动力分布式排风系统各末端支路风量调节模块风机根据各房间的需求动态变化调节，新风系统按照疫情下的新风需求定风量运行。

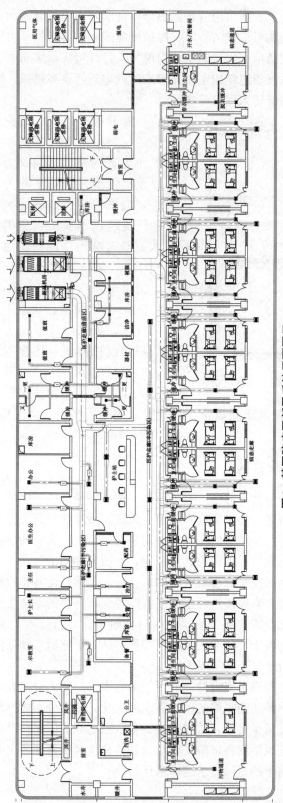

图6　某医院病区新风系统平面图图示

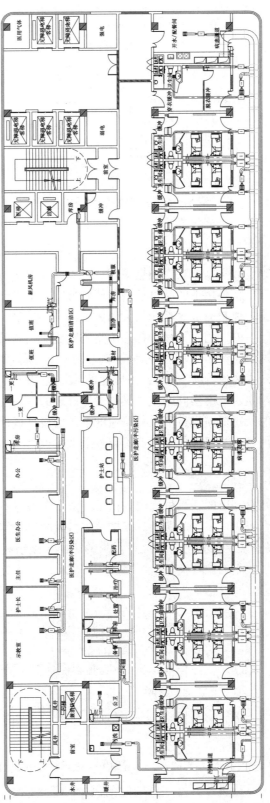

图7　某医院病区排风系统平面图图示

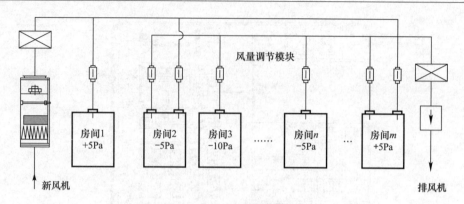

图8　通风系统流程示意图

2.5　通风系统管道设计

通风系统管道一旦确定并实施，难以根据平疫状态不同需求进行调整，平疫结合型医院病区通风系统需要按照疫情使用下的感染控制分区划分，管道设计所用通风量应取平时和疫情下各个房间新（排）风量的逐时综合最大值的较大者，满足疫情最不利情况下呼吸安全的通风需求，平时运行时，通过风量调控来满足呼吸健康的通风需求。

文献［13］规定，通风系统干管推荐风速为5～6.5m/s，最大风速为8m/s；支管推荐风速为3～4.5m/s，最大风速为6.5m/s。该风速的确定是基于经济流速和防止气流在风管中产生再生噪声等因素，考虑房间的允许噪声级等确定的。考虑到平疫两种使用状态风量的不同，可按照平时状态所需风量下推荐风速的下限值设计通风系统管道的大小，并校核疫情下通风管道的风速，尽可能保证风速不超过最大限值。

2.6　机组选型设计

新风机组一般安装在每一层的新风机房内，机组的选型及设置有三种方式：①按照疫情时的风量需求选择1台机组，如图9所示；②按照疫情时的风量需求选择2台或3台机组，如图10所示；③只安装1台满足平时风量需求的机组，疫情时增加1台或2台并联机组，预留疫情时需增加机组的位置。

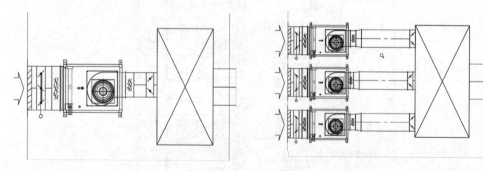

图9　新风机房布置1台新风机组示意图　　图10　新风机房布置3台新风机组示意图

根据平时和疫情时的风量设计标准，疫情时的风量是平时状态最小风量需求的2～3倍，按照疫情时的风量设置1台或多台并联新风机组，通过风机的变频调速或运行台数调节，可以实现平时空调季节和供暖季节最小风量运行，同时又可实现平时过渡季节全新风运行，用通风消除室内余热余湿，减少空调运行时间，节约空调系统能耗；疫情下按照满足呼吸道传染病病房需求的大风量运行，满足疫情下空气稀释、压力梯度保障等。既达到使用效果，又节约运行能耗，符合绿色建筑的发展要求。建议直接按照疫情状态下的需求风量安装新风机组。

排风机组一般安装在屋面，考虑疫情防控等级、初投资等因素，可按照平疫状态下分别设置，通过密闭风阀实现平疫转换；也可通过增加并联风机台数，实现疫情状态下的需求。不同方式均需预留所需的设备位置安装空间条件。

风量调节模块即支路模块风机，按照平疫两种状态下的最大风量需求选型，平时状态下小风量运行，疫情下大风量运行；同时模块风机自带电动密闭风阀，系统启动时，电动密闭风阀自动开启，系统停止运行时，电动密闭风阀自动关闭，满足疫情下每个支路可单独关断以及室内消杀的需求。

2.7 通风系统控制

通风控制系统应兼顾平疫两种工况下的不同控制需求。根据需求情况，通过控制逻辑实现平时运行状态和疫情时运行状态的一键切换或快速转换。

病房设置空气品质传感器，平时运行状态下，根据空气品质传感器对室内空气质量监测情况实现支路风机手动或自动调节，进而联动主新风机和主排风机的变风量运行，控制逻辑如图 11 所示。

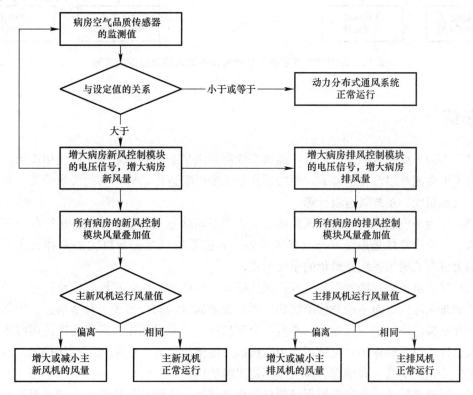

图 11　平时作为普通病房使用时通风系统控制逻辑

病房设置压差传感器或预留压差传感器的安装位置，疫情状态下，控制系统快速切换，根据压差传感器对病房与缓冲间之间或病房与医护走廊之间的压差监测情况，联动控制支路排风机的自动调节运行，进而联动主排风机的变风量运行，控制逻辑如图12所示。

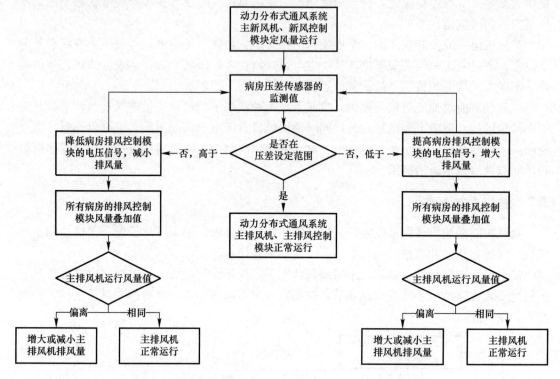

图 12　疫时作为呼吸道传染病房使用时通风系统控制逻辑

3　总结

(1) 作为平疫结合型医院病区，通风系统需要满足两种状态下的不同使用需求，对于系统中不可变或难以改变的部分，要按照高要求的呼吸道传染病病房的需求设置，如系统划分、气流组织、系统管道设计等。

(2) 作为平疫结合使用的通风系统，要实现不同状态下的转变以及各运行状态下的动态需求，风量可变性是系统必须具备的特性。一套系统满足差异巨大的两种状态下的需求，动力分布式通风系统是最优的系统形式。

(3) 气流组织是污染源得到良好控制的根本，传染病病房气流组织应使传染源处于排风气流或排风区内。而不论是传染病病房还是普通病房，均可形成上部清洁区、中部医护呼吸区和下部污染区的三区划分。平疫结合型病房，为了增强作为普通病房使用时室内空气的安全性，以及确保满足疫情下作为负压病房的使用需求，应采用污染区排风、清洁区送风的气流组织形式，并确保送风气流不超出清洁区。

(4) 呼吸道传染病病区需要保证严格的压差梯度，靠压差传感器的监测结果控制通风系统的运行，普通病房重点是满足室内空气品质的需求，靠空气品质的监测结果控制通风系统的运行。平疫结合型医院病区，需要设置两种压差传感器或预留压差传感器的安装位置，通风系统需要设置平、疫两套控制逻辑，实现功能改变时一键切换。

参考文献

[1] 《关于印发公共卫生防控救治能力建设方案的通知》发改社会［2020］735 号，［EB/OL］．（2020-05-09）［2020-05-22］．https://www.ndrc.gov.cn/xxgk/zcfb/tz/202005/t20200522_1228686_ext.html.

[2] 综合医院"平疫结合"可转换病区建筑技术导则（试行）：11-15.

[3] 【HVAC】伍小亭（PPT＋音频）：医院建筑"平疫"结合可行性与暖通系统设计探讨．https://mp.weixin.qq.com/s/cU3btAVwoxP0MJIQel8G3g

[4] 国家卫生和计划生育委员会规划与信息司．GB 51039—2014 综合医院建筑设计规范［S］北京：中国计划出版社，2014.

[5] 中国中元国际工程有限公司．GB 50849—2014 传染病医院建筑设计规范［S］北京：中国计划出版社，2014.

[6] 北京大学人民医院．DB 11/663—2009 负压隔离病房建设配置基本要求［S］北京：2009.

[7] 《新冠肺炎应急救治设施负压病区 建筑技术导则（试行）》：8-11.

[8] 中国中元国际工程有限公司．T/CECS 661—2020 新型冠状病毒感染的肺炎传染病应急医疗设施设计标准［S］．北京：2020.

[9] 中国电子工程设计院．GB 50073—2013 洁净厂房设计规范［S］．北京：中国计划出版社，2013.

[10] 范军辉．动力分布式通风系统研究［D］．重庆：重庆大学，2013.

[11] 赵建伟．动力分布式通风系统稳定性及其能耗分析［I］．建筑科学，2017，33（2）：96-101.

[12] 严天，徐新华，郭旭辉．动力分布式通风系统性能模拟及分析［I］．制冷技术，2017，37（3）：53-57.

[13] 中国建筑科学研究院．GB 50736—2012 民用建筑供暖通风与空气调节设计规范［S］．北京：中国建筑工业出版社，2012.

《暖通空调》杂志抗击疫情类技术文章

丁艳蕊

《暖通空调》杂志是暖通行业从业人员关注和了解行业技术发展的重要杂志。2020年发布抗击疫情类文章26篇（表1）。其中第6期推出"病毒防控与相关设施建设"专栏，集中刊出15篇文章介绍本次疫情防控中的研究成果和相关设施建设经验。

《暖通空调》杂志2020年刊出抗击疫情类文章名称　　　　　　表1

序号	文章名称
1	新冠肺炎疫情下一个暖通空调人的应对与反思
2	防控新型冠状病毒肺炎的对策应合理、合适、合规
3	交通建筑中新型冠状病毒的空气传播风险与室内环境控制策略
4	热分层环境人际间飞沫传染风险与对策研究
5	隔离病房的环境保障与气流组织有效性
6	武汉火神山医院通风空调设计
7	雷神山医院通风空调设计
8	大花山方舱医院通风空调系统设计与改造探讨
9	大花山方舱医院A馆病房区环境模拟研究
10	对新建医疗建筑空调通风系统应对突发传染性疫情的思考
11	疫情防控期间有效增大地铁车站新风量的预测研究
12	新型冠状病毒临时医院负压隔离病房环境控制
13	通风！通风？由2003年SARS防控和2020年"钻石公主"号邮轮新型冠状病毒传播所想到的
14	公共建筑集中空调系统面对突发空气传播疫情的设计运行对策思考
15	一种有效应对公共卫生安全的空调系统
16	上海某医院应急发热门诊及负压隔离病房空调通风设计
17	人体呼出颗粒物的传播特性及呼吸道传染病感染概率预测方法
18	空气净化器用于抗击新型冠状病毒肺炎疫情的评价与思考
19	人防医疗工程分类急救部滤毒通风防护分析
20	新型冠状病毒肺炎疫情与集中空调系统
21	应对新型冠状病毒国内外暖通相关指南对比
22	某方舱医院的通风空调系统设计
23	湖北省某医院感染楼平疫转换空调通风设计
24	高大空间建筑用作新冠肺炎方舱医院的通风空调改造探讨
25	负压病房通风系统设计探讨
26	力争上游　有效稀释——雷火双神山病房气流组织刍议

疫情相关的文章大致可以分为以下几类：

（1）工程方法类。此类文章最多，基本由工程设计单位完成。主要涉及如雷神山、火神山、方舱等医院的设计与建设经验分享等。

（2）理论和专项技术分析类。此类文章数量第二，多为高校科研单位或高校科研单位为主完成。主要涉及如颗粒物的传播特性、气流组织模拟分析、新风量预测分析等专项问题的分析。

（3）综合类。文章数量不多，多为高校科研单位完成，如各国应对新冠病毒的指南对比、SARS防控和"钻石公主"号邮轮新型冠状病毒传播的思考等。个别为工程设计单位完成，如《新冠肺炎疫情下一个暖通空调人的应对与反思》。

（4）设备材料类，此类文章仅有1篇，高校科研单位完成，主要是对不同空气净化器的技术特点分析等。

由针对26篇文章作者单位类别的统计表（表2）可知，其中有2篇文章由工程设计单位与高校科研单位的作者合作完成的，有1篇由高校科研单位、工程设计单位以及技术公司合作完成，1篇由工程设计单位和技术公司合作完成。

26篇文章作者单位分析表 表2

作者单位性质	工程设计单位	高校科研单位	技术公司	合计
数量	17	12	2	26
比例	65.4%	46.2%	7.7%	100%

新冠肺炎疫情爆发后，全国新建、改建、扩建大量应急医院、负压病房、方舱医院等，暖通行业作为解决室内环控、保障空气安全的主导专业，担起并完成了艰巨的任务。同时快速总结经验，在行业内探讨交流，供行业人员借鉴学习。

第五篇　通风工程案例

模块化负压（隔离）病房通风系统与空气安全控制解决方案

郭金成　丁艳蕊　居发礼

1　海润模块化负压（隔离）病房通风系统与空气安全控制解决方案

1.1　解决方案之一：针对模块化独立负压隔离病房搭建

海润提出了模块化负压隔离病房通风系统，该系统旨在解决负压隔离区域室内空气安全与空气品质问题，保证负压隔离区域的压差梯度及卫生安全。

模块化解决，标准化、单元化配置，每个风口独立对应一台高静压智能风量调节模块，独立控制，风量平衡、压力梯度易实现，可快速应用于新建集装箱式模块化病房及临时改造的负压隔离病房。

系统示意图（图1）：

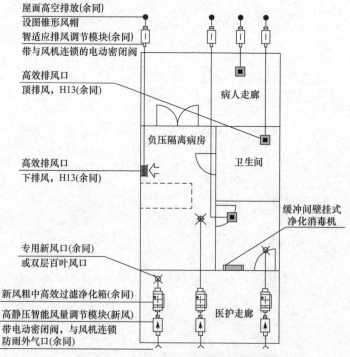

图1　模块化负压隔离病房通风系统平面布置示意图

系统效果图（图2）：

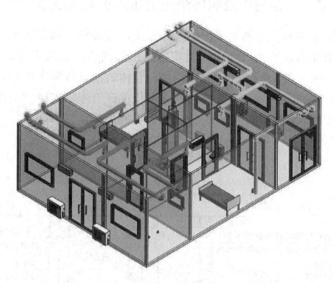

图2 模块化负压隔离病房通风系统效果图

项目应用场景（图3）：

图3 项目实景

1.2 解决方案之二：普通传染病房快速负压隔离病房改造

针对县级医院等多间负压隔离病房的改造需求，以及负压隔离病房全新风直流式空调系统的要求，海润提出采用动力分布式模块化负压隔离病房通风系统。直膨式新风机组，新、排风机组均一用一备，0～100％无级调速，整体解决负压隔离病房环境控制需求，综合解决空气安全、室内冷热与空气品质问题。不仅保证负压隔离区域的压差梯度及卫生安全，也营造温湿度适宜的热湿环境，有利于患者更好的恢复。

系统示意图（图4）：

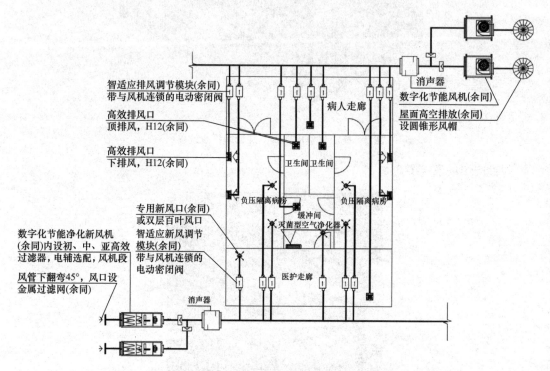

图4 动力分布式模块化负压隔离病房通风系统平面布置示意图

系统效果图（图5）：

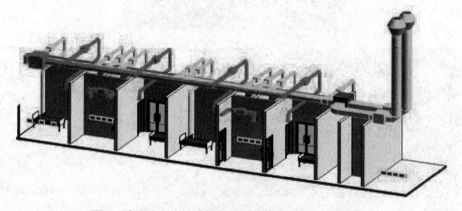

图5 动力分布式模块化负压隔离病房通风系统示意图

支撑设备产品展示（图6、图7）：

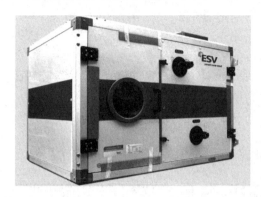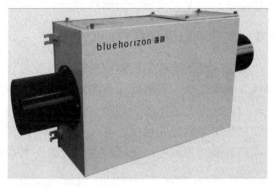

图6　主风机、智适应模块

图7　新风口、压差控制高效过滤排风口、负压控制面板

1.3　解决方案之三：负压隔离病房平疫结合的通风系统与空气安全控制

针对传染病医院规模化的负压隔离病房建设，由于负压隔离病房的建设数量多，海润提出平疫结合的设计思路，即通风系统的设计不仅考虑满足疫情下作为负压隔离病房的使用需求，同时兼顾平时作为呼吸类传染病房和非呼吸类传染病房的使用需求。结合项目实际情况，尽量采用小系统，独立控制。

目前项目设计方案已完成，由于项目还在实施中，不便展示具体方案内容。

2　工程改造案例分析

项目名称：费县人民医院负压隔离病房改造。

项目规模：在感染楼选取10间隔离病房改造成负压隔离病房，改造面积约550m²。

所在地：山东省临沂市费县。

完成度：100%。

建设/服务/施工要点：①采用动力分布式通风系统技术有效保障负压隔离病房的效果

要求；②采用模块化产品，工厂化生产制造，现场快速组装，既能迅速实施，又能保证安装实施效果，安装便捷、适用经济。

2.1 本案例原设计存在的问题

费县人民医院感染楼隔离病房的原暖通空调系统设计为风机盘管＋新风系统，卫生间排风，不满足负压隔离病房的需求（图8），主要存在以下问题：

（1）未进行洁污等级划分，所有区域共用一个新风系统，系统划分不合理；

（2）未考虑压差梯度，空气安全不能保证；

（3）新、排风量以及风口位置设置不当，气流组织不合理等。

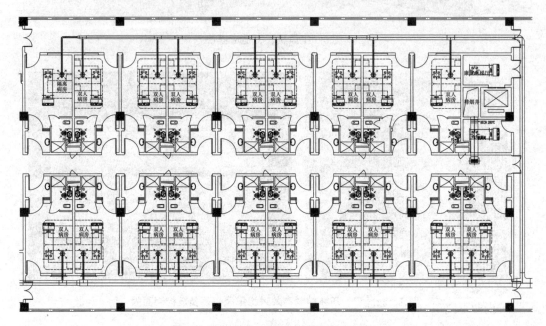

图8 原设计负压隔离病房通风平面图

2.2 系统化方案解决思路

海润的系统化解决方案整体考虑以下关键问题：

（1）满足国家标准规范应对疫情建设负压隔离病房的要求。

（2）疫情是暂时的，多数时间是平时的使用状态，负压隔离病房的建设考虑平疫结合，可调可控。

（3）实现安装便捷、适用经济。考虑负压隔离病房建设的紧急性，采用模块化系统设备，工厂化制造，减少现场施工，实现快速组装。

（4）考虑运行使用过程的节能性以及环境舒适。

本项目改造采用动力分布式通风系统。

2.3 保障负压隔离病房空气安全设计要点

2.3.1 各区域洁污等级划分

根据病房区的医疗工艺流线，即医护人员和病患人员的出入流线，对通风系统改造区域进行洁污等级的三级划分。医护走廊划分为清洁等级最高的区域；缓冲室作为连通医护走廊和病房的区域，为半污染区，清洁等级次之；病房、卫生间和患者走廊为污染区，清洁等级最低。三区划分如图9所示。

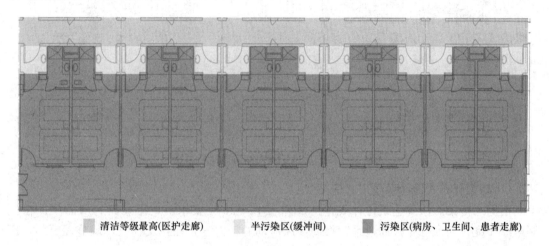

清洁等级最高(医护走廊)　　半污染区(缓冲间)　　污染区(病房、卫生间、患者走廊)

图9　负压隔离病区洁污划分

2.3.2　新、排风量设计

根据《传染病医院建筑设计规范》GB 50849—2014等标准规范的要求，负压隔离病房应采用全新风直流式空调系统，最小换气次数$12h^{-1}$，污染区每个房间排风量应大于送风量$150m^3/h$，并要满足各区域的压差梯度要求。缓冲间的换气依靠医护走廊与病房之间的压差所形成的气流渗透实现，借助空气净化器实现缓冲空间的空气净化。各功能区新、排风量设计取值及压差要求如表1所示。

通风设计参数　　　　　　　　　　　　　　　　　　　　　表1

房间	新风换气次数（h^{-1}）	排风换气次数（h^{-1}）	压差要求
负压隔离病房	12	15	$-15Pa$
病房卫生间	—	10	$-20Pa$
医护走廊	3	—	$-5Pa$
患者走廊	—	3	$-10Pa$

2.3.3　压差梯度和气流组织设计

通风系统气流组织的实现涉及两个层面。相互连通的各区域之间依靠各区域设计新、排风量的大小所形成的压差梯度实现医护走廊→缓冲间→病房→卫生间的气流路径。

房间内借助新、排风口合适的位置设置实现定向气流流动。根据房间的使用情况，病房内也可划分清洁区、医护呼吸区和污染区；房间上部即为空气清洁区，房间中部为医护人员呼吸区，房间中下部为病患呼吸污染区。通风气流组织的考虑应在污染区内靠近污染源排风，新风从上部送入医护呼吸区，实现"新鲜空气从清洁区进入医护呼吸区，再从污染区排出污染气流"。

每个床位顶部设置新风口，床位下部设置排风口，尽量保证房间内部的气流组织定向流动，每个床位的气流不会流向另一床位，避免造成交叉感染。改造后负压隔离病房通风平面如图 10 所示。

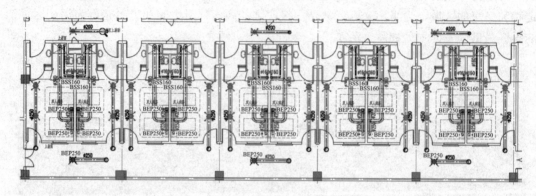

图 10 改造后负压隔离病房通风平面图

2.3.4 动力分布式通风系统形式保障

根据《传染病医院建筑设计规范》GB 50849—2014 要求，负压隔离病房需要严格控制压差梯度，动力分布式通风系统将促使风流动的动力分布在各支管上，调节性更强，压差梯阶保障更可靠，进一步减少医患交叉感染现象。见图 11。

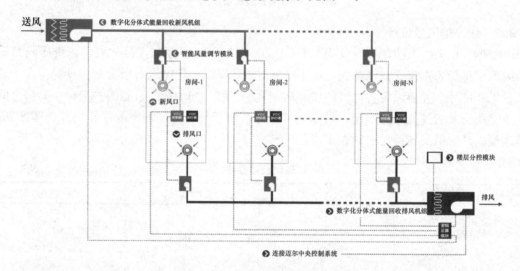

图 11 动力分布式通风系统示意图

采用动力分布式系统可以解决以下三个问题：

（1）系统风量平衡问题。动力集中式通风系统容易存在风系统平衡的问题，使得距离风机近的房间风量偏大，距离风机远的房间风量不足。负压隔离病房有严格的压差梯度需求，需要满足设计要求的风量实现压差梯度，采用动力分布式通风系统，每个支路末端设置风量调节模块，容易实现负压隔离病房设计风量的需求。

（2）设备噪声问题。负压隔离病房送风应经粗效、中效、亚高效过滤器三级处理，三级过滤器的设置，使得系统阻力较大，若仅在主管路上设置动力风机，则机组压头大，噪声高。若将部分动力分布在支路上，减少主风机压头，可降低噪声。

（3）平疫结合使用的可调可控问题。疫情期间为保证不同区域之间的压差梯度，各病房的排风量应可调节，同时病房之间互不干扰；平时作为普通传染病房，当仅部分房间使用时，非使用病房的通风系统应具备关断作用，使用中的病房通风系统需要灵活的可调性，满足各房间之间互不干扰。采用主管道上设置新、排风机组的动力集中式通风系统，很难实现系统灵活可变的特性，而动力分布式通风系统很容易满足此需求。

2.3.5 平疫状态下的通风系统控制

负压隔离病房动力分布式新、排风系统的控制采用定新风量、变排风量的控制方式。病房内的排风模块根据病房与缓冲室之间设置的压差传感器的压差监测结果进行自动调节，进而联动主排风机增大或减小风量运行。

当作为普通病房或非呼吸类传染病房使用时，动力分布式新、排风系统的控制可以采用变新风量、变排风量的控制方式。病房内的新风模块根据空气品质传感器监测结果进行自动调节，联动房间内的排风模块增大或减小风量，进而联动主管路上的新风机、排风机变风量运行。

由于新、排风主机以及新、排风模块均能够 $0\sim100\%$ 无级调速，非疫情时期使用时，各区域和房间内的新、排风模块在低风量下运行，实现通风系统运行能耗的节约。

3 总结

海润作为深耕医院建筑通风领域 20 年的企业，一直秉持"通风优先"的理念，根据通风技术和产品在实际工程项目中的应用效果，持续性的升级研发通风相关的产品、技术和标准，始终践行"让 3 万家医院健康呼吸"的企业使命和社会责任。此次疫情下，海润更是迅速反应，快速研发出三种不同的保障负压隔离病房空气安全的解决方案，满足新建和改建项目的不同需求。

费县人民医院负压隔离病房改造项目在调试验收合格后即投入了使用，具有很好的使用效果，在疫情紧张时段发挥了重要作用。

平疫结合是未来建筑需要兼顾的使用功能，建筑通风同样需要满足平疫结合的使用功能，实现平疫两种状态下的转换和调节。医院建筑通风将会有更进一步的发展。

雷神山医院如何做到避免交叉感染^①

雷神山医院如何做到避免交叉感染[①]

雷神山医院暖通设计团队：

负责人：张银安、刘华斌

机电顾问：马友才

机电协调人：许玲

工程师：曹晓庆　徐　峰　吕中一　王　哲　刘思伦　余能辉

江一峰　宋　涛　任中杰

武汉第二所专门用于收治新型冠状病毒肺炎患者的医院——雷神山医院火速建成的背后，凝聚着建筑师和工程师的智慧和力量。作为一所呼吸类临时传染病医院，如何确保医院内部的空调与通风设计为病人及医护人员提供安全的、舒适的就医及工作环境，如何避免因空气流通造成的交叉感染，又如何在通风系统中进行过滤、杀菌、净化装置的设置和选择，暖通工程师需要考虑到方方面面。中南建筑设计院参与此次雷神山医院设计的暖通工程师就为你解读这所特殊时期、特殊条件下的传染病医院如何进行通风空调的设计。

1　项目建设背景

一场突如其来的疫情从武汉波及全国，生命重于泰山，疫情防控牵动着每个人的心。抗击疫情工作启动以来，中南建筑设计院坚决贯彻落实党中央及湖北省委、省政府，中南设计集团各项工作部署，第一时间由主要领导牵头建立应急设计应对机制，以国企大院的使命和担当，充分发挥设计专业优势，全力以赴参与抗击疫情工作。疫情如火，刻不容缓，雷神山医院中南院暖通设计团队从1月24日晚接到任务，开始图纸设计，到2月5日开始验收，10天10夜与时间赛跑，毫不松懈。3天交付全部施工图，全程在项目现场配合施工，突破常规，及时根据现场实际需要进行图纸优化，直至转入使用运维配合服务阶段。

2　项目概况

雷神山医院建设用地面积约22万 m^2，总建筑面积约7.9万 m^2，整体规划按照传染病医院标准设计（图1，图2），用于收治已确诊的新型冠状病毒感染肺炎患者。根据用地情况，将东、西两区分别规划为隔离医疗区和医护生活区，并配备有相关运维用房，病床总床位数建设目标为1600床，可容纳医护人员约2300人。

隔离医疗区总建筑面积为52200 m^2，为新建一层临时建筑，设有卫生通过单元、病区

护理单元、医技单元、接诊区。护理单元为集装箱拼接式建筑，外形尺寸为 3m×6m×2.6m（长×宽×高），室内净高 2.4m；医技区为钢结构板房建筑，建筑高度 4.5m。隔离医疗区北侧设有污水处理站、微波消毒间、垃圾暂存库、垃圾焚烧间、液氧站、正负压站房等配套设施。

图 1　雷神山医院　俯瞰效果图

图 2　雷神山医院　俯瞰实景图

3　通风空调系统设计原则

3.1　空调设计参数

设计空调室外参数主要考虑疫情爆发期间的武汉冬季气象条件，并考虑预期气候条件。参照国家相关规范，病房区、医护区、医技区主要房间冬季室内设计温度为 18～22℃，主要病人及医护通道的设计温度不低于 18℃。

3.2 空调通风系统

为避免交叉感染，病房区、医护区、医技区的主要房间均采用热泵型分体空调。医技区负压检验、负压 ICU、负压手术室采用直膨式全空气型净化空调机组全新风运行，送风管道设有电加热器。电加热器设置分挡调节并采取无风断电保护措施。

飘浮在空气中或附着在灰尘颗粒上的病菌会附着在空调机组的盘管上，并随冷凝水排出，这些病毒可能导致人员致病。因此空调的冷凝水不应单独散排至室外，均分区集中收集，并应随各区污水、废水排放集中收集。

通风系统设计应致力于采用有序的压力梯度控制措施，合理控制气流流向，不同污染等级区域压力梯度的设置应符合定向气流组织原则，应保证气流从清洁区→半污染区→污染区方向流动。医护区相对传染区为正压，控制负压隔离病房、负压检验室室内负压值，避免洁净空气与污染空气的交叉，减少相互感染概率，有效阻断病毒传播，保证医护人员安全健康。负压隔离病房最小换气次数为 $12h^{-1}$，污染区最小换气次数为 $6h^{-1}$，清洁区最小换气次数为 $3h^{-1}$。

所有区域送风系统设粗效、中效、高效三级过滤，保证送风洁净度（图 3～图 5），同时应采取有效的空气净化消毒措施，最大限度降低负压隔离病房等污染区的排风对周围环境的影响。送风过滤单元、排风高效过滤器前后设置压差检测、报警装置，当压差数值超过设定值时传感器报警，相应进行设备更换。

图 3　G2 粗效过滤器　　　　图 4　F7 中效过滤器　　　　图 5　H13 高效过滤器

3.3 设备与材料

结合当前应急临时医院建设时间短、要求高，部分设备材料供应不满足建设工期要求的特点，因地制宜做好暖通空调的设计工作是重点考虑的问题。设计过程中团队派专人与各大设备供应商对接，尽量选用成熟可靠、库存量大、运输快速、厂商捐赠的设备（图 6），节省产品的采购、调货时间。同时方便施工单位快速安装、调试简单。选用的通风空调管道满足建设周期要求，制作安装简单，气密性好。通过上述措施，在保证系统运行可靠的前提下，极大地缩短了施工周期。

图 6 部分厂商捐赠设备

4 病房区气流组织与压差控制措施

4.1 区域功能

病房区主要由安置病人的负压隔离病房及其卫生间、缓冲间、医护人员通行的走廊等部分组成。

4.2 设计方案

负压隔离病房区域采取压差控制措施，保证气流从半污染区向污染区方向流动，病房维持 $-10 \sim -15$ Pa，相邻房间维持不小于 5Pa 的压力梯度。病房与医护走廊的墙面上装有显示不同区域压力差值的微压差计，便于医护和维护人员实时观察房间压力梯度与送、排风系统运行是否正常。

污染区、半污染区分别设置独立的送、排风系统，风机采用低噪声高效离心风机箱，且一用一备，排风口距地 4.5m 以上。设计将 5～6 间病房及其卫生间合用一套送、排风系统，极大的方便了系统调试，同时有效保证了压力梯度，风机风量的合理控制也避免了风机运行噪声和振动对病房人员的影响。病房区送、排风系统及气流组织示意图如图 7 所示。

4.3 气流组织模拟

为检验病房气流组织设计效果，对病房的气流组织进行了模拟论证。

模型描述：建立 5.8m×3m×2.4m（长×宽×高）的病房空间，2 张单人床尺寸为 2m×0.9m，床头柜尺寸为 0.6m×0.6m×0.6m，分体空调室内机尺寸为 1.0m×0.4m×

0.32m（长×高×深），房间采用上侧送风下侧排风的通风系统，2个送风口尺寸均为 $\phi150$，排风口尺寸 400mm×400mm，三维物理模型如图8所示。

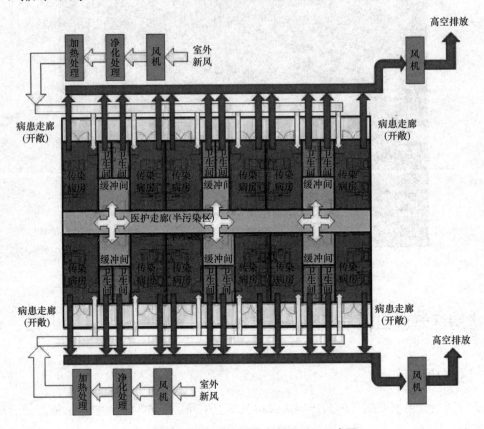

图7　病房区送/排风系统及气流组织示意图

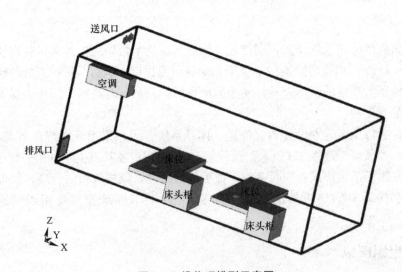

图8　三维物理模型示意图

房间上部单个送风口送风量为250m³/h，总送风量为500m³/h，送风温度为20℃，水平送风；下部排风口排风量为700m³/h，水平排风。分体空调风量为1000m³/h，送风温度为30℃，斜向下45°出风。内墙和外墙分别依据房间温度和环境温度采用等壁温边界条件，计算中不考虑辐射模型。通过模拟得到如图9～图12所示结果。

（1）病房速度场和温度场

病人平躺时，头部处的速度为0.25～0.35m/s，温度为19～22℃，满足舒适度的要求。

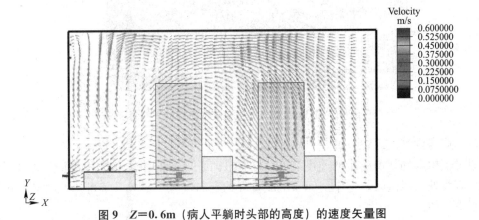

图9　$Z＝0.6m$（病人平躺时头部的高度）的速度矢量图

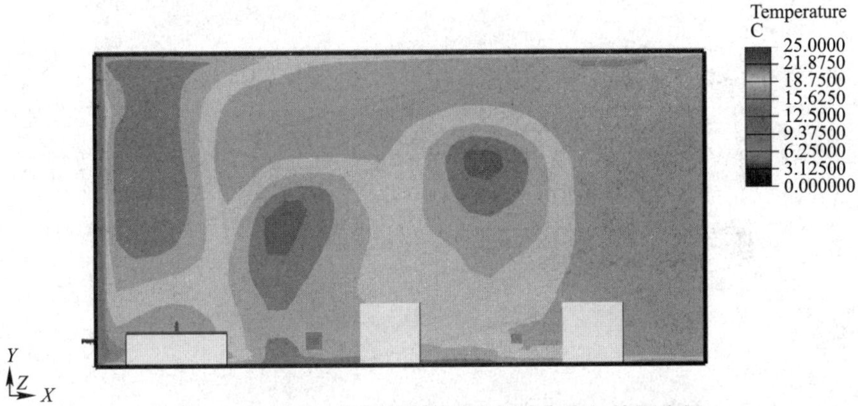

图10　$Z＝0.6m$（病人平躺时头部的高度）的温度场

病人站立时，病房内主要活动区（除空调出风口处）头部处的速度为0.3～0.5m/s，温度为18～25℃。

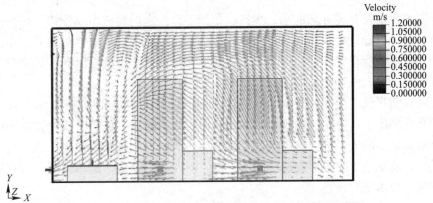

图11　$Z＝1.7m$（病人站立时头部的高度）的速度矢量图

图 12　Z=1.7m（病人站立时头部的高度）的温度场

（2）病房内气流组织

通过模拟得到如图所示的速度迹线，由图 13 可见，采用设计方案（上侧送风下侧排风）时床头处于回流区，整个房间易形成良好的定向气流，通风系统可以及时有效排除病房内污染气体。

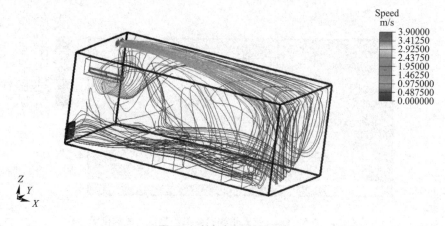

图 13　病房内部速度迹线

4.4　安装与调试

负压隔离病房及其缓冲间的送、排风口布置应符合定向气流组织原则，防止送、排风气流短路。送风口应设置在房间靠近医护入口上部的上侧，送风需经过粗效、中效、高效三级过滤；排风口应设置在病房内靠近床头的下部并设高效过滤器，利于污染空气就近尽快排出且不对周边大气环境造成污染。如图 14 所示。

负压隔离病房及卫生间的送、排风管均由侧墙接入室内，如图 15 所示，减小管道对室内吊顶高度的影响，避免屋面开设太多洞口增加漏水隐患，管道穿墙处做好相应的密封处理，有效保证房间气密性。医护走廊及缓冲间的送风管由医护走廊顶部进入后，分别开设侧送风口，既减小了管道对走道净高的影响，同时避免管道穿越污染区，所有屋面洞口都做好相应的防水密封处理。

图 14 负压隔离病房及其缓冲间送/排风口安装位置

图 15 送/排风管道接入方式

送、排风支管上均设置与设计风量匹配的定风量风阀,病房送、排风支管同时装有可单独关断的电动密闭风阀,如图 16 所示。

图 16 定风量阀、电动密封风阀安装图示

经过现场调试，各区域的压差值均在设计范围内，病房、缓冲间、医护走廊之间可以形成有效的压力梯度。

5 医护区气流组织与压差控制措施

5.1 区域功能

医护区由中央洁净通道连通，每个医护单元对应 4 个隔离病房单元。医护单元可分为洁净区（含中央洁净通道及与其连通的洁净房间）和潜在污染区（通向隔离病房区的走道及与其连通的房间）。

5.2 设计方案

医护区相对传染区为正压，有效阻断病毒传播，保证医护人员安全健康。通过合理的送、排风气流组织，保证整个医护单元为正压区域，同时保证气流从清洁区向潜在污染区流动。送、排风系统支管设置定风量阀，通过送、排风量精准控制相邻房间不低于 5Pa 的压力梯度。

医护区的洁净区和潜在污染区分别设置相应的送、排风系统，风机采用低噪声高效离心风机箱。每个送风系统均设置粗效、中效、高效三级过滤，保证送入医护单元的空气洁净度，排风口至距地 4.5m 以上。医护区送、排风系统及气流组织示意如图 17 所示：

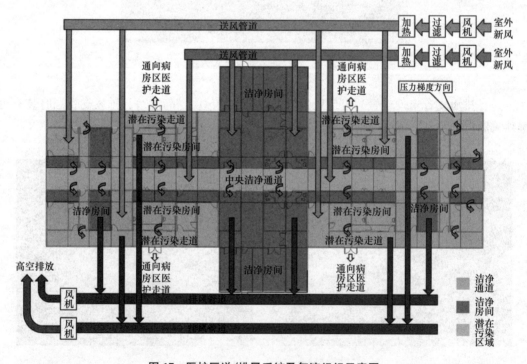

图 17 医护区送/排风系统及气流组织示意图

5.3 安装与调试

为了保证洁净区正压，除了按设计要求组织送、排风，通过定风量风阀精准调控送、排风风量外，还需注重房间密闭性。实际施工过程中，对围护结构间的缝隙、管线穿墙及楼板的缝隙都要做密封处理，不留死角。

6 医技区气流组织与压差控制措施

6.1 区域功能

隔离区医技单元分为 A、B、D 三个区，A 区包括 28 床的负压 ICU、负压检验及其配套用房；B 区包括负压手术室、CT 室、超声室、心电室及其配套用房；D 区包括 33 床的负压 ICU 及其配套用房。

6.2 方案设计

主要房间排风换气次数：①负压检验/缓冲间 $13h^{-1}$；②负压手术室 $22h^{-1}$；走廊/辅房 $13h^{-1}$；③负压 ICU/缓冲间/辅房 $13h^{-1}$；④CT、超声、心电及其配套用房 $8h^{-1}$。通过送、排风量精准控制压力梯度，各主要区域压力梯度：①负压检验：-20Pa；缓冲间：-10Pa；②负压手术室：-20Pa；复苏室/消毒打包/前室：-15Pa；走廊/存床/医护前室/无菌间：-10Pa；③负压 ICU：-20Pa；病人缓冲/污物/污洗/清洗槽/纤支镜/脱防护服：-15Pa；脱隔离服/治疗室/缓冲/设备间：-10Pa。

为方便快速安装及调试，负压检验、负压 ICU、负压手术室采用直膨式全空气型净化空调机组全新风运行，送风管道加装电加热器，送、排风机均采用低噪声高效离心风机箱。由于极短的供货周期造成直膨机供应商无法根据设计参与进行有针对性的生产，在设计过程中设计团队与供应商密切对接，将现有的库存产品参数与设计值进行对比，并第一时间锁定各地库存设备，部分设备参数由于无法满足设计要求，厂家第一时间对设备部件进行改造。

送风系统均设置粗效、中效、高效三级过滤，其中负压检验、负压 ICU、负压手术室设高效过滤风口。所有区域排风经高效过滤器处理后高空排放，负压 ICU、负压手术室、治疗室、复苏室等房间设下排风口。

6.3 安装与调试

经过实际调试，各区域的温度及压差值均在设计范围内，负压 ICU、负压检验、负压手术室等重要区域内，各房间之间均能形成有效的压力梯度。图 18 为负压检验室内温度、换气次数、压力梯度等参数的自检报告。

负压系统由真空泵、水汽分离器、负压真空罐、仪表及管道阀门组成，负压吸引装置的排气经过高效过滤器过滤并消毒灭菌后排出。压缩空气系统由压缩空气设备源与压缩空气管网系统组成，配置的螺杆式压缩空气组二用一备。

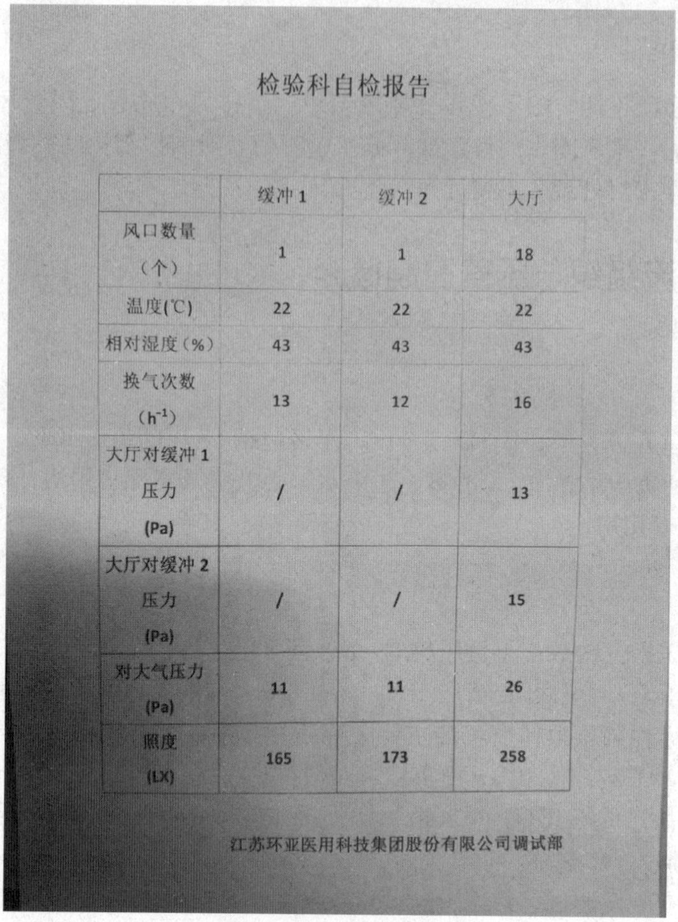

检验科自检报告

	缓冲 1	缓冲 2	大厅
风口数量（个）	1	1	18
温度(℃)	22	22	22
相对湿度（%）	43	43	43
换气次数（h^{-1}）	13	12	16
大厅对缓冲 1 压力 (Pa)	/	/	13
大厅对缓冲 2 压力 (Pa)	/	/	15
对大气压力 (Pa)	11	11	26
照度 (LX)	165	173	258

江苏环亚医用科技集团股份有限公司调试部

图 18　检验科自检报告

7　负压隔离病房废气排放对环境的影响模拟分析

7.1　模拟方案

在设计过程中，为充分评估污染区废气排放是否对项目周围环境造成影响，清华大学陆新征教授及团队提出了临时医院排风环境影响的快速模拟方法。本方法以开源流体力学计算软件 FDS 为基础，实现了临时医院建筑的快速建模。基于云计算平台的分布式计算以及有害空气流动的监测和可视化，为临时医院设计阶段的快速分析提供了专门工具。如图 19、图 20 所示。

7.2　主要结论及对设计的指导

（1）根据江亿院士等的研究，对于 SARS 病毒，稀释 1 万倍后不再具备传播性。模拟结果证明 4.5m 排风口高程可以满足要求新风口空气稀释 1 万倍的要求。

（2）将排风口高程提高到 4.5m 后，可有效降低新风口高程面（3m）污染空气相对浓度。

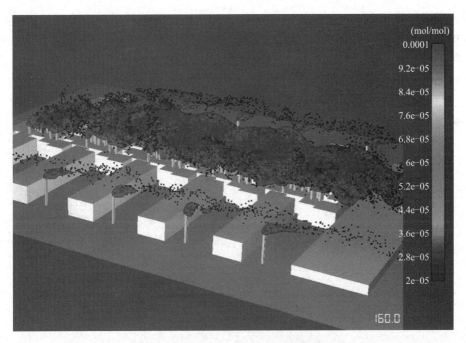

图 19　有害气体轨迹及浓度等值面图

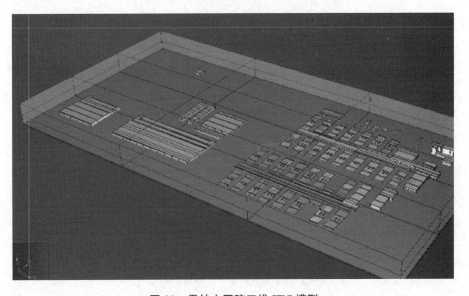

图 20　雷神山医院三维 FDS 模型

（3）为确保负压隔离病房区域医护人员的健康安全及保护室外环境，本项目送风系统采用粗效（G2）＋中效（F7）＋高效（H13）三级过滤，排风系统采用高效（H13）过滤后接至 4.5m 高空排放，设计方案符合模拟预期。

8　结语

此次雷神山医院暖通设计先经过专业评审确定技术方案，边设计、边校对、边审核、边修改，提高工作效率，避免返工，合理稳妥的设计方案就是雷神山医院建设的最大保障。在项目施工过程中积极主动与项目建设各方沟通配合，不分白天黑夜，每天派有经验的设计师驻场巡检，第一时间发现和解决施工环节中存在的问题，同时对重点难点处的施工予以现场指导。在疫情发展迅猛、项目建设周期极短、设备采购压力极大的背景下，设计团队的每个人顶住压力，迎难而上，为有力抗击疫情作出了自己应有的贡献，用中南建筑设计院暖通人的专业水准和职业操守为雷神山医院的顺利建设保驾护航。

新型冠状病毒肺炎临时医院负压隔离病房环境控制[①]

中南建筑设计院股份有限公司　刘华斌　王雨珊　张银安　马友才　许　玲
曹晓庆　王　哲　徐　峰　刘思伦　江一峰　余能辉　吕中一

0　引言

为紧急应对 2019 年来爆发的新冠病毒突发公共卫生事件，全国新建、改建了大量应急医疗设施工程。建设此类工程社会意义重大，时间紧、任务重，为满足相关应急医疗设施建设和使用需求，保证工程建设质量，各地先后制定了相关设计标准及导则。根据武汉市政府部署，笔者团队承担了武汉市雷神山临时医院暖通设计及防疫研究工作。此类传染病医院的核心是切断传染链，保护及避免医护人员及病人交叉感染，需要考虑的关键要素有 2 个：一是要合理布置医院的各功能分区及流线，实现三区两通道；另一个是控制好各区域的环境，其重点及难点是控制各区域的压力，实现有序的压力梯度。负压病房区涉及的环境因素有各空间相对压差、环境温湿度、空气洁净度、噪声、空气流速等因素。本文系基于 COVID-19 肺炎疫情临时医院的设计措施及总结，这些措施及方法适用于其他呼吸类传染病医院的设计及建设。

1　负压隔离病房温湿度控制

1.1　温湿度设计标准

COVID-19 肺炎病人体质较弱，且由于此类流行病大多发于寒冷的冬季，病房需有温度保证措施，合适的环境温度有利于病人身体恢复。参照规范，冬季室内设计温度宜为 18～22℃，夏季室内设计温度宜为 25～28℃，夏季相对湿度不大于 60%。

目前还没有确切的证据证明新冠病毒存活时间与环境湿度的密切关系，参考美国 ASHRAE Standard 170—2017 标准，临时医院负压隔离病房冬季湿度不作具体控制。

1.2　空调通风系统设置原则

隔离病房主要是控制以空气为传染媒介的传染性疾病，为了不使隔离室内的空气扩散到医院内的其他场所，阻止对其他区域的传染，必须维持隔离病房为负压。同时为了控制整个负压隔离病房区的空气定向流动，使洁净的空气从清洁区→潜在污染区→污染区有序

---

①　本文摘自《暖通空调》2020 第 50 卷第 6 期 75～80，同页，收入本书时有修改。

流动，从而更有效地阻止污染空气扩散，负压隔离病房区应采用机械通风系统。清洁区、潜在污染区及污染区各自空气污染程度不同，为防止污染区域的空气通过通风管道对较清洁区域空气产生影响，清洁区、潜在污染区及污染区的机械送、排风系统及空调系统应按区域独立设置，杜绝污染空气通过通风系统流到清洁区的可能。

负压隔离病房空调系统禁止采用带回风的全空气集中空调系统，宜设置直流式空调系统，考虑到应急使用及非流行病期间使用情况，国内相关规范及标准允许有限制条件地采用带循环风的空调机组，可在负压隔离病房内独立设置风机盘管机组或热泵式分体空调机组。此次应急临时医院考虑到货源及施工周期等因素，所有隔离病房均采用热泵式分体空调机组，并应遵循下列原则：

(1) 宜采用独立热泵型分体空调或变制冷剂流量（VRF）空调，每个房间空调末端应能独立运行。

(2) 应采用全新风直流式空调系统。

(3) 直流式新风系统宜首选直喷式热泵型空气处理机组，当需求货源不能满足应急时间时，也可采用电加热器作为临时应急医院空气加热设备。

(4) 若医院周边有成熟可靠的冷热源站、城市热力网时，可作为应急医院空调系统的冷热源。

(5) 当采用电加热器时，应设置分挡调节，并采取无风断电保护措施。

(6) 送、排风系统不易设置过大，宜按 4～6 间隔离病房组成一个系统。

(7) 空调冷凝水不应单独排至室外，应分区随各区污水、废水排放集中收集。

2 负压隔离病房区压差控制方法

2.1 控制压差的目的

此次新型冠状病毒的传播途径主要是经空气快速广泛地传播，属呼吸系统传染病显著特征，其非医学防控途径主要是控制空气传播途径，切断空气传播链，物理分离及隔离传染病人。医院感染的预防与控制是指防止病原微生物从病人或携带者传播给其他人的措施，预防疾病在患者、医护人员及探视者之间传播。物理分离措施就是合理分区，临时医院同常规医院一样，必须有完整的医疗功能分区，俗称为"三区两通道"，主要功能分为隔离区及医护区，隔离区内设污染区及潜在污染区，医护区主要为清洁区。合理分区，采用病人通道及医护通道 2 种通道方式，病人与医护人员流线分开，通过这些物理分隔措施，可大幅减少空气传播及接触传播。但这些措施不足以完全切断医院内的传播途径，空调房间的气流受送排风、温度、室外风、门窗启闭、医护人员的通过等因素影响，如不加控制，会无序流动，这样势必会引起交叉感染。空气隔离的措施就是在隔离区及医护区各区域控制合理的压差，采取有效的措施确保气流有序地定向流动，机械送、排风系统应使医院内空气压力从清洁区—半污染区—污染区依次降低，清洁区应为正压区，污染区应为负压区。采用压力梯度控制措施可有效避免污染区内带病毒的危险空气进入清洁区，减少及杜绝病毒的传播，控制气流流向是防止空气交叉污染的根本。因此控制压差的目的就是完全切断空气传播链。

2. 2 压差控制标准

各区域压差控制是隔离病房设计的关键点，压差值过小不能有效组织污染区的空气向清洁区扩散；压差设置过大，会导致系统能耗升高，设备及管道增大，系统投资增加。规范明确规定了负压隔离病房与其相邻、相通的缓冲间、走廊压差，应保持不小于5Pa的负压差。标准给出了各区域压差示意图，我国标准要求相对洁净的空间与邻室有5Pa的压差，美国ASHRAE Standard 170—2017标准规定要求相对洁净的空间与邻室最小压差为2.5Pa。

压差的建立与建筑物的气密性、送风量、排风量三者相关，相同缝隙下压差大的门窗处缝隙渗透风量大，同样，相同压差下门窗缝隙大的渗透风量亦大，上述2种情况对于负压病房则需要更多的排风，开口流量与压差的关系式为：

$$L = 3600\mu A (\Delta p/\rho)1/2 \tag{1}$$

式中 L——泄漏风量，m^3/h；μ——流量系数；A——缝隙面积，m^2；Δp——缝隙两侧空间压差，Pa；ρ——空气密度，取 $1.2kg/m^3$。

工程中采用压差法计算门窗缝隙泄漏风量，简化计算式为：

$$L = 0.827A \cdot \Delta p1/2 \times 1.25 \tag{2}$$

根据式（2）可计算出病房各门窗的泄漏风量，当一个负压隔离病房的送风量确定时，不同的负压值直接影响排风量。因病房与其相邻的缓冲间及卫生间都有空气渗透关系，病房需求排风量与压差的关系并不是式（1）、式（2）表示的函数关系。按雷神山医院一个隔离病房送风量 $500m^3/h$（换气次数 $12h^{-1}$）计算，特定条件下房间负压值与需求的排风量关系见图1。

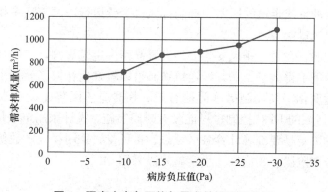

图1 隔离病房负压值与需求的排风量关系

从图1趋势可以看出，病房负压与需求排风量近似为线性关系，较大的排风量不仅使投资增加、能耗增加，而且使安装工程量增大、施工工期延长，这更是不允许的，因此过大的压差控制不适合临时应急医院。美国CDC标准及ASHRAE Standard 170标准均要求相邻空间的最小压差为2.5Pa，根据国内现行规范，参考ASHRAE Standard 170标准，并结合临建医院气密性较差的特点，建议在临时应急医院中按图2确定负压病房区各部分的压力。

关于送、排风量的差值，规范要求污染区每个房间排风量大于送风量 $150m^3/h$，美国CDC标准将送、排风量的差值从过去的 $85m^3/h$ 提高到 $210m^3/h$，实际工程应用中应按需求压差计算送、排风量。

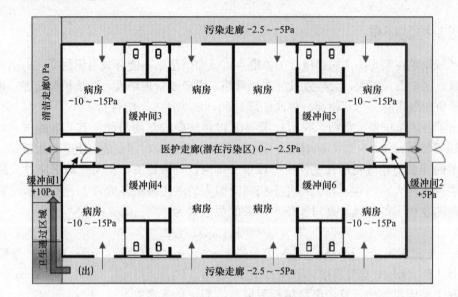

图2　隔离病房区域压力及气流流向示意图

2.3　压差控制措施

当病房气密性确定后，控制压差的措施主要是要控制送、排风量，通风系统的一个重要任务是建立压力梯度，使空气从洁净区流向污染区。系统控制主要有2种方法：

（1）排风机变频控制。变频控制是控制风量有效的措施，控制逻辑是设定送风量不变，根据病房与缓冲室或走道的压差，控制排风机变频运行，调节病房排风量，此时需在送风支管上设置定风量阀。

（2）定风量控制。在送、排风支管上均设置高精度定风量阀，定风量阀宜采用压力无关型，风量控制精度不得大于±10%，定风量阀可以较好地补偿高效及中效过滤器阻力变化引起的系统风量变化，其控制措施简捷有效。临时应急医院建设中没有足够时间配套BA系统，甚至分区域的DDC控制也可能没有时间实施。设计采用定风量控制方法更为实用，定风量控制的关键是要准确计算各区域送、排风量，采用换气次数等经验估算法准确度低，仅可用于方案阶段，不应在工程实施阶段采用。

3　负压隔离病房气流组织分析

3.1　病房区定向气流组织

气流有组织的定向流动是传染病医院防止交叉感染主要的控制手段，传染病区应严格控制气流流向，空气在有效压力梯度驱动下，从清洁区流向污染区，绝不允许气流倒流，同时合理设置缓冲间作为安全屏障。图2给出了负压隔离病房区气流流向示意图，向缓冲间1送入定量洁净空气，形成10Pa以上的正压差，可有效阻止潜在污染区（医护走道）的气流流入清洁区；缓冲间2可阻止污染区的空气进入医护走道，缓冲间3~6阻止病房的污染空气进入医护走道。

3.2 病房气流组织及风量平衡

3.2.1 病房气流组织

隔离病房的气流组织首先应防止送、排风气流短路，应避免病人的吹风感，同时送风口位置应使清洁空气首先流经房间中医务人员可能的工作区域，然后流过传染源进入排风口。图 3、图 4 是美国 CDC 标准及 ASHRAE Standard 170 标准推荐的负压隔离病房的 2 种气流组织形式，日本医疗福祉设备协会标准《医院空调设备的设计与管理指南》HEAS022004 也采用了图 3、图 4 所示的气流组织形式。图 3 适用于正常免疫病传染病人，图 4 适用于易感染的传染病人。对于当下 COVID-19 肺炎临时医院，建议采用图 3 所示的气流组织形式，该方案符合定向气流原则，是 ASHRAE Standard 170 标准推荐的气流组织形式，也是雷神山医院的实施方案。实际工程中，取消了缓冲间排风管道，缓冲间靠走廊渗透风换气，可满足其 $6h^{-1}$ 换气要求。

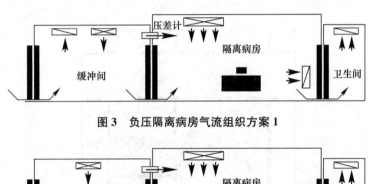

图 3   负压隔离病房气流组织方案 1

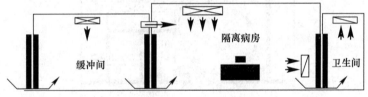

图 4   负压隔离病房气流组织方案 2

关于送、排风口位置，规范要求"送风口应设置在房间上部。病房、诊室等污染区的排风口应设置在房间下部，房间排风口底部距地面不应小于 100mm""负压隔离病房的送风口与排风口布置应符合定向气流组织原则，送风口应设置在房间上部，排风口应设置在病床床头附近，应利于污染空气就近尽快排出""送风口应设在医护人员常规站位的顶棚处，排风口应设在与送风口相对的床头下侧"。上述现行的规范及标准，主要是从定向气流的原则，使清洁的空气先流向医护人员相对洁净的区域，再从病人呼吸区排出，同时也旨在保护医护人员的安全。ASHRAE Standard 170 标准对送风口位置未作明确规定，对排风口建议设置在头部上顶棚处或头部上墙壁处，没有明确要求排风口在床头下方设置。此次肺炎疫情发生在冬季，冬季空调热风上浮，如果下排风口紧靠病人床头的下部，污染浓度大的气体有可能在病人呼吸区域集聚，此处空气质量较差，病人长时间身处在该环境中，对病人的健康及快速恢复是不利的。因此，应从保护医护人员及保护病人 2 个方面权衡考虑，合理设置送、排风口位置，如下排风口适当离病人一定距离（移向污物走廊侧），或在紧靠病人头部之上的墙壁处设上排风口，如图 5 所示的风口布置方式，此种气流组织方式占用空间相对较多，在临时应急医院可能难以实现，但建议在永久性医院建设中可综合考虑。

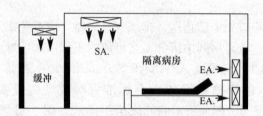

图 5 负压隔离病房排风口设置方案

3.2.2 隔离病房风量平衡

隔离病房风量平衡是设计的重要环节，图 6 为雷神山医院一间隔离病房的风量平衡示意图。图中 SA 表示送风，EA 表示排风。

图 6 负压隔离病房风量平衡示意图

4 负压隔离病房空气质量控制措施

4.1 稀释措施

降低污染空气中病毒的浓度是降低感染率的重要措施，在 2003 年 SARS 的抗疫过程中，国内专家学者研究认为，当含 SARS 的病毒空气被稀释到 10000 倍以上时，就不再具有传染性，说明当含有病毒的空气被稀释后，病毒浓度降低，其活性及毒性也降低。国家规范及标准均要求负压隔离病房新风换气次数不小于 $12h^{-1}$，按此标准，雷神山医院设计新风量 $500m^3/h$，每室 2 人，按每人 $0.3m^3/h$ 呼气量计算，1h 后相当于空气中有害物浓度被稀释至 830 倍。

4.2 过滤措施

2020年2月19日国家卫生健康委印发的《新型冠状病毒肺炎诊疗方案（试行第六版）》强调，新冠病毒主要传播途径是经呼吸飞沫传播和密切接触传播。在相对封闭的环境中，长时间暴露于高浓度气溶胶情况下，存在经气溶胶传播的可能。飞沫粒径一般大于$5\mu m$，新冠病毒粒径为$0.06\sim0.14\mu m$，新冠病毒在空气中不是单独存在的，而是依附在较大的颗粒中与空气一起形成气溶胶，二者形成的颗粒物远大于病毒自身粒径。空气中带菌最多的是$4\sim20\mu m$的粒子，最易被呼吸道捕获的是$1\sim5\mu m$的粒子。因此在负压隔离病房通风系统中采用高效过滤措施是截留冠状病毒有效的措施，国家规范及标准均要求在排风系统中设置高效过滤器的措施。当采用H13级高效过滤器时，其对$0.3\mu m$粒径的颗粒计数效率为99.99%，绝大部分病毒被高效过滤器截留，可再通过如紫外线消毒等方式消杀病毒。

4.3 其他消毒措施

《新型冠状病毒肺炎诊疗方案（试行第六版）》强调，新冠病毒对紫外线和热敏感，$56℃$加热30min、乙醚、75%乙醇、含氯消毒剂、过氧乙酸和氯仿等脂溶剂均可有效灭活病毒。

紫外线消毒杀菌的原理就是利用高能量的紫外光打断DNA双螺旋链，从而达到对细菌和病毒的灭活。紫外线实现有效杀菌消毒需要满足一定要求，应注意紫外线光源的波长、照射剂量和时间，对不同的细菌和病毒要满足一定的照射剂量和时间，否则不能灭活。紫外线消毒灯在电压为20V、环境相对湿度为60%、温度为$20℃$时，辐射的253.7m紫外线强度（使用中的强度）应不低于$70W/cm^2$。相比化学杀菌消毒，紫外线的优势是杀菌效率高、灭活时间短，而且不产生其他化学污染物。

5 案例分析

5.1 主要设计技术措施

武汉雷神山医院作为COVID-19肺炎疫情新建的第一批临时应急医院，病床总床位数1500床，医院定位为收治重症病人，全部按负压隔离病房设计。隔离病房区为一层临时建筑。采用箱式板房构造，每个单元外形尺寸为3m×6m×2.6m（长×宽×高），室内净高不足2.4m。

雷神山医院建设规模大、时间紧，单元式空气处理机组现货少，设计将能采购到的单元式空气处理机组都用在ICU、手术室等净化空调区域，负压隔离病房采用"分体空调+离心送风机+电加热"的配置方式确保室内环境温度。

每个送、排风系统服务4～6间隔离病房，每个房间送排风支管上设有压力无关型定风量阀，通过控制送、排风量差来控制房间压力，系统小型化、控制简单化。

负压隔离病房按$12h^{-1}$换气次数设计，病房内设置热泵型分体空调，新风采用"离心送风机+电加热"的临时应急方式。新风设粗效（G2）、中效（F7）、高效（H13）三级过滤，保证送风洁净度，排风采用 HEAP 高效过滤（H13）。室内另配置紫外灯灭菌消毒。

因层高限制，设计病房内无风管通过，送、回风同侧布置，高位侧送风，床头侧低位回风，回风末端配置高效过滤回风口。图 7 为雷神山医院工程现场图。

送风口　　高效过滤回风口　　电动密闭阀　　定风量阀

隔离病房送排风PE管　　隔离病房与缓冲间微压差表

图 7　雷神山医院工程现场图

5.2　隔离病房气流组织模拟

采用箱式房建造的应急隔离病房，由于室内净高仅为 2.4m，在顶棚处安装管道及风口均会占用层高，影响病房的空间感，设计将送、排风口设置在靠近外廊的病房的同一侧，顶部侧送风，底部同侧下回风，与规范及标准给定的送风方案不完全一致。为验证气流组织的合理性，采用了 2 种不同的软件对病房内风速场及有害物质的浓度场进行了模拟，本文采用的是 Airpak 软件模拟的结果，送、回风气流没有短路现象，病人区气流速度为 0.2～0.3m/s，各区域速度场及温度场满足舒适度要求。图 8～图 10 为模拟结果图。

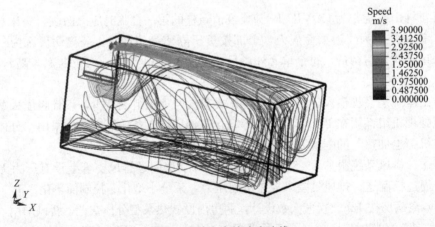

图 8　设计方案的速度流线

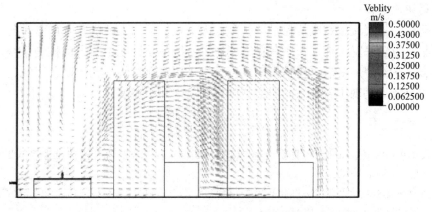

图 9　Z＝0.6m（平躺时头部的高度）的速度分布图

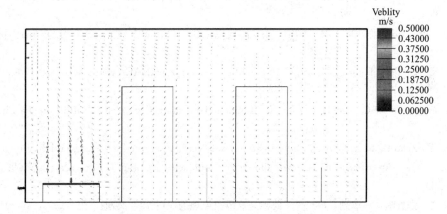

图 10　Z＝1.7m（站立时头部的高度）的速度分布图

6　结语

COVID-19肺炎疫情来势猛、传播快、范围广，新型病毒时刻威胁着人类的健康，这次抗疫的经验教训说明了及时有效防控的重要性，也说明了当前传染病医疗设施建设的重要性，总结防控设施的设计及建设经验，对提高传染病医疗设施的可靠性、保障病人及医护人员的生命安全、保护环境都有着积极的意义。本文结合武汉雷神山医院的设计实践，从通风空调系统设计角度总结了新冠肺炎疫情临时应急医院负压病房区环境控制方法，并分析了临时应急医院与永久性的医院建设及设计上的差别。主要结论及建议如下：

（1）压差控制是隔离病房区域的关键控制要素，隔离病房与邻室的压差应不小于5Pa，考虑到应急医院建筑气密性差的特点，外区污染走廊存在大量外窗，可适当降低负压值，但不宜低于－2.5Pa，并应在缓冲间处加强空气隔断的辅助措施。

（2）应保证负压隔离病房区有序的压力梯度，气流应以医护走廊→病房缓冲间→病房的顺序有序流动。

（3）在建筑构造及密封性确定的情况下，设计压差的大小取决于排风量，过大的设计压差导致过大的排风系统，会带来投资、能耗增加，工程建设难道增大等不利因素，不利于应急工程快速建设。

（4）病房内的气流组织应从保护医护工作人员及保护病人两个方面合理确定。

（5）临时应急医院工期短，不宜在空调通风系统中设计复杂的自动控制系统，需用简单实用的方式达到使用要求。雷神山医院设计中采用定风量阀措施固定各区域送风量及排风量，简单有效地实现了各区域的压力梯度，满足了使用要求。

参考文献

［1］　中华人民共和国卫生和计划生育委员会. GB 50849—2014 传染病医院建筑设计规范 ［S］. 北京：中国计划出版社，2015.

［2］　全国洁净室及相关受控环境标准化技术委员会（SAC/TC319）. GB/T 35428—2017 医院负压隔离病房环境控制要求 ［S］. 2017.

［3］　中国中元国际工程有限公司. T/CECS 661—2020 新型冠状病毒感染的肺炎传染病应急医疗设施设计标准 ［S］. 北京，2020.

［4］　中华人民共和国公安部. GB 50045—1995 高层民用建筑设计防火规范 ［S］. 北京：中国计划出版社，2005.

［5］　ASHRAE. Ventilation of Health Care Facilities：ANSI/ASHRAE/ASHE Standard 170-2017 ［S］. 2017.

［6］　CDC and HICPAC. Guidelines for Environmental Infection Control in Health-Care Facilities ［S］. 2003.

［7］　Jiang Y，Zhao B，Li X T，et al. Investigating a safe ventilation rate for the prevention of indoor SARS transmission：An attempt based on a simulation approach ［J］. Building Simulation，2009，2（4）：281-289.

［8］　许钟麟，张益昭，王清勤，等. 关于隔离病房隔离原理的探讨 ［J］. 暖通空调，2006，36（1）：1-6.

［9］　张野，薛志峰，江亿，等. "非典"病房区空调通风方案设计实例 ［J］. 暖通空调，2003，33（SARS 特辑）：48-50.

［10］　湖北省住房和城乡建设厅. 呼吸类临时传染病医院设计导则（试行）［R］. 湖北：湖北省住房和城乡建设厅，2020.

雷神山医院通风空调设计①

中南建筑设计院股份有限公司　曹晓庆　张银安　刘华斌　马友才　许玲　徐峰
吕中一　王哲　余能辉　刘思伦　江一峰　张慎
达索析统（上海）信息技术有限公司　代凤羽　宋杨

0　引言

为了有效控制疫情，应对现有医疗救治条件不足的问题，武汉市政府决定参照 2003 年 SARS 疫情期间北京所建小汤山医院，建设火神山和雷神山 2 座临时医院。受疫情形势所迫，临时医院的设计和建造周期只有 6～10d，且存在设备及产品供货不足、施工人员短缺等问题。因此，如何因地制宜做好新型冠状病毒肺炎临时医院的设计，有效控制污染源，防止病毒扩散引起交叉感染，改善室内环境，避免废气排放影响建筑物周围环境是暖通空调工程师需要认真思考的问题。本文介绍雷神山医院的通风空调设计。

1　工程概述

雷神山医院建设用地面积约 22 万 m^2，总建筑面积约 7.9 万 m^2，整体规划按照传染病医院标准设计。根据用地情况将东、西两区分别规划为隔离医疗区和医护生活区，并配备相关运维用房。病床总床位数建设目标为 1600 床，可容纳医护人员约 2300 人。

隔离医疗区总建筑面积为 $52200m^2$，为新建 1 层临时建筑，设有卫生通过单元、病区护理单元、医技单元、接诊区。护理单元为集装箱拼接式建筑，集装箱规格统一，外形尺寸为 3.0m×6.0m×2.6m（长×宽×高），室内净高为 2.4m，工厂化生产后现场快捷组装。医技区为钢结构板房建筑，建筑高度为 4.5m。隔离医疗区北侧设有污水处理站、微波消毒间、垃圾暂存库、垃圾焚烧间、液氧站、正负压站房等配套设施。医院功能区域分布见图 1。

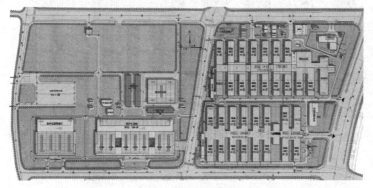

图 1　医院功能区域分布

①　本文摘自《暖通空间》2020 年第 50 卷第 6 期 44～54 页，收入本书时有修改。

2 平面布局

医院隔离医疗区共分为 A、B、C3 个区。北区（A 区）拥有 15 个隔离病区、1 个药库区及位于东侧端头的医技区（含 ICU、检验中心、CT、超声波、心电图等功能区）。南区（B、C 区）拥有 15 个隔离病区、1 个药库区及位于东侧端头的 ICU，西侧医护通过单元与北区相连。病房区及医技区等病人到达的区域为污染区；医护人员经过更衣、消毒淋浴后进入的独立工作区为清洁区；清洁区与污染区之间的区域为半污染区，包括病区外的办公、会诊、治疗、护士站等用房。依照三区两通道设计原则，患者流线设置于医院外围，严格与医护流线分开；医护流线置于医院内部，保证医护人员不被感染。主要流线为：医护通过—清洁通道—清洁通过—隔离病区。在每个单元区域两端设置污物间，并设置单独对外通道。医院内部流线见图 2、图 3。

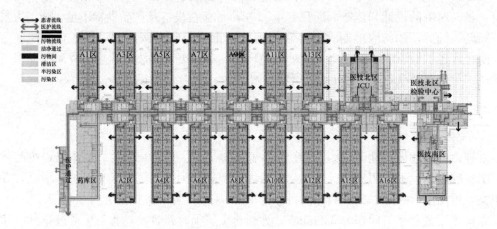

图 2 北区（A 区）内部流线

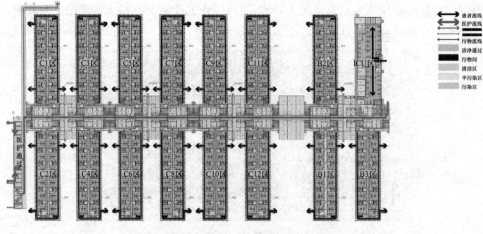

图 3 南区（B、C 区）内部流线

3 设计原则

3.1 室内温湿度

为确保医务人员和病人身处良好的医疗环境，所有人员停留房间均设有空调系统。空调设计室外参数主要考虑疫情暴发期间的武汉冬季气象条件，主要房间空调设计温湿度参数见表1。

主要房间空调设计温湿度参数					表 1
	温度（℃）	相对湿度（%）		温度（℃）	相对湿度（%）
病房	18～22	不要求	负压 ICU	22～26	≤60
诊室	18～22	不要求	负压检验室	21～25	≤60
办公室	20～22	不要求	负压手术室	21～25	30～60
医技检查室	18～22	不要求	负压手术室及辅助用房走廊	21～26	30～60

3.2 空调系统

空调系统划分及空调方式的确定以平面区域划分及各区域功能为基础，为防止交叉感染，污染区、半污染区、清洁区均设置独立的空调系统。负压 ICU、负压检验中心、负压手术室等房间采用直膨式全空气型净化空调机组，机组放置于专用的空调机房内。其他区域采用热泵型分体空调，室外机放置在室外地面或屋面上，室内机采用壁挂式。受货源不足限制，设置热泵型分体空调的区域的新风系统的热源采用电加热器。电加热器具有分挡（三挡）调节功能，且采取无风断电保护措施。空调冷凝水均随各区污水、废水分区集中收集。

3.3 通风系统

应合理控制通风系统气流流向，保证有序的压力梯度，有效阻断病毒传播，保证医护人员安全健康。气流从清洁区→半污染区→污染区方向流动，相邻相通、不同污染等级房间的压差不小于 5Pa。负压程度由高到低依次为病房卫生间、病房房间、缓冲前室与半污染走廊，清洁区气压相对室外大气压保持正压。房间压差通过控制送、排风量的差值形成，风量与压差的关系为

$$Q = 3600\mu F (\Delta p/\rho)^{1/2}$$

式中　Q——泄露风量，m^3/h；μ——流量系数，一般取 0.3～0.5；F——缝隙面积，m^2；Δp——缝隙两侧空间压差，Pa；ρ——空气密度，取 $1.2kg/m^3$。

空气中的悬浮颗粒物是病毒通过空气传播的主要载体，因此，降低室内空气中悬浮颗粒物浓度能有效阻止病毒传播。新型冠状病毒直径为 60～220nm[1]，附着冠状病毒的悬浮颗粒直径大于 $0.1\mu m$，而 H13 高效过滤器能有效过滤空气中粒径 $0.3\mu m$ 及以上悬浮颗粒，过滤效率高于 99.99%，因此，送风系统均设置 G2 粗效、F7 中效、H13 高效三级过滤器，排风系统设置 H13 高效过滤器（医护清洁区除外），排风送至屋面（高 6.0m）排风口高空排放，新风取风口及排风口保持水平间距 20m、竖直间距 3.0m，避免送、排风气

流短路。通过采用上述过滤措施可有效保证送入的空气的清洁度及安全性,同时避免排风对周边环境的污染。

3.4　设备与材料选择

由于医院建设时间太短,部分设备材料的供应满足不了建设工期要求,如何因地制宜根据现有的库存设备及材料来确定通风空调系统方案是设计师应重点考虑的问题。设计方案尽量选用成熟可靠、库存量大、运输快捷、厂商捐赠的设备,缩短产品的采购、调货时间,方便快速安装、简单调试,设备与材料的选择同时应满足国家有关规范及标准等的要求。例如,直膨式净化空调机组供应商无法在短时间内根据设计参数进行生产,在设计过程中设计师与供应商紧密对接,将现有的库存产品参数与设计值进行对比,第一时间锁定各地库存设备,并要求供货商对部分参数不达标的设备部件进行改造。

4　病房区

病房区主要用于收治重症确诊患者,病房区采用双通道的平面布局,外围设置开敞式的病人通道,中间设置半污染区的医护通道。病房入口及医护通道两侧均设置缓冲间。病房内设置卫生间,通道端头设置仪器室、污物间等功能房间。病房区平面图见图4。

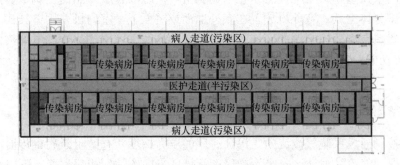

图4　病房区平面图

4.1　房间压力控制

根据病房区功能及工作流程,中部医护走廊为半污染区域,病房为污染区。为确保各功能区之间的压力梯度满足工艺要求,负压隔离病房及半污染区医护走廊的机械送、排风系统独立设置,并使空气压力从清洁区至污染区依次降低,污染区、半污染区为负压。气流沿医护走廊→病房缓冲间→病房→卫生间方向流动,且相邻房间压力梯度不小于5Pa。负压隔离病房送风换气次数不小于$12h^{-1}$,排风量应在送风量的基础上增加维持房间压力值的渗透风量;医护走廊及缓冲间送风换气次数为$6h^{-1}$,走廊的排风量根据需维持的压力值确定,缓冲间的排风量需根据其送风量及门缝隙渗透风量平衡确定。病患走廊为与室外空气相通的开敞走廊。病房区送、排风系统示意图见图5。

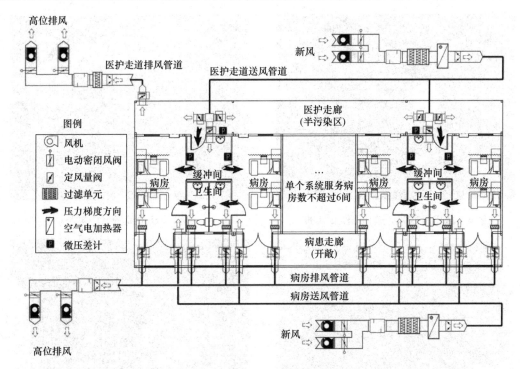

图5 病房区送、排风系统示意图

4.2 管道及设备布置

病房区污染区、半污染区分别设置独立的送、排风系统,每6间房间及其卫生间合用一套送、排风系统。每间病房送、排风支管的定风量阀及电动密闭阀设置在房间外走廊上部,既有效保证了压力梯度,又极大的方便了系统调试。风机风量的合理控制减小了风机运行噪声和振动对病房人员的影响。

负压隔离病房及其缓冲间的送、排风口布置符合定向气流组织原则,缓冲间侧送风;病房顶部侧送风、下排风。经过粗效、中效、高效三级过滤处理后的清洁空气通过送风口送至病房医护人员停留区域,然后流过病人停留的区域进入排风口,保证气流流向的单向性,保护医护人员安全健康。排风口设置在病房内靠近床头的下部并设高效过滤器,有利于污染空气就近尽快排出,且对周边大气环境不造成污染。负压隔离病房送、排风口及缓冲间送风口布置分别如图6、图7所示。

通风系统风机采用低噪声高效离心风机,考虑到COVID-19肺炎传染性强,所有通风系统均设置双风机(一用一备),提高系统运行的可靠性。风机及主风管设置在屋面,风机入口设置与风机联动的电动密闭风阀。病房及卫生间的送、排风管均从侧墙直接进入室内,病房内未设置任何横向风管,空间简洁。医护走廊及缓冲间的送风管从医护走廊顶部进入后分别连接侧送风口,确保走廊合理净高,同时避免管道穿越污染区。所有送、排风支管上均设置定风量风阀,每间病房的送、排风支管上设置电动密闭阀,可单独关断。病房室内外送、排风管及医护走廊室内外送风管布置如图8~图11所示。

图6 负压隔离病房送、排风口实景

图7 缓冲间送风口实景

图8 病房室外送、排风管实景

图9 病房室内送、排风管实景图

图10 医护走廊室外送风管实景

图11 医护走廊室内送风管实景

病房与医护走廊的墙面上装有显示不同区域压差的压差表[2]，便于医护和维护人员实时观察房间压力梯度，并由此推断送、排风系统是否运行正常。

4.3 气流组织模拟

为了研究病房内气流组织及含病毒污染物的流动情况，在设计过程后期，中南建筑设计院工程数字技术中心联合达索析统（上海）信息技术有限公司进行了气流组织和污染物浓度模拟，基于瞬态 XFlow 软件对比分析了不同送排风方案对室内气流及污染物的影响，并根据模拟结果给出了医护人员相对安全的活动区域，模型示意图见图 12。模拟结果（图 13）表明，上侧送风和下侧排风的气流组织可以在病床处形成回流区，及时有效地排除病房内的污染气体。建议医护人员的主要活动区域宜集中在靠近缓冲间、观察窗和传递窗一侧，避免靠近送风口处及卫生间。

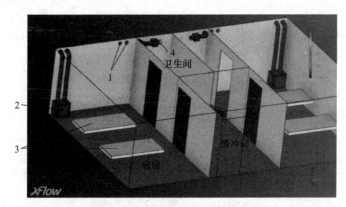

图 12　气流组织模拟模型示意图
1—送风口；2—病房排风口；3—床位；4—卫生间排风口

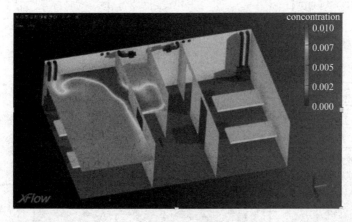

图 13　医生站立高度（z＝1.5m）处污染物相对浓度（病人呼出污染物浓度为 1）

5　医护区

医护区主要由中央清洁通道、医护单元、附属功能用房三部分组成。中央清洁通道连接各个医护区及清洁用房（会诊室、休息厅及库房）；医护单元内设护士站、医生办公室等，通过医护走廊及缓冲间与隔离病房单元连接；附属功能用房为清洁库房及医护休息室等。每个医护区含 4 个医护单元，平面布置见图 14。

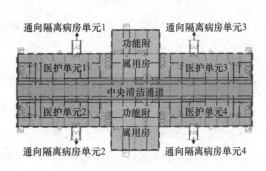

图 14　医护区平面图

235

5.1 房间压力控制

为确保各功能区之间的压力梯度满足工艺要求，且相邻房间压力梯度不小于 5Pa，压力设定为：中央清洁通道 10Pa，一更 5Pa，二更/医护走廊/医生办公室/护士站为 0Pa。为有效阻隔病房区污染空气流入医护区，医护区与病房区之间的缓冲间应保持正压，压力值为 5Pa。清洁区送风换气次数为 $4h^{-1}$，排风为新风量的 50%；半污染区送、排风换气次数为 $6h^{-1}$；缓冲间送风换气次数为 $40h^{-1}$。医护区工作流程见图 15，分区压力梯度示意图见图 16。

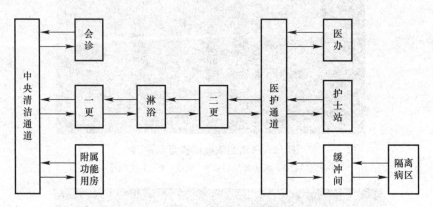

图 15 医护区工作流程

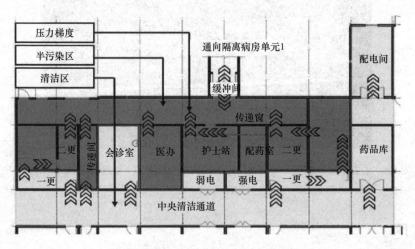

图 16 医护单元分区压力梯度示意图

5.2 管道及设备布置

医护区的清洁区和潜在污染区的机械送风、排风系统均独立设置。①清洁区：中央清洁走道、一更设置机械送风；会诊室、休息室设置机械送风和排风；清洁库房设置机械排风。②半污染区：二更、医护走廊设置机械排风；医生办公室、护士站设置机械送风和排风。③医护走廊与隔离病房单元间的缓冲间设置机械送风。

通风设备采用低噪声离心风机箱,风机及主风管设置在屋面上,风机入口设置与风机联动的电动密闭风阀。各房间送、排风支管穿越屋面进入相关服务区域内,送风主管道上设置粗效、中效、高效三级过滤器,所有送、排风支管上设置定风量风阀。医护区通风系统示意图见图17。

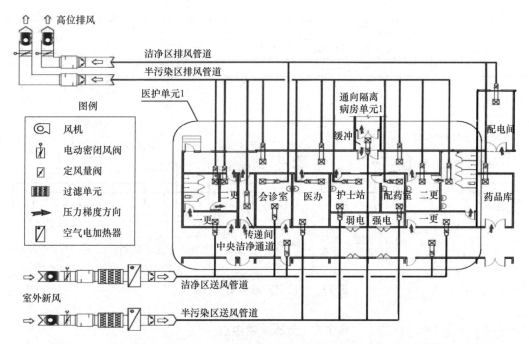

图 17 医护区通风系统示意图

6 医技区

医技区主要包括负压 ICU、负压检验室、负压手术室、DR 室、B 超室、心电图室、超声波室及其他附属房间。医院医技区分为 3 个区:A 区主要包括负压 ICU(面积约 755m²)、负压检验室(面积约 380m²)及医生休息间等;B 区包括手术室(面积约 40m²)、DR 室、B 超室、心电图室、超声波室及阅片室等;C 区为负压 ICU(面积约 850m²)。

6.1 负压区

6.1.1 负压 ICU

医技 A 区、C 区分设负压 ICU,其中 A 区负压 ICU 有病床 28 张,C 区负压 ICU 有病床 33 张。负压 ICU 主要由病房区域、病人缓冲/污物/污洗/清洗槽/纤支镜/脱防护服区域、脱隔离服/治疗室/缓冲区域等部分组成,平面布置见图18。

负压 ICU 设独立的机械送、排风系统。气流需沿脱隔离服/治疗室/缓冲→病人缓冲/污物/污洗/清洗槽/纤支镜/脱防

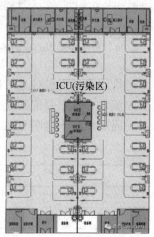

图 18 负压 ICU 平面示意图

护服区域→病房区域方向流动，且相邻房间压力梯度不小于5Pa。各房间换气次数及压差值见表2。负压ICU通风系统示意图见图19。

负压ICU主要房间换气次数及负压值　　　　表2

	换气次数（h⁻¹）	负压值（Pa）
病房区域	13	−20
病人缓冲/污物/污洗/清洗槽/纤支镜/脱防护服区域	13	−15
脱隔离服/治疗室/缓冲区域	13	−10

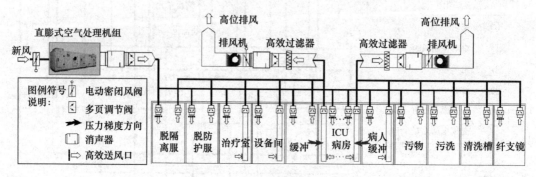

图19　负压ICU通风系统示意图

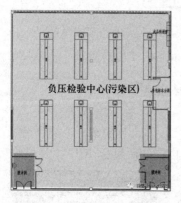

图20　负压检验中心平面图

6.1.2　负压检验中心

医技A区设负压检验中心，主要由负压检验室及缓冲间组成，平面布置见图20。2020年1月23日，国家卫生健康委员会办公厅发布了《新型冠状病毒实验室生物安全指南（第二版）》，指出新冠病毒病原体暂时按照病原微生物危害程度分类中第二类病原微生物进行管理。新冠病毒具有气溶胶传播的可能，新冠病毒病原体检测应至少在生物安全二级实验室中进行，最好在加强型二级生物实验室中进行。负压检验室空调通风系统主要参考《生物安全实验室建筑技术规范》GB 50346—2011对二级生物安全实验室的相关要求进行设计[3]。

负压检验室设独立的机械送、排风系统，整体维持负压。气流沿缓冲间→负压检验室方向流动，且相邻房间压力梯度不小于10Pa。各房间换气次数及负压值见表3。负压检验中心通风系统示意图见图21。

负压检验中心主要房间换气次数及负压值　　　　表3

	换气次数（h⁻¹）	负压值（Pa）
负压检验室	13	−20
缓冲间	13	−10

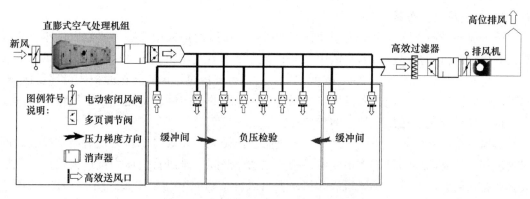

图 21 负压检验中心通风系统示意图

6.1.3 负压手术室

医技 B 区设负压手术室 1 间，主要由手术室及辅助用房两部分组成。辅助用房包括前室、污物打包室、复苏室、走廊、存床房间等，平面布置见图 22。负压手术室设独立的机械送、排风系统，整体维持负压。气流沿走廊/存床房间/医护前室/无菌间→复苏室/消毒打包室/前室→负压手术室方向流动，且相邻房间压力梯度不小于 5Pa。主要房间换气次数及负压值见表 4。负压手术室通风系统示意图见图 23。

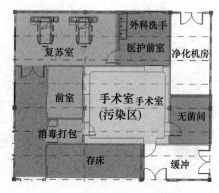

图 22 负压手术室平面示意图

负压手术室主要房间换气次数及负压值   表 4

	换气次数（h^{-1}）	负压值（Pa）
负压手术室	18	−20
复苏室/消毒打包室/前室	12	−15
走廊/存床房间/医护前室/无菌间	12	−10

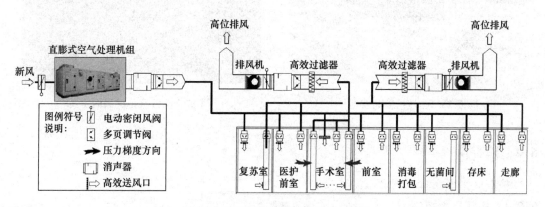

图 23 负压手术室通风系统示意图

6.1.4 管道及设备布置

送风设备采用直膨式全空气型净化空调机组，排风设备采用低噪声离心风机箱，均设置在专用空调机房及风机房内。负压 ICU、负压手术室气流组织为上送下排，排风口的底部设在房间地板上方不低于 100mm 的位置。清洁空气通过送风口送至医护人员停留区域，然后流过病人停留的区域进入排风口，保证气流流向的单向性。负压检验室气流组织为上送上排，保证检验室送排风的整体均匀性。

送风系统设置粗效、中效、高效三级过滤器，排风经高效过滤器处理后高空排放。同时为确保排风管路内污染气体不外溢污染其他功能房间，排风管内压力设计为负压，风机设置在排风管路的末端，排风机吸入口设置与风机联动的电动密闭阀。图 24～图 27 所示为负压区部分实景图。

图 24 负压 ICU 实景

图 25 负压手术室实景

图 26 负压检验室实景

图 27 医技区排风风帽实景

6.2 检查区

检查区平面布置见图 28。

6.2.1 房间压力控制

检查区医生办公室、休息区等清洁区换气次数：送风 $6h^{-1}$、排风 $5h^{-1}$；医护走廊等半污染区换气次数：送风 $6h^{-1}$、排风 $6h^{-1}$；各检查室及配套用房污染区换气次数：

送风 $6h^{-1}$、排风 $8h^{-1}$。通过送、排风系统换气次数的差异确保各功能区之间的压力梯度，确保气流以清洁区→半污染区→污染区方向流动。污染区、半污染区、清洁区间保持不小于 5Pa 的负压差。

6.2.2 管道及设备布置

医技检查区的清洁区、污染区、半污染区的机械送风、排风系统均独立设置，设备采用低噪声离心风机箱，风机放置在专用风机房内。按照压差需求计算确定房间送、排风风量，各房间送、排风支管上均设置定风量阀，所有机械送风系统均设置粗效、中效、高效三级过滤器，排风通过高效过滤器过滤后高空排放。检查区通风系统图见图 29，部分实景分别见图 30、图 31。

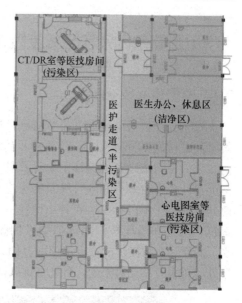

图 28 检查区平面示意图

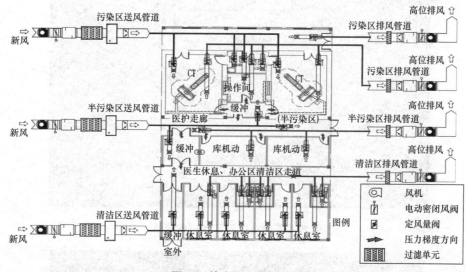

图 29 检查区通风系统图

图 30 CT 室实景

图 31 DR 室实景

7 负压隔离病房等区域废气排放对环境的影响模拟分析

7.1 模型建立及分析

为充分评估污染区废气排放对项目周围环境造成的影响,特邀清华大学陆新征教授及其团队进行模拟分析。陆新征教授及其团队提出了一种可快速模拟临时医院排风环境影响的方法。该方法以开源流体力学计算软件 FDS 为基础,实现了临时医院建筑的快速建模、基于云计算平台的分布式计算及有害空气流动的监测和可视化,为临时医院设计阶段的快速分析提供了专门工具。雷神山医院三维 FDS 模型图见图 32。有害气体在空中运动的示踪粒子轨迹和浓度等值面模拟结果如图 33 所示,其中黑色粒子为有害气体的示踪粒子;红色曲面为有害气体的浓度等值面。图 34 所示为模拟得到的不同排风口高度下,新风口高程处的有害气体相对浓度,可见将排风口高度提高后,3m 高程处的最大浓度有了显著降低。

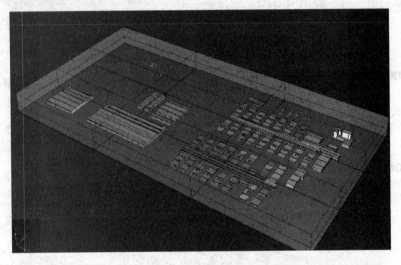

图 32 雷神山医院三维 FDS 模型

图 33 有害气体轨迹及浓度等值面图

242

提高排风口后，3m高程处最大浓度有显著降低

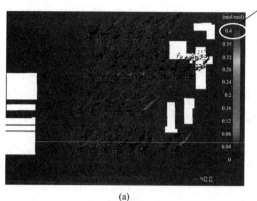 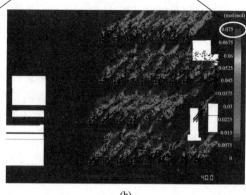

(a)　　　　　　　　　　　　(b)

图34　不同排风口高度下有害气体相对浓度分布图

（a）排风口距室外地面高度 4.5m；（b）排风口距室外地面高度 6.0m

7.2　主要结论及对设计的指导

（1）将排风口距室外地面高度从 4.5m 提高到 6.0m 后，可显著降低新风口（距室外地面 3m）污染空气相对浓度。

（2）提高排风口高度后，新风口污染空气最大相对浓度可从 2.6%（相当于稀释 3.8 万倍）降低至 2.0%（相当于稀释 5.0 万倍）。

（3）根据江亿院士等的研究[4]，对于 SARS 病毒，稀释 1 万倍后不再具备传播性。则排风口距室外地面 4.5m 和 6.0m 的高度都可以满足新风稀释 1 万倍的要求。

（4）为确保负压隔离病房区域医护人员的健康安全及保护室外环境，该项目送风系统经粗效（G2）+中效（F7）+高效（H13）三级过滤，排风系统经高效（H13）过滤后接至屋面（距室外地面高度 6.0m）高空排放，见图 35。通过该模拟进一步论证了设计方案的合理性。

图35　排风风帽现场安装高度实景

8　安装与调试

8.1　安装应重点关注的问题

（1）由于临时医院建设周期极短，多专业、多工种交叉施工，因此施工时不同工种间的相互配合十分重要。

（2）通风空调安装技术人员应及时充分熟悉设计图纸，同时结合现场实际情况尽快制定详细周密的施工方案，包括管道加工制作安装方案、风管严密性检测方案、系统调试运

行方案等。

（3）由于护理单元为室内净高 2.4m 的集装箱拼接式建筑，工程安装过程中要特别注意走道及房间内的机电管线综合排布，避免管线布置影响室内净高。

（4）确保风管、风阀、风机之间接管的严密性。确保围护结构的气密性，特别注意风管、冷媒管等管道穿越屋面及侧墙等围护结构的防水及密封处理，病房拼接处的缝隙也需认真处理，确保不留死角。为创造合理的室内压力梯度创造先决条件。

（5）每间病房送、排风支管上的定风量风阀及电动密闭阀均安装在病房外侧敞开走廊上方，便于系统调试及后期维修管理。

（6）每间病房下部排风口处的高效过滤器应留出足够的安装及更换空间，便于后期更换。

（7）由于箱式板房构造无法承受设备及管道荷载，因此应在箱式板房 4 个立柱上设置槽钢作为风机、过滤单元、电加热器及风管等设备的承重构件。

（8）为满足建设工期的要求，室外风管由 PE 管代替常规风管，施工快捷、气密性好。

8.2 调试要点

（1）病房通风系统调试尤为重要，因为工期紧，故要求尽可能一次调试成功。

（2）通风系统调试以相邻房间的压差满足设计及使用要求为目标，各房间均需进行风量平衡调试，调试时各房间内的门窗必须紧闭。

（3）系统调试时，定风量风阀的风量按照设计文件中规定的风量进行设定。

（4）为保证各区域间的合理压差，无特殊情况下，不得对已设定的定风量阀门进行二次调整。如遇特殊情况，需记录下各阀门的开启角度，后期按照同样的开启角度进行复原。

（5）应重点关注负压隔离病房、负压 ICU、负压检验室、负压手术室等场所的压力梯度，保证各区域房间内压力梯度满足设计及使用要求。

8.3 调试结果

经过各系统的调试，各区域通风及空调系统运行正常，病房区、医护区、医技区的温（湿）度、换气次数、压力梯度等满足设计及使用要求。

9 总结与思考

及时总结应急传染病医院的设计建设经验，对控制传染病的传播、提高传染病医院的可靠性、有效救治传染病人及高效保护医护人员有着重要意义。本文详细解读了雷神山医院通风空调设计理念，且认为应急医院不仅应满足常规医院的基本功能要求，还应针对应急医院建设工期短、设备材料货源短缺、建筑空间不足、医院为临时医疗建筑等特点，快速高效地组织设计。主要总结与思考如下：

（1）"三区两通道"是传染病医院的重要设计理念，在三区两通道区域控制合理的压力梯度，确保气流的定向流动是通风设计的关键。

（2）应急医院建设工期短，空调系统形式选择应"因材制宜"，空调通风系统设备选择必须考虑有现成的货源，确保医院建设工期及空调通风效果是首要因素。

（3）因工期原因，不建议在系统中设计复杂的自动控制系统，建议用简单实用的方式达到使用要求。此次设计采用定风量阀措施固定各区域送风量及排风量，简单有效地实现了各区域的压力梯度，满足了使用要求。

（4）由于护理单元为集装箱拼接式建筑，在压力控制中应高度关注房间气密性，同时也应关注管道穿越围护结构处的防水密封处理。

（5）因建筑层高较低，隔离病房内未设置任何横向风管，空间简洁，医护走廊内未设置任何风管，确保走廊合理净高。

（6）应结合病人的实际需求确定设计方案，而不是凭所谓的经验做设计。COVID-19肺炎病人许多需要大流量吸氧，氧气需求量远大于常规医院病人，因此氧气源及氧气管道必须进行计算并考虑一定的富余量。

（7）COVID-19肺炎病传染性强，建议负压隔离病房通风设备考虑备用措施，其他生命支持设备应有一定的冗余。

（8）工程设计周期仅几天，存在少量专业配合及协调不足的问题，在后续现场服务及图纸复查中及时发现和解决问题，设计人员现场指导及协调是此类工程建设的重要环节。

参考文献

[1] 叶景荣，徐建国. 冠状病毒的生物学特性 [J]. 疾病监测，2005，20（3）：160-163.
[2] 江苏苏净科技有限公司. GB/T 35428—2017 医院负压隔离病房环境控制要求 [S]. 北京：中国标准出版社，2017.
[3] 中国建筑科学研究院. GB 50346—2011 生物安全实验室建筑技术规范 [S]. 北京：中国建筑工业出版社，2011.
[4] Jiang Y，Zhao B，Li X F，et al. Investigating a safe ventilation rate for the prevention of indoor SARS transmission：An attempt based on a simulation approach [J]. Building Simulation，2009，2：281-289.

武汉火神山医院通风空调设计 [①]

中信建筑设计研究总院有限公司　雷建平　陈焰华　李军　张再鹏

1　工程概况

武汉火神山医院总建筑面积 34571m²，总床位数 1000 床（其中 ICU 中心床位数为 30 床），由 1 号楼与 2 号楼组成。1 号楼为单层建筑，呈"丰"字形布局，由 9 个单层护理单元、医技楼及 ICU 中心组成，每个护理单元设 23 间病房；中间为防护区，分为清洁走廊与护士走廊（半污染区①）；指廊为病房区，分为医护走廊（半污染区②）、病房（污染区）与病人走廊（污染区）3 个区。

1 号楼医技楼内设 1 间标准Ⅲ级手术室、负压检验室与 3 间 CT 室。ICU 中心设于 1 号楼与 2 号楼之间。2 号楼为 2 层建筑，呈"E"字形布局，由 8 个护理单元组成，每个护理单元设 23 间病房。各单元布置模式与 1 号楼相同，但为单边配置；室外氧气站房、负压吸引机房、垃圾暂存间、太平间及焚烧炉设于场地东南角。

2　主要设计依据及设计指导原则

2.1　主要设计依据

该项目为应对新型冠状病毒建设的第一个应急型传染病医院，设计时缺乏有针对性的规范与导则，主要执行《传染病医院建筑设计规范》GB 50849—2014、《医院负压隔离病房环境控制要求》GB/T 35428—2017、《综合医院建筑设计规范》GB 50139—2014 等现行规范。

2.2　设计重点及优先级

传染病医院最大的特点是隔离和防护，所以保证各功能区之间空气压力关系正常、防止交叉污染是设计的重中之重。潜在的交叉感染分为两类：医护人员与患者之间的感染以及患者之间的感染。考虑到该医院收治的是同一类病人，所以将预防"医—患"之间的交叉感染放在首位，而预防"患—患"之间的交叉感染则通过细化分区来实现。优先级首先是保"质"，即压力梯度的关系要符合规范，使气流以清洁区—半污染区①—半污染区②—污染区流动；其次是保"量"，也就是压差数值要基本符合规范要求的 5Pa。

图 1 所示为《医院负压隔离病房环境控制要求》GB/T 35428—2017 规定的典型传染

---

① 本文摘自《暖通空调》2020 年第 50 卷第 6 期 35～43 页，收入本书时有修改。

病房压力梯度。与图1所示功能区设置相比，火神山医院在清洁区与污染区之间增设了1个"半污染区"，也就是护士走廊，形成了4廊：清洁走廊、护士走廊、医护走廊、病人走廊；3区：清洁区、半污染区、污染区。

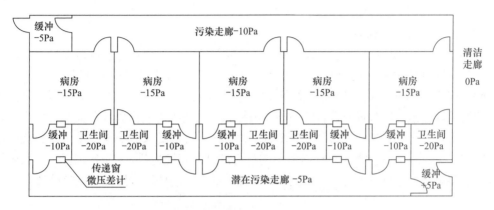

图1　典型传染病房的压力梯度

2.3　主要设计指导原则

（1）综合考虑可快速建设性、设备的可得性、可维护性及操作维护的低风险性。

（2）保证各功能区之间压力关系正常、梯度合理，防止交叉污染。

（3）通风系统中含病毒的空气采取集中高空排放，且排风前应经过粗效、中效、高效三级过滤。

（4）室内温度要基本达到标准规范要求。

（5）项目建设工期很短，且处于春节长假期间，技术的选择方向要因时制宜。

2.4　设计工作开展的思路

项目的特殊性决定不能按常规思路来做设计，需总体考虑设计、施工、调试、运行维护、各方面的安全诉求等，要做到指标达标、施工快速、免调试、简维护、防护隔离安全可靠；因此需要适当灵活应用规范。

3　暖通专业设计要点

3.1　负压病房

（1）通风量的计算与选取

《传染病医院建筑设计规范》GB 50849—2014 第7.3.1条规定：呼吸道传染病的门诊、医技用房及病房、发热门诊最小换气次数（新风量），应为 $6h^{-1}$，第7.4.1条规定：负压隔离病房宜采用全新风直流式空调系统。最小换气次数应为 $12h^{-1}$，对应的病房最小送风量分别为 $400m^3/h$ 与 $800m^3/h$。参阅小汤山医院每间病房排风为 $350m^3/h$、送风为 $225m^3/h$。本项目投运时室外最低温度在 0℃ 以下，过大的新风量对室内温度的维持不利。

经过对比分析，最终按照三类标准确定送、排风量，分别为：负压病房 $12h^{-1}$ 排风，

$8h^{-1}$送风；负压隔离病房 $16h^{-1}$排风，$12h^{-1}$送风；ICU 病房 $16h^{-1}$排风（排风机为两用一备），$12h^{-1}$送风。按照规范排风量与送风量之差不小于 $150m^3/h$；考虑到集装箱房结构密闭性不佳，差值按 $300m^3/h$ 选取。项目投入运行后，检测病人走廊对病房压差为 6Pa，与要求的 5Pa 接近；医护走廊对病房压差在 12~15Pa 之间，也在合理范围内。

（2）病房送排风口位置

《传染病医院建筑设计规范》GB 50849—2014 第 7.3.3 条规定：送风口应设置在房间上部。病房、诊室等污染区的排风口应设置在房间下部，房间排风口底部距地面不应小于 100mm。《医院负压隔离病房环境控制要求》GB/T 35428—2017 第 4.2.1 条规定：负压隔离病房的送风口与排风口布置应符合定向气流组织原则，送风口应设置在房间上部，排风口应设置在病床床头附近，应利于污染空气就近尽快排出。规范要求病房送、排风口位置是基于保护医护人员、利于污染物快速排出考虑的。为满足"高送低排，定向气流"，采取床尾靠近病房门口顶送、床头下部排风的气流组织方式。图 2 为病房送、排风口位置示意。

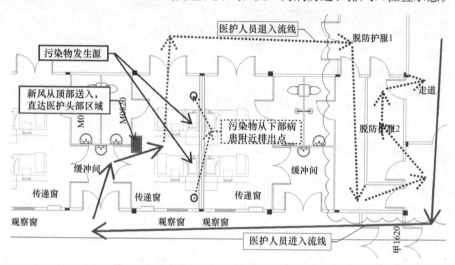

图 2　病房送、排风口设置示意图

（3）医护走廊通风量

医护走廊送、排风量基于两点考虑：一是维持合理的压力梯度，实现隔离；二是供应充足的新风。《传染病医院建筑设计规范》GB 50849—2014 第 7.3.1 条要求最小换气次数（新风量）为 $6h^{-1}$，从新风量角度是足够的，而要维持室内合理压力梯度，则需结合围护结构气密性综合考虑。按照门缝渗透风量计算，5~10Pa 压差下的渗透风折算到换气次数为 $2\sim3h^{-1}$。医护走道按 $8h^{-1}$设计送风，室内压力按 0~5Pa 计算（缓冲间按−5Pa）。

（4）医护走廊排风系统

医护走道如不设排风，将无法从排风侧调节室内压力，理论上存在超压的可能；如设排风，可依据运行时压差，通过调整排风量来调节走廊压力，但增加了系统复杂度，且存在误操作的可能。最终考虑围护结构气密性不佳，为简化系统、避免误操作，不设排风。

系统投运后，测试医护走廊对病房压差为 12~15Pa，超过规范所要求的 10Pa；后期送风与排风风量会因过滤器阻力加大衰减，压差会波动，因此初始运行时压差稍大是合理的。

（5）缓冲间送风系统

缓冲间是病房入口与医护走道之间的过渡区，如送风系统不对该区设送风口，则有利于保持医护走道的压差，但前提是医护走廊的密闭性要好。如建成后走廊气密性较差，则在缓冲间设送风，后期通过封堵医护走廊送风口来减少走道送风、增加缓冲区送风，确保缓冲间对病房的压差，因此选择在缓冲间送风。医护走廊、病房、缓冲间通风平面见图3。

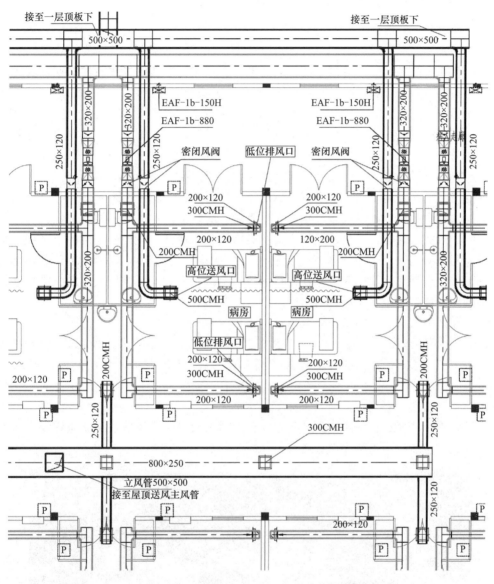

图 3　医护走廊、病房、缓冲区通风平面图（局部）

(6) 风量平衡控制策略

参照《传染病医院建筑设计规范》GB 50849—2014 第 7.4.5 条"负压隔离病房的通风系统在过滤器终阻力时的送排风量，应能保证各区压力梯度要求。有条件时，可在送、排风系统上设置定风量装置"。由于本项目没有调试时间，如采用定风量阀，不仅因需数量庞大、库存与供货周期难以保证、现有产品参数很难与设计吻合，且调试工作量大。鉴于以上原因，设计采用最简单可靠的平衡策略：采用同程设计，并细化通风系统分区，每个通风分区负责 6～12 间病房，减少系统，让系统自平衡。病房排风同时采用动力分散型：每间房设一级排风机，既有利于风平衡，又能避免房间之间的串风污染。在支管上设手动密闭阀，消杀病房时切断相应病房。

3.2　过滤器设置及院区污染物排放模拟

（1）病房排风过滤器

《传染病医院建筑设计规范》GB 50849—2014 第 7.4.2 条要求："负压隔离病房的送风应经过粗效、中效、亚高效过滤器三级处理。排风应经过高效过滤器过滤处理后排放"；第 7.4.3 条要求："负压隔离病房排风的高效空气过滤器应安装在房间排风口处"。如将过滤器设在病房内，数量将会非常多，带来采购、安装、维护等诸多问题；更为重要的是，过滤器设在病房内会增大维护人员感染风险。同时对照该规范第 7.3.1 条规定：呼吸道传染病的门诊、医技用房及病房、发热门诊最小换气次数（新风量），应为 6 次 h^{-1}；第 7.4.1 条规定：负压隔离病房宜采用全新风直流式空调系统。最小换气次数应为 12 次 h^{-1}。发现规范对"负压病房"与"负压隔离病房"过滤器设置要求是不同的。

武汉火神山医院，以及后来新建的多个方舱医院收治的均是同一类型的病人，同一护理单元内病人病情相似，患者之间的交叉感染风险相对较低，设计所采用的小系统、串联排风可避免病房之间的空气混流，因此将"负压病房"的过滤器集中设置于室外是适当的，且可避免后期在病房内对过滤器进行消杀与更换，大大降低维护人员的感染风险；设备数量的减少也节省了采购、安装时间。

（2）新风引入口、排风口位置与高度

《传染病医院建筑设计规范》GB 50849—2014 第 7.1.1 条要求："排风系统的排出口应远离送风系统取风口，不应临近人员活动区"，对于新、排风口的间距，要求参照 GB 50736—2012 第 6.3.9 条关于事故通风的要求，也就是水平间距不小于 20m，当不足 20m 时，排风口高于进风口，竖直高差不小于 6m。

设计中对送、排风口的平面位置进行了统筹排布，进、排风口水平间距均保持在 20m 以上。病房区进、排风立管位置如图 4 所示。

图 4　病房区域进、排风立管位置示意图

关于排风口的高度，《医院负压隔离病房环境控制要求》要求排风口比半径 15m 范围内屋面高 3m。排风口越高，越有利于污染物扩散与稀释，污染物对地面的影响也越小。

排风口安装高度需要满足污染物稀释到安全浓度的必要高度。根据江亿院士等的研究，对于 SARS 病毒，稀释 1 万倍后不再具备传播性。

由于对新冠病毒的传播机制的认识还不够充分，考虑过滤器性能衰减甚至可能失效的风险，最终将排风口高度定为 9m。

（3）室外污染物扩散数值模拟

采用开源流体力学计算软件 FDS 为基础模拟了污染物扩散过程，对最终通风设计方案进行验证。结果表明：当排风口高度为 9.0m 时，新风口污染空气体积分数为 25×10^{-6}；当排风口高度为 6.5m 时，新风口污染空气体积分数为 49×10^{-6}。均满足稀释 10000 倍的要求。最终设计方案不同风向下有害气体扩散模拟结果如图 5 所示。

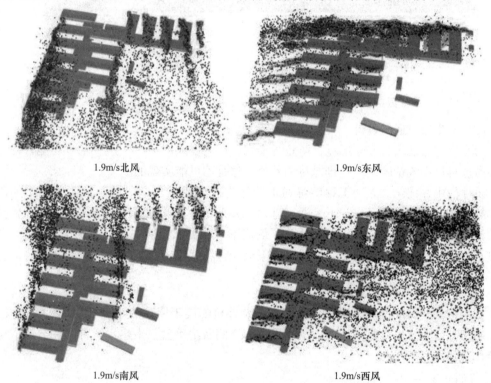

1.9m/s北风 1.9m/s东风

1.9m/s南风 1.9m/s西风

图 5 最终设计方案不同风向下有害气体扩散模拟结果

3.3 卫生通过设计要点

医护人员从清洁区进入污染区，都要先经过一个迷宫式的缓冲区——卫生通过。卫生通过为潜在污染区与清洁区之间的安全屏障，其基本功能是保证人员安全通过，且污染区的空气不会倒流到清洁区，其通风效果直接关系到防护的成败。

（1）护理单元"3 区 4 廊"

"3 区 4 廊"构成了该项目最基本的护理单元，其中"3 区"是指清洁工作区、半污染工作区、病房工作区，而"4 廊"是指洁净走廊、护士走廊、医护走廊及病人走廊。病房典型护理单元平面布局如图 6 所示。

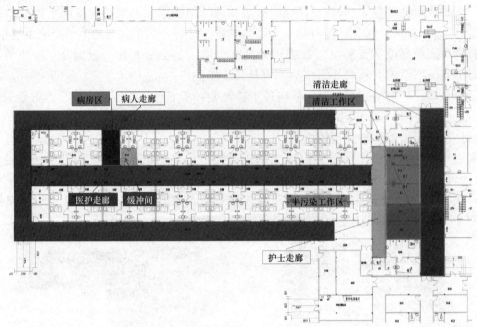

图6　护理单元"3区4廊"平面示意图

(2) 卫生通过通风设计

为实现"保证人员安全通过、防止污染空气反向侵入清洁区"这一基本功能，常规设计要通过自控系统精确调节送排风量的差值，这是不可能实现的。

设计借用并优化"人防工程防毒通道"作为卫生通过出口，借用消防前室"加压送风"与"防毒通道"通风作为卫生通过进口，并采用大小风机混用、带阀短管及风机接力的简洁复合技术解决了这一难题，达到了低成本、高可靠、快安装、免调试的效果。图7给出了卫生通过通风设计要点。该设计方案已经作为武汉方舱医院建设标准。

3.4　空调及卫生热水

病房楼均按房间设热泵式分体空调器，室外机安装于屋顶或地面；室内机为壁挂式，设于病房外门上方。病房淋浴间、卫生通过淋浴间及洗手盆卫生热水全部采用分散式电热水器作为热源。

3.5　协同施工

(1) 设备与风管安装位置

集装箱房顶结构不足以承受大量设备管道重量。如在屋顶安装过多设备管线，则需要加固，将会影响工期。且大量人员在屋面作业、堆放设备，容易导致屋顶过度受力，引起箱体变形，甚至会有踩塌风险，并增加封堵难度。

经多方研讨，将绝大部分通风设备设于室外地面，既不增加屋面载荷，又利于减振降噪，同时还为风机维护、过滤器更换提供了更大的空间。

(2) 屋顶开洞与防水

屋顶洞口的防水，对常规建筑都是难题，而对于集装箱房更是难上加难。有鉴于此，应尽量避免通风管道穿越屋面，不开洞、少开洞。

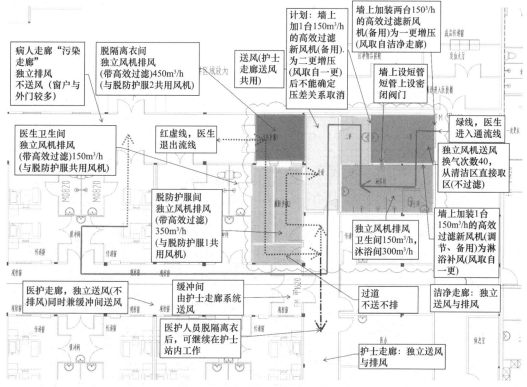

图 7　"卫生通过"通风设计要点总览

主风管悬挂于箱房墙面，支管从墙面接入房间；空调冷媒管也从箱房墙面穿出，再与设于屋面或地面的室外机相连；中间医护区受层高所限制，风管必须穿越屋面，采取分区集中设主立管措施，尽量减少开洞，减少防水封堵工程量。

4　病房楼通风系统设计总览

在满足危重症病人、重症病人救治和设备的可采购性、系统可维护性情况下，病房分为三类：ICU病房（30床）、负压隔离病房（46间）及负压病房。负压病房与ICU病房建成效果如图8及图9所示。

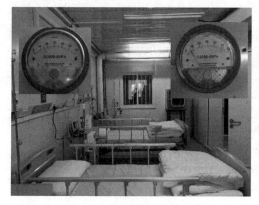

图 8　负压病房

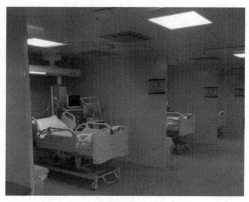

图 9　ICU病房

负压隔离病房设计总览见图 10，负压病房设计总览及通风平面见图 11。病房区和医生防护区通风空调设计主要参数详见表 1～表 3。

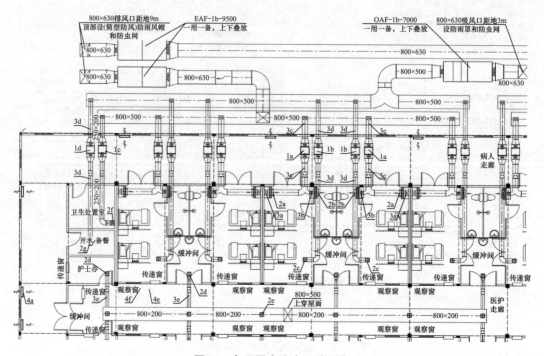

图 10　负压隔离病房设计总览

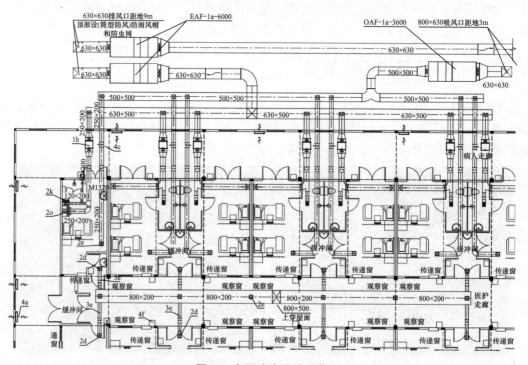

图 11　负压病房设计总览

病房区通风系统主要设备表 表1

序号	设备编号	设备名称	主要参数	序号	主要参数
1a	EAF-1b-1250	低噪声离心风机	排风量 1250m³/h	2a	高效排风口（H13）风量 900m³/h
1b	SAF-1b-900	低噪声离心风机	送风量 900m³/h	2b	高效排风口（H13）风量 250m³/h
1c	EAF-1b-650	低噪声离心风机	排风量 650m³/h	2c	散流器 360×360 风量 850m³/h
1d	SAF-1b-400	低噪声离心风机	送风量 900m³/h	2d	散流器 180×180 风量 150m³/h
1e	EAF-1b-900	低噪声离心风机	排风量 900m³/h	2e	散流器 240×240 风量 300m³/h
1f	SAF-1b-650	低噪声离心风机	送风量 650m³/h	2f	百叶 250×500 风量 650m³/h
1g	EAF-1b-880	低噪声离心风机	排风量 880m³/h	2g	散流器 240×240 风量 400m³/h
1h	EAF-1b-550	低噪声离心风机	排风量 550m³/h	2h	高效排风口（H13）风量 650m³/h
3a	风管 320×200	3b	风管 200×120	2i	散流器 360×360 风量 600m³/h
3c	风管 320×200	3d	风管 250×200	2j	百叶 320×500 风量 700m³/h
3e	风管 250×160	3f	风管 320×160	2k	百叶 200×200 风量 200m³/h
4a	BGPF-150	壁挂式通风（排风工况）净化机	排风量 150m³/h	2l	散流器 300×300 风量 500m³/h
4b		定风量阀	风量 500CMH	2m	百叶 250×500 风量 500m³/h
4c		定风量阀	风量 300CMH	2n	散流器 180×180 风量 200m³/h
4d		定风量阀	风量 200CMH	2o	百叶 250×500 风量 500m³/h
4b		定风量阀	风量 500CMH		
4e	温湿度计，测温精度：±0.5%F.S；测湿精度：±5%RH		4f		机械式微压差计，压力范围 0~±60Pa，耐压范围：−70~100kPa

病房区通风系统配置 表2

功能区	房间名称	排风	送风（直流新风）	要点说明
ICU 中心	30 床 ICU	①排风量 40000m³/h（含ICU辅助用房，两用一备）；②换气次数 16h⁻¹；③床头设备带低位排风；④机组集中过滤（G4，F7，H13）	①直流全新风空调系统；②送风量 30000m³/h；③换气次数 12h⁻¹；④高效送风口 H13（机组 G4，F8）	①面积 800m²；②整个 ICU 设置 3 台风冷热泵机组（供热量 3×140kW）

续表

功能区	房间名称	排风	送风（直流新风）	要点说明
病房区	负压隔离病房	① 房间排风量 900m³/h； ② 卫生间排风量 250m³/h； ③ 总排风量 1150m³/h； ④ 换气次数 16h⁻¹； ⑤ 排风口采用高效过滤风口（H13），均设于底部； ⑥ 每间病房设接力排风机； ⑦ 排风支管设手动密闭阀	① 房间送风量 850m³/h； ② 换气次数 12h⁻¹； ③ 送风口设于病房入口顶部； ④ 每间病房设接力送风机、定风量阀； ⑤ 送风支管设手动密闭阀	① 排风机与送风机集中设于室外地面，排风高空（9m）排放； ② 送风机设三级过滤与电加热； ③ 每 6 间病房 1 个系统； ④ 送风机与排风机均采用一用一备配置
	负压病房	① 房间排风量 600m³/h； ② 卫生间排风量 200m³/h； ③ 总排风量为 800m³/h； ④ 换气次数 12h⁻¹； ⑤ 排风口为普通风口，均设于底部； ⑥ 每间病房设接力排风机； ⑦ 排风支管上设手动密闭阀	① 房间送风量 500m³/h； ② 换气次数 8h⁻¹； ③ 送风口设于病房入口顶部； ④ 送风支管设手动密闭阀	① 排风机与送风机集中设于室外地面，排风高空（9m）排放； ② 送风机与排风机均设粗效、中效、高效三级过滤，送风机设电加热； ③ 每 6～12 间病房 1 个系统； ④ 送风机与排风机均采用仓库备份方式（屋面承重不足，地面安装空间有限）
	医护走廊（内走廊）	① 不设排风； ② 有 24 扇开向病房的双开门	① 换气次数 8h⁻¹； ② 送风量约 25m³/（m²·h）； ③ 走廊与病房入口缓冲间同时送风	① 送风机设于室外地面； ② 送风机均设粗效、中效、高效三级过滤与电加热； ③ 系统按护理单元划分

医生防护区通风系统配置　　　　　　　　　　　　　表3

功能区	房间名称	排风	送风（直流新风）	要点说明
防护区	清洁区（含清洁走廊）	① 换气次数 2～3h⁻¹； ② 2 号楼外门外窗很多，可以自然排风； ③ 独立分区配置系统； ④ 普通排风口； ⑤ 实际运行时很可能不能开（集装箱房密闭性的可靠性待验证）	① 换气次数 6h⁻¹； ② 独立配置系统； ③ 普通送风口； ④ 兼作与"护士走道"相邻的缓冲间的送风	① 排风机与送风机集中设于室外地面上，低位进风，高位排放； ② 送风机设粗效、中效、高效三级过滤与电加热； ③ 每个单元为 1 个系统
	半污染区（护士走廊）	① 换气次数 3～4h⁻¹； ② 独立分区配置系统； ③ 普通排风口； ④ 实际运行时很可能不能开启（集装箱房密闭性的可靠度待验证）	① 换气次数 6h⁻¹； ② 独立配置系统； ③ 普通送风口； ④ 兼与"医护走道"相邻缓冲间送风	① 排风机与送风机集中设于室外地面上，低位进风，高位排放； ② 送风机设粗效、中效、高效三级过滤与电加热； ③ 每个单元为个系统

功能区	房间名称	排风	送风（直流新风）	要点说明
防护区	卫生通过区（清洁区至护士走廊）	① 淋浴间与卫生间设独立排风； ② 风量按风平衡计算确定； ③ 风机设于屋顶	① 一更设独立送风机送风，风量按一更换气次数 $40h^{-1}$ 计算（风源为清洁走廊）； ② 另设 2 台 $150m^3/h$ 的高效（H11）壁挂新风机给一更增压，作备用调节之用	① 参考人防口部防毒通道的做法，并设相应通风短管与紧急关断阀； ② 壁挂新风机用作备用调节，类似定风量阀
	卫生通过区（污染区至护士走廊）	① 排风量 $800m^3/h$； ② 脱隔离服间、脱防护服间及卫生间设排风系统，共用 1 台风机	① 短走道（缓冲）的送风量由风平衡计算确定； ② 进出卫生通过处短走道（缓冲）设送风； ③ 送风由护士走廊系统兼用	① 独立风机设于屋面； ② 排风机设粗效、中效、高效三级过滤

5 防排烟系统

　　该项目为临时建筑，层高极低且建设工期短，防排烟系统只能采用自然排烟，没有采用机械排烟的条件。清洁走廊、护士走廊与医护走廊单位面积的新风送风量在 $18\sim30m^3/(m^2\cdot h)$ 之间，与《建筑防烟排烟系统技术标准》GB 51251—2017 第 3.4.5 条"封闭避难层（间）、避难走道的机械加压送风量应按避难层（间）、避难走道的净面积每平方米不少于 $20m^3/h$ 计算"的要求接近。可将各走道的新风系统作为加压送风系统，起到防烟的作用，病人走廊为外走廊，可利用外窗自然排烟。在管理上建议明确标识所有可手动开启的外窗（有些外窗因管理需要，已经固定），并配置适当数量的安全锤，便于破窗排烟。

6 控制系统

　　（1）风机开机顺序：病房排风机→半污染区（医护走廊）的送风机→清洁区送风机→病房送风机。关机顺序与开机顺序相反。

　　（2）病房排风机与送风机联锁：病房排风机启动后方能开启病房送风机（电路联锁）；病房排风机停机后触发声光报警装置，并停止病房送风机运行。

　　（3）病房主排风机设置过滤网压差在线检测，超压时联锁启动声光报警装置。

　　（4）控制医疗护理单元内压差梯度关系（负绝对压差数值）：病房及其卫生间＜缓冲间＜医护走道（气流压差渗透起点）；各不同压力环境分隔处（高压侧）设具备超压报警功能或接口的机械式压力表。

　　（5）医患接触的"前线"区域——医护走廊内不设排风系统，杜绝误操作形成压差反向事故（目前测试表明，医护走廊与病房之间的压差关系最为清晰）。

　　（6）系统调试及运行时，根据清洁区与护士走廊内集装箱体的密闭性，确定是否开启相应区域的排风机。

（7）卫生通过区域为清洁区与污染区的最重要防线，设计上采用了多台风机，通过开关的模式调节相应的压差。

7　总结与优化

（1）医护走廊的送风宜设备用系统，或为病房的送风系统可切换到给医护走廊送风创造条件，这样确保"最前线"的安全。

（2）病房排风可设一个于床头，这样可较大减少风管的工程量，管线交叉作业也少，可加快施工进度。

东西湖区国利华通方舱医院暖通空调设计

雷建平

1 项目概况

本工程为仓库改造为方舱医院。项目利用工业厂房改建而成，总建筑面积约12000m²，其中一层、二层、三层为病房区，四层为医疗库房和医生休息区。共设计床位853个，其中一层283个，二层285个，三层285个。项目设计及施工周期为三天。一层的平面布置如图1所示，西侧为护士站、治疗室、医生办公室、库房等医护功能区；东侧为公共卫生功能区，包括盥洗间、淋浴间、卫生间。中间为病房区，通过中间东西向公共走道将床位分为南北两大分区，南北舱室与外墙之间留出病人活动通道。

如图1所示，一层西南角设有医护人员出入口，共设一处入口和两处出口。入口设置有两间穿防护服室、一间缓冲室，两个出口分别设置有一间缓冲室、两间脱防护服室。出入口分别通过室外连廊与医护人员的工作、生活区连接。一层东北角为病患出入口和医疗废物出口，设置有接待处、入院办理、更衣间，并在医疗废物出口处设置室外医疗废弃物暂存点。

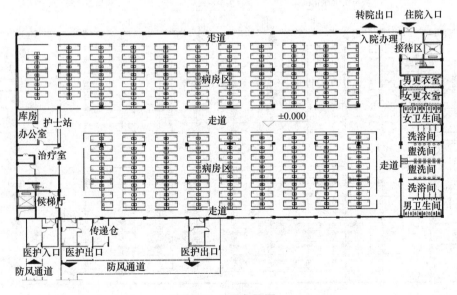

图1 一层平面图

医护功能区为半污染区，其他各功能区均为污染区，医护人员休息、生活的清洁区不在本建筑内，通过室外连廊与本建筑进行连接。室外的患者进出舱通道、污物运输通道布置在本建筑的东北侧，室外的医护人员进出舱通道、洁净物品进出舱通道布置在本建筑的西南侧。

2　通风系统设计

方舱医院的通风系统设计是设计工作的重中之重，主要原则是保证各功能区之间的压力关系正常，防止交叉感染。因为医院收治的是同一类病人，因此将防止医患之间的交叉感染放在首位，而"患—患"之间的交叉感染通过细化分区来实现。压力梯度的优先级是先保"质"，即压力关系要正确；其次才是保"量"，即压差数值要基本符合规范要求。

本项目的通风系统采用机械排风与自然进风相结合的通风方式。借鉴传染病医院负压病房换气次数为 $6h^{-1}$ 的设计要求，在保证人员活动区换气次数的前提下，确定病房区的排风量按 150（m^3/h）床设计，公共卫生功能区的排风量按换气次数 $12h^{-1}$ 设计，进风以自然进风方式为主。医护人员集中的区域设置机械送风系统，送风量按换气次数 $12h^{-1}$ 设计，送风系统加装初效、中效、高效过滤器，保证送风系统的清洁安全。

2.1　室内气流组织

如图 2 所示，室内采用"U"字形气流流向。进风口利用西侧、西北侧和西南侧的高位侧窗自然进风，进风汇集到中间走道，由左至右流动。室内排风系统分散布置在病房区的两侧及公共卫生区，排风口布置在房间下部，距地 500mm，就近将病房区的污染空气排至室外，走道的进风向两边的病房区补风，从而形成"U"字形气流流向。进风口远离

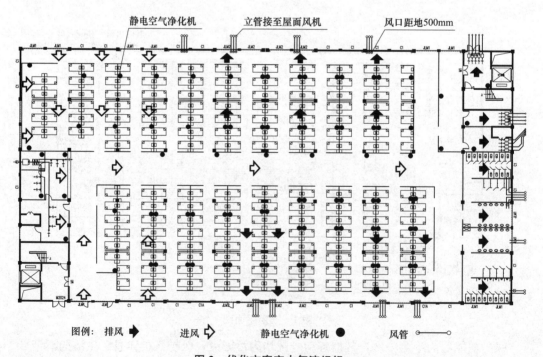

图例：排风 ➡　进进风 ⇨　静电空气净化机 ●　风管 ○—○

图 2　优化方案室内气流组织

室外的患者、污物流线，远离污染源，保证了进风的安全性。排风系统根据污染物浓度模拟分析结果，采用分散布置室内排风口的方式，减少进、排风气流通路的路径，减少各舱室之间的气流干扰，让污染空气尽快排出。

原方案的室内气流组织形式为"一"字形，即排风口集中布置在建筑物南侧和公共卫生区，建筑物北侧均为进风口，形成从北向南的"一"字形气流组织。气流组织如图 3 所示，"一"字形气流组织类似于穿堂风，以期利用穿堂风，加快室内的空气流动，从而快速排除室内的污染空气。原方案的病人呼吸高度处（1.1m）污染物浓度模拟结果如图 4 所示，假设每个人的呼出量为 0.3m³/h，其中污染物浓度为 106ppm，南侧病房区的污染物浓度整体偏高，局部污染物浓度达到了 3000ppm，相当于病人呼出污染物被稀释了 33 倍，而北侧病房区的污染物浓度约为 1000～1500ppm，相当于病人呼出污染物被稀释了 66～100 倍。优化方案的病人呼吸高度处（1.1m）污染物浓度模拟结果如图 5 所示，可以看出，在相同排风量的条件下，"U"字形气流组织的室内污染物浓度显著降低。

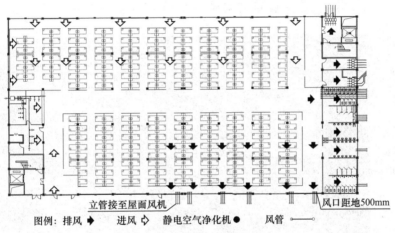

图例：排风 ➡ 进风 ⬆ 静电空气净化机 ● 风管 ——

图 3　原方案室内气流组织

分析原因，原"一"字形气流组织的排风路径较长，北侧病房区产生的污染物通过气流在南区与南区产生的污染物叠加，从而推高了南区的污染物浓度，增加了南区的感染风险。而"U"字形气流组织的排风路径较短，污染空气被就近排走，避免了污染物叠加的影响。因此，在排风量一定的情况下，尽可能缩短进、排风气流流程，让污染空气尽快就近排出，以减少排风对相邻病区的影响。

同时，南北病房区靠近外窗侧受到进风影响，浓度得到了有效稀释。污染物浓度模拟时，均未考虑设置空气净化机组的影响，根据模拟结果分析，在病房区设置了一定数量的空气净化机组，可考虑为等效增加通风量。从图 5 可以看出，内部走道和东南侧靠近排风区域的浓度存在局部堆积现象，在此区域适当增加了空气净化机组的数量，有助于降低此区域的污染物浓度。病人呼吸高度处（1.1m）的温度分布以及速度矢量图如图 6、图 7 所示。

2.2　室外气流组织

室外排风经三级过滤后高空排放，排风口高出屋面 3m，保证与各层进风口的垂直距离大于 6m，水平距离大于 20m。既确保进风系统清洁、不受污染，又保证排风的无污染高空排放，减少对周边环境的影响。

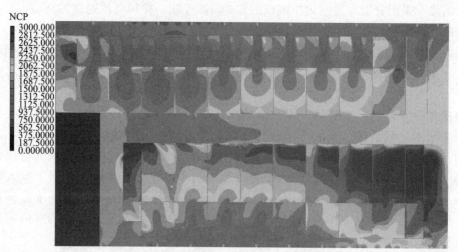

图 4　原方案病人呼吸高度处（1.1m）污染物浓度分布云图

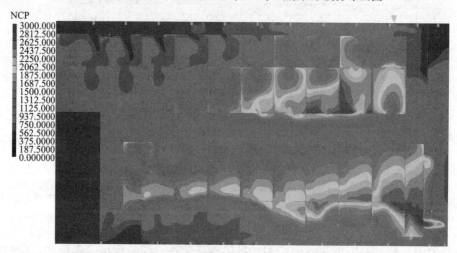

图 5　优化方案病人呼吸高度处（1.1m）污染物浓度分布云图

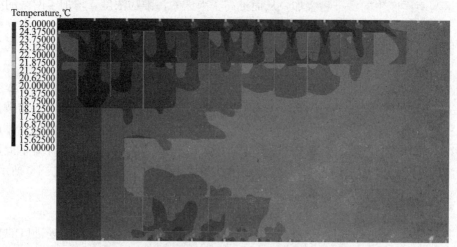

图 6　病人呼吸高度处（1.1m）温度分布云图

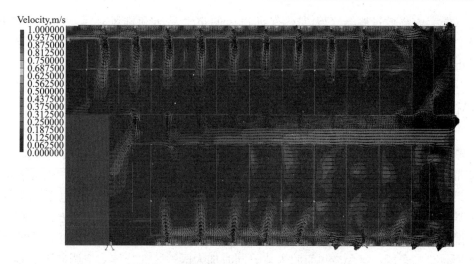

图7　病人呼吸高度处（1.1m）速度矢量图

2.3　卫生通过气流组织

医护人员入口处设机械送风系统，在"一更"设置换气次数不小于 $30h^{-1}$ 的送风，各相邻隔间设置短管连通，气流流向从清洁区至污染区。医护人员出口口部设机械排风系统，在缓冲区脱防护服间设置不小于 30 次/h 换气次数的排风，各相邻隔间设置短管连通，气流流向从清洁区至污染区。医护人员出入口处要想通过精度调节送、排风之间的压差来实现压差控制，限于时间和条件在本项目中不可能实现，借用"人防工程防毒通道"的作法来设计医护人员出口的气流组织，借用"加压送风"来设计医护人员入口口部的气流组织是临时应急的可行办法。同时医护人员出入口部采用多台风机并联运行的模式，风机均自带止回阀，可以通过开关控制的模式调节相应的压差关系。卫生通过口部大样图如图 8 所示。

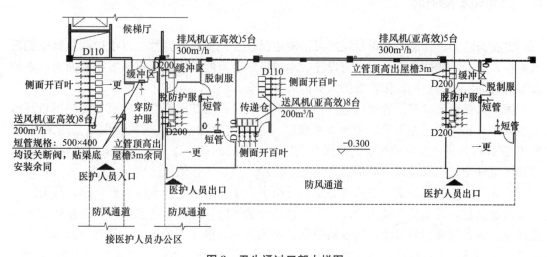

图8　卫生通过口部大样图

2.4　空气质量控制措施

在排风系统的风机入口处和机械送风系统的风机出口处设置粗效过滤器（G4）＋中效

过滤器（F8）＋高效过滤器（H12），保证送风的空气品质和排风时污染物的有效过滤。病区及护士站、主要通道设置高压静电空气净化机，杀灭细菌、病毒，净化病区空气。医护人员出入口部的排风机和送风机均内设空气过滤处理装置（亚高效）。

3 空调系统设计

方舱医院的空调系统采用热泵型分体柜式空调器＋电暖风机联合供暖的形式。外区沿着外墙布置5匹的分体柜式空调器，柜式空调器位置对着各舱室的出入口，保证各舱室的供暖效果。自然进风口处和中间不便于空调凝结水排放的公共走道采用电暖风机辅助供暖。末端设备的供暖热指标约为 $150W/m^2$。考虑到医护区采用机械送风方式，直接将未经过热湿处理的新风直接送入室内会影响室内的舒适性。设计将室内圆形送风管的侧面开孔，利用孔口侧送风，避免冷风直吹人体。同时加大医护区的分体式空调器装机容量，保证医护区的舒适性。

4 消防系统设计

病房、医护办公、走道等房间均采用自然排烟方式，利用外墙上的排烟窗进行自然排烟。一、二层的层高分别为7m和6.3m，按高大空间进行自然排烟，排烟量按82000m³/h计算，自然排烟口的风速不大于0.74m/s。三层层高3.9m，设置有效面积不小于该房间面积2%的自然排烟口进行自然排烟。四层各房间的面积不超过100m²且有可开启外窗，可不设置排烟措施。

5 其他技术措施

方舱医院的设计需要考虑系统的可快速建设性、设备的可得性、可维护性及操作的低风险性，完全不能按常规模式进行设计。本项目的过滤器及排风风机布置在屋面上，方便设备的后期维修和更换，保护维护人员的人身安全。

医护人员出入口部设置微压差计，方便医护人员评估其安全性，并通过控制风机运行台数来调节相应的压差关系。考虑到系统的可快速建设性，送、排风管主要采用加厚U-PVC管进行替代，并取消所有的风阀及风口，各房间的送、排风支管接至过滤器静压箱，方便风量平衡。风阀及风口取消后，降低了维护、更换工作的风险性。

分体柜式空调器的室内机抬高布置，凝结水集中收集后，排至污水集中收集系统。

因地制宜，采用综合技术措施。本项目建设的同时，武汉市还在同时紧急抢建多个方舱医院，各类风管材料告急，过滤器告急、风机告急、施工人员告急，只有灵活采用各种综合技术措施，才能保证在极短的时间按时完成建设任务。本项目变通采用多根U-PVC水管替代传统风管，取消各类阀门和风口，竖向风管全部贴外墙安装，减少土建的配合工作量，才最终保证了工程进度。

6 总结

鉴于方舱医院收治同一类轻症病人的医疗救治特点，其通风系统的主要设计原则是保证各功能区之间的压力关系正常，防止交叉感染。并将防止医患之间的交叉感染放在首位，而"患—患"之间的交叉感染通过细化分区来实现。

借用并优化"人防工程防毒通道"来设计医护人员出口的气流组织，借用"加压送风"来设计医护人员入口的气流组织，通过多台风机并联运行的模式来调节相应的压差关系，在临时应急情况下是切实可行的。

送、排风系统大风量高换气次数运行，并尽量缩短送、排风的气流通路和流程，可以通过新风的稀释作用较好的满足室内的空气品质要求，结合室内床位布置在送、排风气流通路的后部可增设高压静电空气净化机组，可进一步降低交叉感染风险。送、排风系统加装粗效、中效、高效过滤器，可保证送风的清洁和排风的无污染高空排放，减少对周边环境的影响。

因地制宜、灵活设计空调和防排烟系统，才能在满足基本的空调供暖需求和消防安全的前提下，保证工程进度。

方舱医院为疫情流行期间的应急建设需要，时间短，任务重，责任性强，需要综合考虑系统的可快速建设性、设备的可得性、可维护性及操作的低风险性。

应认真总结各类临时应急医院建设实施和实际运行的经验，站在建设国家突发公共卫生事件应急管理体系的高度，进行各项应急医疗救治设施的标准化建设和战略储备，才能更加从容和高质量的应对今后可能发生的各类突发疫情，保护人民的生命健康。